Chinese Academy of Forestry

中国林业科学研究院

院史 （1958～2018年）

《中国林业科学研究院院史》修订委员会 编

中国林业出版社

《中国林业科学研究院院史（1958～2018年）》
修订委员会

主　编：张守攻　叶　智

副主编：李岩泉

编　委：王　振　王军辉　崔国鹏　陆文明　梅秀英　蔡敬林
　　　　陈明山　贺顺钦　林　群　白登忠　李天波　傅洪发

修订工作组

王秋菊　林泽攀　康　磊　王建兰　靳　琳　张晋宁

刘天阳　张新宇　李志强　宋　平　王若松　田树萍

王秋丽　张艺华　关世英　赵紫剑　孙　钊　朱北平

武晓玉　郑黎文　陈玉洁　陈　川　丁中原　王新宇

陈　洁　马　帅　刘云龙　刘振华　李　明

国家林业和草原局局长、党组书记张建龙在中国林科院建院 60 周年纪念大会上的讲话

（代序）

今天，我们在这里隆重纪念中国林科院建院 60 周年，回顾总结中国林科院走过的光辉历程，共同展望林草科技事业的美好未来。在此，我代表国家林业和草原局，向各位代表、各位来宾、各位国际友人，以及所有关心支持中国林科院改革发展的各界人士表示崇高的敬意和衷心的感谢！向中国林科院全院干部职工表示热烈的祝贺和诚挚的问候！

党中央、国务院高度重视林业科技工作，新中国刚成立，就在林垦部设立了中央林业实验所，这是中国林科院的前身。1958 年 10 月 27 日，经国务院批准，中国林科院正式成立。从那以后，我国林业科技事业掀开了崭新的一页，中国林科院发展迈上了全新的征程。

60 年来，中国林科院始终坚持用党的最新理论指导各项工作，始终以解决林业重大科技问题为己任，改革创新，潜心研究，刻苦攻关，在科学研究、决策咨询、人才培养、能力建设等方面取得了丰硕成果，综合实力显著提升，已经发展成为一所基础设施完备、人才队伍优化、学科门类齐全、创新能力领先，在国内外具有重要影响力的科研机构，为我国林业现代化建设发挥越来越重要的作用。

60 年来，中国林科院认真贯彻落实党中央、国务院关于科技工作的方针政策，牢牢把握时代脉搏，全力服务国家战略，积极为国家生态安全、生态文明建设、长江经济带建设建言献策。紧紧围绕提升林业发展质量，全力开展基础性重大科技问题攻关和成果推广，取得了 6000 余项科技创新成果，荣获重要科技奖项 700 余项次。根据林业生产实践的需求，推广了一大批先进实用技术，为推进生态系统保护修复、发展绿色富民产业、服务广大林农群众提供了有力的科技支撑。

60 年来，中国林科院认真实施人才发展规划，打造了一支结构优化、梯队合理、在国内外享有盛誉的创新团队，为社会培养了一大批科技人才。同时，与 80 多个国家、50 多个国际组织建立了密切联系，国际知名度、影响力和话语权显著提升，为我国林业科技走向世界发挥了引领作用。

回顾中国林科院走过的 60 年光辉历程，就是要始终牢记老一辈林业科技工作者坚定信念、不忘初心、艰苦奋斗、顽强拼搏的光辉业绩，大力弘扬他们团结协作、执着探索、求真务实、追求真理的科学精神，激励当代林业科技工作者继往开来，开拓创新，勇攀科学高峰，为新时代林业和草原事业奉献聪明才智。

我国林业和草原建设虽然取得了很大成就，但仍然存在资源质量不高、生态功能不强、发展方式粗放等问题，难以满足维护国家生态安全和人民群众对良好生态的多样化需求。破解林业草原发展瓶颈，推动林业草原事业高质量发展，必须依靠科技创新，提升科技支撑水平。中国林科院作为我国林业和草原科技创新的国家队，要继续当好领头羊排头兵，牢记职责使命，加大创新力度，提升综合能力，努力开创林草科技创新新局面。

第一，认真学习贯彻习近平新时代中国特色社会主义思想。深入学习领会习近平新时代中国特色社会主义思想的重大意义和深刻内涵，用党的最新理论成果指导各项工作。重点要认真学习领会习近平生态文明思想和关于科技创新的系列重要论述，牢固树立绿水青山就是金山银山理念的理念，致力于实现人与自然和谐共生，不断深化科技体制改革，深度参与全球林业草原科技治理，以更多的研究成果和更大的技术突破，推动林业草原事业高质量发展。

第二，提升科技创新能力。要优化林业和草原学科结构布局，完善科技创新体系，建设高水平国家创新平台。要面向世界科技前沿和林草事业现代化实践，开展重大问题科技攻关，尽快攻克事关林草事业发展的基础性、关键性难题。要精准对接国家重大战略需求，深入开展生态文明体系建设、山水林田湖草系统治理等专项研究，加快集成转化富民实用技术，不断提高服务国家大局的能力。尤其要高度重视草原科学研究，加大相关人才培养和引进力度，着力解决草原基础理论和重大科技问题，全面提高草原科技支撑水平。

第三，加强人才队伍建设。大力弘扬"脚踏实地，勇攀高峰，科学树木，厚德树人"的林科精神，激励科技工作者更加自觉地献身祖国林草科技事业。努力改善人才保障条件，积极培养引进高端人才，加大青年骨干人才培养力度。加强创新型团队建设，努力提升联合攻关、协同创新能力。不断完善人才激励机制和评价体系，营造勇于创新、鼓励成功、宽容失败的良好环境。

第四，深化国际交流合作。深入推进落实国家"一带一路"倡议，深化与世界各国林草科技合作，主动融入国际林草科技创新体系，深入开展双边、多边合作与交流。积极推进中外联合共建科研机构建设，加快国际科技合作示范基地建设，优化国际合作平台布局。紧紧围绕服务国家生态外交需要，积极开展科技援外工作，促进林草科技成果国际化推广应用。

第五，坚持全面从严治党。认真落实全面从严治党两个责任，不断加强党的政治建设，牢固树立"四个意识"，坚决做到"两个维护"。强化基层组织建设和党风廉政建设，加强院所两级领导班子建设，着力打造一支勇于担当、善于学习、敢于创新、乐于奉献的干部队伍，为林科院发展壮大提供强有力的政治保障和组织保障。

同志们，在加强林业和草原科技创新的新征程上，中国林科院使命光荣，责任重大，任务繁重。局党组将更加重视和支持中国林科院的发展。各相关司局和直属单位要进一步深化与中国林科院的合作，尤其是相关司局要积极关心支持中国林科院，指导帮助林科院改善科研条件，创新体制机制，增强发展动力和活力。中国林科院要以习近平新时代中国特色社会主义思想为指导，以建院 60 周年为新的起点，坚定信念，牢记使命，抢抓机遇，锐意进取，努力把中国林科院建设成为世界一流的林业草原科研机构，全面提高我国林业和草原科技创新水平，为建设生态文明和美丽中国作出新的更大贡献。

2018 年 10 月 27 日

前　言

　　中国林业科学研究院（简称中国林科院）1958 年 10 月 27 日成立以来，在党中央、国务院的亲切关怀下，在国家林业主管部门的正确领导下，已成为一个拥有 22 个研究所（中心）、8 个非法人研究机构，在职职工 2616 人，在国内外具有重要影响的国家级科研机构。中国林科院的主要任务是从事林业应用基础研究、战略高技术研究、社会重大公益性研究、技术开发研究和软科学研究，着重解决国家林业发展、生态环境和推进林业现代化建设中带有综合性、基础性、关键性和全局性的重大科学技术问题，为国家宏观决策提供科学依据。

　　建院以来，几代林科人为了我国林业科学研究事业的蓬勃发展，呕心沥血、艰苦奋斗、开拓创新，取得了一大批重要成果。据统计，全院共获得科技成果 6256 项，重要科技奖项 701 项次，其中，国家科技进步特等奖 1 项、一等奖 4 项，国家自然科学奖 2 项，国家发明奖 5 项，国家科技进步二、三等奖 80 项。与此同时，一大批科技成果推广应用，取得了明显的经济效益、社会效益和生态效益。多年来，中国林科院坚持服务国家战略，发挥了重要的行业智库作用；坚持围绕林业重大基础性科技问题开展攻关，为筑牢我国生态安全屏障提供了强有力的科技支撑；坚持支撑产业转型升级和乡村振兴，为推进林产品绿色制造技术创新、引领林业产业转型升级做出了积极贡献；坚持服务国家生态外交和"一带一路"战略，国际影响力显著提升。

　　60 年来，中国林科院高度重视人才培养，建立起一支结构优化、梯队合理、在国内外享有盛誉的创新团队。陈嵘、郑万钧、吴中伦、唐燿、成俊卿等一批国内外著名科学家，在树木学、森林地理学、造林学、森林生态学和木材学等学科领域取得了举世公认的杰出成就。先后有

9 人当选两院院士。目前，在全院 2080 名科技人员中，高级专业技术人员 912 人。他们默默耕耘，埋头苦干，不少科技人员已在林业科学的有关领域显露锋芒，一大批科技人员获得了"全国杰出专业技术人才""百千万人才工程""万人计划"等称号，成为新一代林业科技的骨干力量，为林业科技开拓创新奠定了坚实的基础。

中国林科院建院以来所取得的成就，是几任领导班子、几代专家学者和广大干部职工共同努力奋斗的结果。为了见证中国林科院走过的风雨历程，传承老一辈科学家求真务实、锲而不舍的科学精神，展现当代林科人开拓进取的精神风貌，我们于 2008 年整理编写了《中国林业科学研究院五十年》，在此基础上于 2009 年又编撰了《中国林业科学研究院院史》一书（共 100 多万字，分 4 篇 42 章 225 节），使历史资料和主要内容更加完善。2010 年 10 月编辑出版中国林科院《院史》简本（共约 23 万字），是《中国林业科学研究院院史》的摘要或缩减，使内容更加简明扼要，重点突出。2018 年，中国林科院建院 60 周年之际，对《院史》简本进行重新修订出版，系统梳理、增补近 10 年中国林科院改革发展与科技创新成果，共约 31 万字，分 4 篇 24 章 54 节。

过去的历史是中国林科院创业、奋进、改革、发展史。它将激励我们进一步深入贯彻落实习近平新时代中国特色社会主义思想，继往开来，与时俱进，努力把握林业科技发展前沿，提高科技创新能力，构建创新文化环境，搭建服务平台，加速人才培养，促进多出成果，争创世界一流林业科研院所，以更加优异的成绩续写新的辉煌！

中国林业科学研究院院长

2018 年 10 月

目 录

第三篇　研究机构

第四篇　人物与成果

附　件

第一篇　发展历程

第一章　中国林业科学研究院前身
(1912 ～ 1958 年)

中国林业科学技术进入 19 世纪末 20 世纪初，在中西科学技术交融的背景下得到了一定的发展，林业研究机构应运而生。

第一节　中央林业部林业科学研究所
成立之前阶段（1912 ～ 1951 年）

一、林艺试验场西山造林苗圃（1912 ～ 1946 年）

1911 年（清宣统三年）爆发的辛亥革命推翻了清王朝，建立了共和制的中华民国。据查证，1912 年（中华民国元年）七月初五日第六十六号政府公报中称：据农林部派人踏勘天坛建林艺试验场最为相宜。同年九月，中华民国政府农林部在北京天坛设立林艺试验场。1913 年（中华民国二年）设立农林部林艺试验场西山造林苗圃，位于北京西郊董四墓村东小府 2 号（即现中国林科院院址）。1933 年（中华民国二十二年）改为实业部北平模范林场西山分场。日伪时期（1937 ～ 1945 年）为西山林场和农务总署西山林场。1946 年（中华民国三十五年）被国民政府农林部中央林业实验所接收，改称中央林业实验所华北林业试验场西山第一事业区。

二、中央林业实验所（1941 ～ 1949 年）

重庆国民政府农林部决定于 1941 年设置中央林业实验所（重庆歌乐山，占地 33.3 公顷），原中央农业实验所森林系并入，负责全国的林业实验研究。中央林业实验所成立时，任命韩安为所长，邓叔群、朱惠方、傅焕光先后任副所长。初建时仅设造林研究组（初设于甘肃岷县）、林产利用与调查推广（设于四川重庆）3 个组。中央大学教授梁希义务兼任林产利用组主任。该所的主要业务为：造林、水土保持、药用植物、木材利用、林产制造的实验研究、林业调查、采制标本、培养和推广苗木、示范造林等。1946 年夏，中央林业实验所迁至南京。1947 年在南京太平门外总理陵园管理处西北区樱坨村（老林校），人员规模约 100 人，先设置造林系、森林经理系、木工系，后发展成 7 个系。

1946 年中央林业实验所迁到南京后，接收了一些日伪时期的林业机构。在南京有汤山、东善桥、龙王山、栖霞山等林场；在华北有农务总署西山林场、华北农事试验场林业科等 5 个单位，并在此基础上组建中央林业实验所华北林业试验场，试验场先后设有造林系、推广系、木材工艺系、水土保持系、林产制造系、林业经济系。中央林业实验所直属单位还有华南林业实验场（海南）、常山种植实验场（四川）、河南嵩山示范林场。

该所成立后，做了不少研究工作。如造林研究方面，在该所附近的苗圃中有中外树种 10 种，苗木 25 万余株，水杉的育苗和栽植均取得成效。在水土保持研究方面，收集有价值的保土植物有 100 余种。在木材工艺、林产制造等方面也做了不少工作。研究所工作取得初步成效。

中华人民共和国成立后，该所部分人员参加了中央林业部林业科学研究所（简称中林所）的筹建工作，另有部分人员留在南京和去了台湾等地。

三、中央工业试验所木材试验室（1939～1950 年）

1939 年 9 月，国民政府经济部中央工业试验所创建木材试验室，负责全国工业用材的试验研究，唐燿任室主任，这是中国第一个木材试验室。

1940 年 8 月，木材试验室从重庆迁至乐山，1942 年扩建为木材试验馆。木材试验馆的试验和研究范畴分为 8 个方面：①中国森林和市场的调查以及木材样品的收集。②国产木材材性及其用途的研究。③木材的物理性质研究。④木材力学试验。⑤木材的干燥试验。⑥木材化学的利用和试验。⑦木材材性的研究。⑧伐木、锯木及林产工业机械设计等的研究。在上述 8 个方面，都做了不少研究工作，取得了初步成果，还培养了一批木材学方面的人才。

1950 年 7 月，乐山木材试验馆隶属政务院林垦部，并改名为政务院林垦部西南木材试验馆。

第二节　中林所至中国林科院成立阶段
（1951～1958 年）

一、中林所时期（1951～1956 年）

北平解放后，原华北荒山造林试验场（西山普照寺）、华北林业试验场先后并入华北农业科学研究所森林系。中华人民共和国成立后，中央人民政府政务院设林垦部，1950 年该系移交林垦部。1951 年梁希部长主持的第三次林垦部部务会议决定在森林系（50 余人）的基础上筹建中央林业实验所。筹委会由张庆孚、黄范孝、周慧明、张楚宝、吴中伦、江福利、贺近恪组成。1951 年春（在东小府 2 号）开始基本建设，经过两年建成了东楼、西楼、红楼、大门、传达室、水塔、锅炉房等。1952 年，中央林业部将西南木材试验馆（20 多人）迁京并入中林所筹委会，又从哈尔滨东北森林工业局化工处调入 10 多人到北京，此时筹委会已达 90 多人（干部 60 人）。

1952 年 12 月 22 日，经林业部第十二次部务会议讨论批准，中央林业实验所改称为中央林业部林业科学研究所，于 1953 年 1 月 1 日正式成立。

1953 年 1 月 26 日，林业部第二次部务会议，对中林所今后工作做出以下决定：一是筹备阶段已经结束，应由原筹委会作出总结。二是确定 1953 年的科研重点为：造林技术研究、病虫害防治、木材物理力学性质之测定。三是中林所的领导关系，由梁希部长直接领导。同年2月21日上午召开中央林业部林业科学研究所全体人员大会，宣布中林所正式成立。业务方面成立造林系、木材工业系、林产化学系、编译委员会。1954年9月共有职工171人。

中林所成立时，所领导由所长陈嵘，第一副所长陶东岱，第二副所长唐燿共3人组成。1956年，所长办公室下设7个科室，室下有19个组。

1953年2月15日，在梁希部长的陪同下，朱德副主席来所视察，陈嵘所长接待。朱副主席指示，尽快绿化西山，小西山一带尤应先行着手。为此，中林所开设了"西山山丘地带造林方法的研究"课题，以配合西山绿化工作。

中林所成立初期，主要任务是根据国家经济建设和林业生产以及林业部有关司局对林业科学技术的要求，确定课题，组织力量，完成科研任务，切实解决林业生产上的重大问题。中林所1953年开始工作时，仅有9个研究题目，1954年增至16个，1955年增至22个，1956年增至87个，增长速度处于稳定上升阶段。

1955年，提出了今后林业科学研究工作，应服务于林业建设，以生产实践中存在的具体问题作为主要任务。研究内容包括：①造林方面。造林重点建设项目中的理论与技术问题。包括营造用材林、特种经济林、防护林及研究树种的林学特性等。②护林方面。护林防火和病虫害（如松毛虫、心腐病等）的防治等问题。③经营方面。调查设计，森林抚育和更新问题。④森林工业方面。木材的合理利用、木材的性质、木材加工等问题。建所后，根据国家过渡时期林业建设的需要，拟订了《林业科学技术研究十五年远景规划》和《中林所今后研究工作发展方向》（初稿）。林业科学技术十五年远景规划在1956年由国家科学规划委员会纳入了全国十二年科学规划中。根据编制的《1956～1967年科学技术发展远景规划纲要》，关于组织全国有关科学研究力量，协同研究林业方面的各种问题并培养新的林业科学人才的精神，中林所决定在有关院校设立林业科学研究室。先后在华南农学院林学系等设立8个研究室。研究室成立后不久，全国即开展反右斗争。由于反右斗争扩大化，此项工作进展不大。在1958年中国林科院筹备时，根据中央事权下放的精神，同时便于地方统一领导和在全民中开展技术革命、发挥各地方的积极性，林业部于同年7月4日行文，将上述研究室下放该省领导，研究室购置的仪器设备、图书资料也同时下放。

二、中林所分为林研所和森工所时期（1956～1958年）

1956年8月28日，林业部第9次部务会议决议，为了适应林业部已分为两个部的情况和工作需要，林业科学研究所决定分为两个所〔林业研究所（简称林研所），森林工业研究所（简称森工所）〕。林研所设有4个研究室，1957年增加到11个研究室。森工所从林研所分出后研究单位由原来两个室扩建为三个室、两个组，即：木材构造及性质研究室、木材机械加工研究室、林产化学研究室、木材采运研究组、森工经济研究组。林研所的主要任务和发展方向：扩大和保护森林资源，提高森林生长率。森工所的主要任务和发展方向：研究木材采运、木材基本性质及其使用与加工，并研究林产品的加工利用，达到充分地合理地利用森林资源的目的。

1957年7月成立的国家科委林业组，是这个时期领导和协调全国林业科技工作的重要机构。林业组组长：邓叔群；副组长：张昭、郑万钧、周慧明；组员：王恺、朱惠方、刘慎谔、李万新、齐坚如、侯治溥、陈嵘、陈桂陞、秦仁昌、韩麟凤，秘书组设在林研所。

两所分开不久，1957年即开始整风反右，部分工作停顿。后根据领导和群众提出的意见，两所重新研究了工作任务与重点。其指导思想是：科研工作必须密切结合生产，解决关键性的科学技术问题，使科研成果应用到生产中去，并对生产经验进行科学总结，发展和丰富科学理论。

林业与森工科学研究的重点方向和任务是：

（1）有关重要造林地区的树种特性，造林和营造技术，提高造林成活率。

（2）防止和消灭森林主要病虫害和火灾的有效技术措施，保护现有森林资源。

（3）主要林区森林的主伐方式和更新方法，以保证合理经营和森林更新。

（4）鉴定国产主要建筑用材性质，以指导造林树种的选择，找出木材合理使用的科学依据。

（5）研究利用阔叶树材、废材、等外材制造各种人造板及延长木材寿命，改良木材性质，以提高木材利用率。

（6）研究木材废料及主要森林副产品的化学加工利用，以增加各种工业原料。

（7）对不同林区木材采运生产方式的研究，积极建立科研基地。

从中林所到分为两个所，取得的主要成就有：一是注重野外调查，总结群众经验。中林所成立后，在野外进行调查和总结群众经验成为风气，大多数科技人员在点上工作，结合调查和研究群众经验，如对秦岭森林植物群落的调查研究，西北防护林营造技术、北京西山造林技术、长白山林区主要树种更新技术、黄河中游永定河上游造林技术和水土保持技术的调查研究等等。二是开展科学研究，取得初步成果。1953～1958年这一时期，科学研究工作走向正轨，并围绕国家经济建设和林业发展的需要，用科研与生产结合的思想进行选题。如1954年，长江流域发生洪水灾害，组织人员赴灾区深入调查树木受淹后的生长情况，写出了《1954年长江流域洪水后树木淹水力强弱的调查报告》，这对洪涝灾害后造林树种的选择有重要的指导作用；依据杉木的生态特性和生长发育规律，提出多种栽培措施，为南方杉木林区提供了栽培技术，编制了杉木等树种的材积表；开展对马尾松毛虫的防治研究。森工方面，木材物理力学试验得出一批数据，被生产单位广泛应用。这个阶段，课题组撰写了一批研究报告，1953～1956年共发表51篇。三是采取各种措施培养科技人员。1953年以后，培养人才力度进一步加强，主要采取举办培训班；聘请国外著名专家来所讲学；邀请国内如中国科学院、中国气象局等单位的专家共同调研；选派人员出国深造；积极争取国外学成归来的人员，从其他有关部门调来一批科技骨干人才，建立科研基点、基地、工作站等方式，让科技人员在第一线蹲点搞科研。1957年，为适应科技发展的形势，向苏联派出一批人员，取得较好效果。四是加强科研管理，完善规章制度以及征购土地等。

科技成果方面：在全国科学技术研究成果公报上刊登的科技成果共18项。如北京西山造林整地方法。在北京西山进行了两次整地方法试验，研究水平沟、水平阶、块状、穴状等不同整地方法土壤水分的年中变化及其与幼林生长关系。通过小区试验和北京小西山造林经验，肯定了水平沟（亦称水平条）整地有诸多优点。又如应用杀虫烟剂防治马尾松毛虫及黄脊竹蝗方法。研制成林研-5786杀虫烟剂和（6）Ⅲ-A杀虫烟剂在林间应用防治效果好。对马尾松毛虫3～4龄幼虫所致平均死亡率在83%以上，防治黄脊竹蝗3～4龄跳蝻，可达100%的死亡率。还有国产建筑用木材的允许应力和计算强度，就当时我国38种木材强度的试验数据，参照国外有关资料所采用的各项系数比较分析，推导出各种木材的允许应力；并根据国外有关按极限状态计算方法中影响木材强度有关的系数，得出各种木材的计算强度，一并简化为计算时所用的系数。

第二章　中国林科院创建与发展阶段

（1958 ~ 2018 年）

第一节　机构变迁

1958 年 9 月 10 日，林业部报请国务院科学规划委员会，要求成立中国林科院。国务院科学规划委员会于 1958 年 10 月 20 日复函林业部："同意正式成立林业科学研究院，并将你部所属林业科学研究所、森林工业科学研究所和筹建中的林业机械化研究所交由该院领导。"10 月 27 日林业部将批复抄送中国林业科学研究院筹委会。遵照批复，中国林业科学研究院（简称"中国林科院"）于 1958 年 10 月 27 日正式成立。

1958 年 11 月，经林业部批准，成立中国林科院第一届党委会，党委会由 9 人组成，张克侠任书记。

1959 年 2 月 20 日，林业部转发中央 1 月 6 日通知，任命下列院级领导：

张克侠同志兼中国林科院院长；张昭同志兼中国林科院副院长；荀昌五同志兼中国林科院副院长；陶东岱同志任中国林科院秘书长；李万新同志任中国林科院副秘书长兼森林工业科学研究所所长。

1962 年调南京林学院院长郑万钧同志到院任副院长；1963 年调北京林学院院长李相符同志任副院长；1963 年 8 月任命中国林科院党委书记、原林业部机关党委专职书记张瑞林同志为副院长；1964 年 9 月任命原秘书长陶东岱同志为副院长。

一、创建与发展阶段的组织机构（1958 ~ 1966 年）

1959 年的组织机构中，院直属研究所（室）有：林业研究所，下设 4 个研究室；森林工业研究所，共设 4 个研究室；经济研究室，下有 3 个研究组；林业机械研究室，下设 4 个研究组。院职能部门有行政办公室、计划室、情报室、设备供应室。同年，林业部建设局将直属的综合调查队，按原建制移交中国林科院领导，名称改为林研所综合考察队。

1960 年 6 月，成立了南京林业研究所；在北京成立林业经济研究所（1995 年归林业部领导）、林业机械研究所〔1963 年归林业部机械局管理，1965 年抽调 80 余人去黑龙江，分为东北林机所（哈尔滨林机所前身）和北京林机所〕；林化研究室与接收的上海林化室合并，在南京扩建成林产化学工业研究所；森工所改建成木材工业研究所；同年 9 月，又成立了院直属新技术应用研究室。

1962 年 6 月，中国科学院云南紫胶工作站划归中国林科院领导后，扩建成紫胶研究所（1988 年该所更名为资源昆虫研究所）；同年 8 月，在海南岛成立热带林业试验场（翌年变为站）。

1963 年 11 月，接收北京九龙山林场，扩建为院九龙山实验林场（1969 年 7 月将九龙山林场移交北京市管理，1979 年划回中国林科院林业所管理，1995 年改为中国林科院华北林业实验中心）。同年将黑龙江林业科学院的林业机械化、综合利用、森林经营三个研究所，划归中国林科院领导。原综合利用研究所有关林化部分并入南京林化研究所。有关木工部分和木材工业研究所划出的制材部分合并，于 1963 年 12 月 11 日在哈尔滨扩建为中国林科院木材工业研究分所。

1964 年 1 月将南京林业研究所迁往浙江富阳改建成亚热带林业试验站；在哈尔滨成立木材采伐运输研究所；同年 3 月，在原情报室的基础上成立林业科学技术情报研究所。1965 年 3 月，林研所航空化学灭火室划归林业部森林保护司领导，并迁往黑龙江省嫩江县，但业务工作仍由院管理。1966 年 3 月，该室与中国科学院林土所防火室合并，扩建成中国林科院森林防火研究所。至此，中国林科院已拥有林业、木工、林业经济、情报、林化、紫胶、采运、木工分所、森林防火研究所、新技术室、亚林站、热林站 12 个研究所（站、室），职工 1600 余人，其中科技人员 1100 多人。院职能部门有：院长办公室、计划室、总务处，成立中共中国林科院政治部，下设干部部、宣传部、组织部和办公室。

二、挫折与停滞阶段的组织机构（1966～1978 年）

"文化大革命"开始后，中国林科院的科研工作几乎停顿。1966 年 9 月，院分党组召开扩大会议，研究抓革命、促生产和接待外地来京革命串联问题。决定组成两套班子抓革命和抓生产、业务，并进行了人员分工。1967 年 10 月林业部军管后，派军代表进驻中国林科院。1968 年 9 月，中国林科院革命委员会成立。同年 10 月 24 日，林业部军管会同意中国林科院革委会先派出十余名同志去广西邕宁县，接收砧板农场和准备干部下放劳动的工作。此后砧板农场即成为中国林科院"五七"干校，大批干部陆续下放去干校。

1969 年 9 月，院里派出第三批"五七"干校学员，院长张克侠和副院长郑万钧、张瑞林均去了"五七"干校，同年 9 月，中国林科院广西砧板"五七"干校革委会成立，当时学员数量已达 580 人。

1970 年 8 月，中国林科院与中国农科院合并，成立中国农林科学院。合并后，提出了中国农林科学院体制改革方案，经批准中国林科院的机构保留 120 人。至此，中国林科院原机构、人员大部分下放或撤销；同年木材所、热林站、亚林站、情报、紫胶所、新技术室下放（或部分下放）给地方；林经所建制撤销，人员分散。

1971 年林研所下放河北省，就地解散；林化所也下放了一批人员；未下放到各省的干校学员从广西迁至辽宁省兴城与原中国农科院干校合并。这样，从整体上看机构被解体，科研工作处于瘫痪或半瘫痪状态。中国林科院多年积累的资料、标本和仪器设备受到严重破坏，试验厂房的机器大部分被拆，造成不可弥补的损失。

1973 年干校学员陆续回到北京，4 月 10 日，中国农林科学院建立林业研究所筹备组（1977 年农林部下文暂定为"中国农林科学院森林工业研究所"）。1975 年 6 月，经农林部批准，中国农林科学院河北林业研究所筹建（即中国农林科学院林业研究所）。1976 年 7 月 15 日原中国林科院林化所更名为中国农林科学院林产化学工业研究所。1977 年 7 月，农林部函河北省革委会：支持中国农林科学院林业研究所、木材工业研究所在保定市进行筹建，两所定为地师级，编制分别为 200 人和 190 人。

三、改革与创新阶段的组织机构（1978～2018年）

1977年12月，中国林学会召开学术会议时，中国林学会理事长张克侠同志和全体代表写信给方毅同志并报邓小平副主席，建议农、林两院分开，理由是：林业科学研究的范围广，实现现代化的任务很重，需要有一个中央一级的林业科研机构，除负责研究林业方面重大课题外，同时负责组织、协调和指导全国林业科学研究工作的开展。中国林学会、原中国林科院的一些老同志积极组织专家呼吁，要求尽快恢复中国林科院。中国农林科学院应分成农、林两院，以加速林业科学事业的发展。时任中国农林科学院党的核心小组成员、原中国林科院副院长陶东岱同志殚精竭虑多次向国务院和农林部以及北京市等有关领导汇报农林两院分开的意见。张克侠同志、陶东岱同志和两所在京参加林业科学规划会议代表还反映了林业研究所和木材工业研究所长期不能正常开展科研工作的问题。邓小平副主席在这些报告上，先后作了两次重要批示。另外方毅副总理对"文化大革命"时拆散的科研单位非常重视，指示被不合理拆散的科研机构，争取尽快恢复。经过不少同志的努力和有关单位的大力支持，恢复中国林科院建制问题取得重大进展。

1978年3月，经国务院批准恢复了中国林科院及其所属的大部分研究所。4月25日，中国林科院领导机关和林业所、木工所迁回中国林科院原址办公，中国农林科学院森工所的人员分别并入相关研究所。5月4日，召开了恢复中国林科院大会，5月9日又召开了职工大会，宣布院的机构设置和人事安排。任命梁昌武为中共中国林科院分党组书记，郑万钧为院长。到1979年年底，中国林科院已有10个研究所（林业、木材、林化、哈林机、北林机、林经、热林、亚林、紫胶、情报）和3个实验局（磴口、大青山、大岗山），院职能部门有二室（院办公室、机关党委办公室），8处（人事、保卫、外事、科研管理、财务、物资、基建、行政处）。

1979年，经批准分别建立了中国林科院内蒙古磴口实验局（1990年更名为沙漠林业实验中心）、江西大岗山实验局（1990年更名为亚热带林业实验中心）、广西大青山实验局（1990年更名为热带林业实验中心）。1979年中国林科院成立保定苗圃。1980年增设纪委和研究生部。同年哈尔滨林业机械研究所、北京林业机械研究所划归林业部机械公司领导。

1982年，经林业部党组批准改院分党组为院党委，杨文英任中共中国林科院党委书记，黄枢任中共中国林科院院长。1986年又改为院分党组，任命刘于鹤为中共中国林科院分党组书记、院长。1989年院分党组撤销改为党委。1992年又恢复院分党组，任命陈统爱为院长、中共中国林科院分党组书记。

1982年，院林业经济研究所收归林业部直接领导，改名为林业部经济研究所，同年林业经济研究所又归院领导。

1984年，成立森林调查及计算技术开发研究中心（1988年扩建并改名为资源信息研究所），1985年成立院分析中心。

1994年2月，成立森林保护研究所，3月成立森林生态环境研究所。1998年，中国林科院决定对内将森林保护研究所与森林生态环境研究所合并成立森林生态环境与保护研究所。2005年，两所正式合并为中国林科院森林生态环境与保护研究所。1992年12月和1995年12月由林业部科技司归口管理的林业部泡桐研究开发中心和桉树研究开发中心交由中国林科院归口管理。1993年5月，林业科学情报所更名为林业科技信息研究所。

1995年，林业经济研究所归林业部领导，扩建成林业部林业经济研究中心。同年1月林业部竹子研究开发中心委托中国林科院管理。

1996 年 2 月，任命江泽慧为院长、中共中国林科院分党组书记。

2001 年，哈尔滨林机所和北京林机所归中国林科院管理。

2002 年，国家林业局批复同意中国林科院与国际竹藤网络中心共同组建研究生院。

2005 年，国家批准成立林业新技术研究所。

2006 年 12 月，任命张守攻为院长、中共中国林科院分党组书记。

2008 年以来，中国林科院积极顺应国家重大战略需求，优化学科结构布局，科学调整功能定位，探索建立非法人独立研究机构和业务挂靠机构管理机制，争取更大发展空间。

2009 年 3 月，依托科信所成立国家林业局林产品国际贸易研究中心。

2010 年 11 月，依托中国林科院挂牌成立荒漠化研究所和湿地研究所。

2011 年 8 月，依托竹子中心成立国家林业局国际林业科技培训中心。

2012 年 1 月，任命叶智为中共中国林科院分党组书记，张守攻为院长、兼分党组副书记。

2012 年 10 月，依托中国林科院挂牌成立国家林业局生态定位观测网络中心和国家林业局盐碱地研究中心，依托林业所挂牌成立国家林业局城市森林研究中心。

2013 年 6 月，依托热林所挂牌成立国家林业局森林碳汇研究与实验中心，依托林业所挂牌成立国家林业局滨海林业研究中心，依托热林中心挂牌成立国家林业局热带珍贵树种繁育利用研究中心。

2013 年 9 月，与内蒙古森工集团联合成立中国林科院内蒙古大兴安岭研究与示范基地，依托森环森保所挂牌成立国家林业局虎保护研究中心。

2014 年 6 月，依托哈林机所成立中国林科院寒温带林业研究中心。

到 2018 年，中国林科院下设 22 个独立研究所（中心）、8 个非法人研究机构。有职能部门 8 个和非职能部门 5 个，院地共建机构 21 个。全院在职职工 2616 人，有两院院士 6 人，国际木材科学院院士 10 人，国务院参事 1 人，博士生导师 161 人，全国杰出专业技术人才 3 人，"百千万人才工程"国家级人选 10 人，在职研究员 191 人、副研究员 518 人。先后与北京、天津、上海、河南、河北、内蒙古、广西、江西、青海、浙江、甘肃、湖南、安徽、四川、贵州、海南、福建、吉林、云南、湖北、宁夏 21 个省（自治区、直辖市）人民政府签订了全面科技合作协议。经国家林业和草原局批复成立了 70 余个业务挂靠机构，对推动科技服务和咨询决策工作起了重要作用。

第二节　科研工作

60 年来，院的科研工作在确定研究方向，制订规划、计划；开展课题管理、成果推广、标准专利等方面做了大量工作，取得很大成绩。截至 2017 年年底，共取得主要科技成果 6256 项，全院共取得重要科技奖项 701 项次，先后出版专著、编著、译著 900 余部，发表论文 20000 多篇。

一、发展历程

（一）初创与发展阶段（1958～1966 年）

建院之初的科研工作，一是依据国家林业生产发展的要求承担林业科研课题，推广科技成果。

在此期间，全院共开展了 800 项（年次）林业研究课题，平均每年 100 项，提出研究报告 600 多篇。国家科委在"科学技术成果"公报上发表的中国林科院成果有 88 项。二是对全国林业科学研究工作统一规划，组织重大项目协作。组织科技人员对林业生产和科技工作提出建议，促进林业生产的不断发展，提高林业科学技术水平。协助林业部召开了五次全国性的林业科技工作会议。1959 年 2 月在北京香山召开的第一次全国林业科技工作会议上，建立了中央和地方林业科研单位分工协作和经常联系制度。随后的几次会议，内容有：研究贯彻中共中央《关于自然科学研究机构当前工作的十四条意见》，讨论林业科研发展的长远规划，协调年度科研计划等。这几次会议对促进林业科研体系的建立，推动科研与生产结合起到了重要作用。

（二）挫折与停滞阶段（1966 ~ 1978 年）

1966 年，全国开展"文化大革命"，林业科研工作遭到严重破坏。1970 年中国林科院与中国农科院合并，院属各所下放地方，仅留下极少数科技人员组成科技服务队到林业生产基层单位接受再教育，开展一些林业科技普及和推广工作。1972 年国务院在北京召开"全国农林科技座谈会"，这次会议要求下放的研究所有的也要承担全国性科研任务。会上，林业方面安排了 3 个项目。中国林科院科研人员克服重重困难，与林业生产基层单位协作，开展研究工作，作出了一定的成绩。1978 年春，全国科学大会召开，在会上表彰了一批中华人民共和国以来的优秀成果，中国林科院获得全国科学大会奖的成果有 23 项。

（三）改革与创新阶段（1978 ~ 2018 年）

在这个时期，中国林科院认真贯彻党中央国务院的指示精神，科研工作走上健康发展的轨道。1978 年邓小平在全国科学大会上提出"科学技术是第一生产力"。20 世纪 80 年代，国家提出"依靠、面向、攀高峰"的方针，1995 年提出"科教兴国"战略，跨入 21 世纪又提出"自主创新、重点跨越、支撑发展、引领未来"的科技指导方针，党的十八大提出实施创新驱动发展战略。党的十九大提出"创新是引领发展的第一动力，是建设现代化经济体系的战略支撑"。在这些方针的指引下，中国林科院的科研工作取得长足进展。

1978 年院恢复建制后，院、所各级领导认真进行调整、整顿工作。在科研方面，重新制定各项规章制度，建立学术委员会，清理现有科研课题，集中力量，保证重点科研项目的完成。1978 ~ 1980 年间，年平均开展课题研究 110 项，三年共鉴定成果 63 项。1981 ~ 1985 年的第六个五年计划期间，全院面向林业生产实际，承担国家科技攻关等重点课题任务，取得研究成果 178 项。许多科技人员参与了《中国树木志》《中国森林》《中国农业大百科全书·林业卷》的编写，为提高林业科技水平作出了贡献。"七五"期间，全院承担重点科研课题 351 项，其中主持和参加国家科技攻关专题 60 项，林业部重点课题 63 项。取得科技成果 306 项，获得各种奖励 137 项次，其中国家科技进步一等奖 1 项，二等奖 3 项。同时建立一批试验林、示范林、为持续出人才、出成果打下了良好基础。

"八五""九五"期间，中国林科院科研工作发展迅速。此间，全院平均每年承担各类纵向科研项目 200 项。其中承担和参加"八五"科技攻关专题 46 项，占林业系统 30%，"九五"科技攻关专题 35 项，占林业系统 39%。1991 ~ 2000 年共鉴定科技成果 545 项。成果质量显著提高，累计取得国家和省部级奖励 250 项次。其中，国家科技进步特等奖 1 项，一等奖 2 项，二等奖 16 项。

"十五""十一五"期间，我国林业现代化建设特别是生态环境建设进入一个全新的发展阶段，中国林科院的研究条件得到很大改善，科研工作围绕六大林业工程，以生态建设为中心，合理安排三个层次的科研工作，制定科研发展规划，实施科研项目，取得显著成绩。"十五"期间，全院共获得纵向国家科研计划项目890项，获准课题合同经费近4.86亿元，科研总经费比"九五"增加55%。组织实施了国家科技支撑计划重大项目1项、重点项目7项，参与组织实施项目10项，承担课题67项，承担973计划项目1项，863计划项目18项，公益性行业专项计划项目69项，948计划项目95项，国家基金项目130项，承担国家和部门成果推广类计划项目194个，承担国家和行业标准类项目187项，共鉴定（认定）科技成果528项；获授权专利299件，其中授权发明专利197件；获得新品种授权60个，获批良种40个；出版科技专译著160部；发表科技论文5097篇，其中被SCI/EI收录544篇；全院共有30项科技成果获得国家级、省级科技成果奖励，其中获国家科技进步二等奖10项，国家技术发明二等奖1项。

"十二五"期间，我院新增各类纵向科研项目1169项，总经费12.42亿元，共验收项目1093项。获得国家科技进步二等奖9项，省部级一等奖5项，中国专利优秀奖7项；鉴定（认定）科技成果255项；获授权专利763项；授权林业植物新品种195种；制修订行业标准278项、国家标准128项、国际标准4项，实现了我国主导制定林业国际标准零的突破；出版科技专译著234部；发表科技论文7474篇（其中SCI/EI收录1858篇）。

"十三五"以来，我院认真学习贯彻习近平新时代中国特色社会主义思想，坚持创新、协调、绿色、开放、共享发展理念，全面实施创新驱动发展战略，深化改革，实施林业科技创新工程，加大科技成果供给，加快科技成果转化推广，截至目前，我院新增各类纵向科研项目（课题）981项，总经费9.09亿元；共承担国家重点研发专项26项，主要涉及领域有典型脆弱生态修复与保护研究、林业资源培育及高效利用技术创新、生态安全关键技术三个方面，项目总经费6.77亿元；获得国家科技进步二等奖2项，省部级奖7项，梁希奖25项。

二、制定规划、计划，明确院科研工作的发展方向和任务

20世纪50年代，参与制定《1956～1967年科学技术发展远景规划纲要》（简称《科技12年规划》），其中第47项提出：12年内林业科技的发展目标是解决扩大森林资源、森林合理经营和合理利用等方面的技术问题。60年代，按照国家科委的部署，组织全国林业专家制定《1963～1972年科学技术发展规划》（简称《十年规划》），规划提出现有森林合理经营研究；用材林经济林培育技术研究；防护林营造技术研究；森林保护研究；营林机械化机具研究；木材、林化产品加工技术研究；紫胶研究等23项林业研究课题。在"科学研究为生产服务"原则指导下，中国林科院贯彻《科研十四条》，围绕《科技12年规划》和《十年规划》提出的林业课题研究，开展了一系列的科研工作。

1978年恢复建制后，贯彻林业部党组关于机构调整指示，明确了院、所（局）的方向任务。提出中国林科院基本任务是：研究解决我国在"保护和管理好现有森林、大力开展植树造林，合理利用森林资源"等方面的科学技术问题和经济政策问题，院属各研究所要突出重点，分工协作，积极承担综合性的研究任务。

1985年编制的中国林科院"七五"计划纲要提出：院的任务是重点解决全国林业生产中具有重大经济和社会效益的科学技术问题，特别是带有全局性、综合性、关键性的科技问题，并为全国

做好科学技术服务工作。院应当以应用研究为主，相应地开展应用基础研究，积极加强开发研究。提出要把林木速生丰产和加工利用等七项关系提高森林覆盖率、林业劳动生产率和林产品综合利用率的重点任务作为主攻方向，要及时将研究成果与国内外现有先进技术组装配套，建立样板，示范推广。

1989 年，中国林科院"八五"科研项目规划大纲提出：20 世纪 90 年代中国林科院的科研工作，要服务于林业建设主战场，要建立两大科研项目类群，一是侧重为林业生态体系建设服务的项目，如林业生态工程研究（包括：三北防护林工程体系营建技术、沿海防护林体系建设研究、农用林业研究、太行山造林绿化技术研究等）、防沙治沙研究等。二是侧重为林业产业体系建设服务的项目，如工业用材林定向培育和利用技术研究、经济林和竹林培育利用技术研究、薪炭林营造和利用技术研究、木材加工及综合利用技术研究、林产化学加工技术研究等。"规划大纲"同时强调要加强林业应用基础理论研究，大力发展软科学。

《中国林科院科研"九五"计划和到 2010 年长期规划》基本上延续"八五"计划的思路，强调重点发展 10 个学科，集中研究力量优先研究集约育林、森林与环境、林产品加工等主题项目、推广 7 项技术，搞好 6 个综合示范样板。

"十五"期间，在我国生态环境建设进入一个全新发展阶段的背景下，提出："十五"科技发展的主题一是创新，二是产业化。两个主题的基本内涵是：通过深化改革，建立新型机制、加快结构调整，优化资源配置，强化自主创新，增强综合实力。强调进一步加强应用基础研究和技术源头的原始创新，加强战略高技术研究与产业化，加强关键技术在重点领域的集成示范并提高显示度。"十一五"更提出以六项林业科学技术工程为载体，全面推进林业科技自主创新，力争在林木培育、林木育种与基因工程、生物质材料与化学利用、荒漠化防治、森林水文过程、病虫害防治、竹子栽培与利用、资源信息技术等研究领域达到世界先进水平，为我国林业生态环境建设和林业现代化建设作出新贡献。"十二五"期间，我院以推动林业科学发展为主题，以支撑转变林业发展方式为主线，以服务"双增"目标为核心，以科技惠民为宗旨，坚持自主创新，重点突破，支撑发展，引领未来，紧紧围绕创建世界一流林业科研院所的目标，一方面系统谋划全局，争取各方资源、拓展合作领域、推进科技发展，收获丰硕科技成果；另一方面狠抓工作重点、突破工作难点、创新工作亮点，全面提升工作水平。力争在新品种创制、森林经营、生物产业、信息技术、生态保护、应对气候变化等研究领域取得重大突破，创新成果大幅增加，行业支撑能力显著增强。"十三五"时期，是推进生态文明，建设美丽中国的关键时期，我院深刻认识并准确把握我国林业发展和科学技术发展的新形势新变化新特点，加强林业科技自主创新，加快林业科技平台建设，在新品种创制、生态修复、森林培育、林业灾害防控、资源高效利用、林业管理、林业产业转型升级、社会民生等方面实现重大技术突破，科技成果转化率进一步提高，为实现"一带一路""长江经济带""乡村振兴战略"提供全方位、全过程的科技服务，实现我院科技创新质的飞跃。

60 年来，中国林科院在发展思路、战略目标和基本任务的定位上，体现了服务于林业发展大局，与时俱进的时代特点，同时把握了国内外科学技术发展趋势，使研究范围不断扩大，研究领域不断开拓，研究层次不断加深，研究水平不断提高，初步找到了一条具有中国特色的林业科技创新之路。

三、建立科技管理的规章制度

建院以来，尤其是改革与创新阶段，院十分重视科研管理各项规章制度的建立和修订工作。1978 ～ 2018 年，全院颁布实施的与科研管理有关的规章制度 53 项。包括：科研计划管理、科技成果管理，科研经费管理和知识产权保护等。

1966 年，中国林科院制定了科研计划管理办法，共有十条。规定研究计划按专题编写，计划任务书由研究室提交所务会议讨论，报院审批。1979 年作了修订，明确科研课题的确立、执行和结题程序，课题任务与事业费指标挂钩，科研人员提出课题建议，所、院批准，通过计划拨款取得经费。

1984 年起，国家对科研单位实施有偿合同制的拨款制度改革，要求科研单位多渠道争取课题经费。为适应改革发展的需要，院计划管理办法作了 7 次修改，主要的改变有：院部管理部门从审核所（局）科研计划到协助所（局）申请科研项目，多方面争取课题经费；加强课题经费使用管理；搞好科研协作，协调好承担单位和参加单位的关系。

科技成果管理也随着国家科委（科技部）制订的管理办法的改变而作了修正。1978 ～ 2018 年间共修订 10 次，内容包括科技成果的范围、成果鉴定应具备的条件和要求、成果鉴定方式、成果的登记上报、成果的奖励等。

科研课题经费管理在 1978 ～ 2018 年间共制订、修订有 7 个。20 世纪 80 年代后随着研究范围的扩大，经费数量增多，经费来源愈来愈多样化、科研课题经费管理日趋细化。

随着全院科研工作的开展，取得大量的科研成果、专利、工程设计、产品设计图纸、计算机软件、植物新品种及著作、论文等智力劳动成果，为了有效保护知识产权，鼓励发明创造和智力创作，院在 1999 年颁布了《保护知识产权规定》，并在 2008 年制定了《中国林科院知识产权保护管理办法》。为促进我院科技成果转化，我院结合实际，于 2017 年制定了《中国林科院鼓励科技人员创新促进林业科技成果转移转化的实施办法》。

为了提高院整体科技水平，增强林业科技创新能力，对在林业科学研究中的重大科技成就给予奖励，我院于 2011 年制定了《中国林科院科技奖励办法》；为进一步充分调动我院科技人员的积极性和创造性，加强各单位、团队之间的科研协作，鼓励我院科技人员集成组装重大成果，培育更高级别的奖项，对做出突出贡献的单位和个人给予奖励，我院于 2016 年又颁布了《中国林科院重大科技成果奖励办法》。

我院十分重视学科建设和人才培养，加大对科研工作规范管理和科学决策，以提高我院整体科研学术水平，于 2015 年制定了《中国林科院学术委员会章程》。

为规范和加强科研项目经费的使用和管理，我院于 2011 年下发了《中国林科院关于进一步加强林业公益性行业科研专项和 948 项目过程管理的通知》，同时加大了对我院基本科研业务费专项资金的管理力度，并于 2017 年颁布了《中国林科院基本科研业务费专项资金管理实施细则》。

全院各所、中心根据院科研管理规章制度，有序开展本单位科研管理制度制修订工作，保障了科研管理工作的高效开展。

四、各种类别科研项目的实施

（一）林业应用技术研究

中国林科院始终把服务林业生产作为自己的首要职责，投入主要力量承担面向国民经济主战场的林业应用研究，为林业生态体系建设和产业体系建设提供技术支撑。国家科技攻关项目（2004年起改为"科技支撑项目"）是最重要的应用技术研究。中国林科院在 1991～2018 年期间，承担课题以上研究课题 165 项，许多科技骨干在林业科技攻关中担任项目负责人，不仅发挥自身的专业优势，还组织院内外科技人员协同研究，取得成效。"十一五"期间，中国林科院承担国家支撑计划课题 66 个，有 6 位专家分别担任"林业生态建设关键技术研究与示范""商品林定向栽培及高效利用研究利用技术研究""防沙治沙关键技术研究与试验示范""速生丰产林建设工程关键支撑技术研究""森林资源综合监测技术体系研究""油茶产业升级关键技术研究与示范"的项目负责人，有两位专家分别担任"农林动植物育种工程""农林重大生物灾害防控技术研究"项目中林业部分的负责人。"十二五"期间，中国林科院承担国家支撑计划课题 35 个，有 11 位专家分别担任项目负责人。

除此之外，院开展的林业应用技术研究还有：《引进国际先进农业科学技术计划》（简称"948项目"）有 350 项，《农业科技成果转化项目》有 177 项，《林业公益性行业专项》有 176 项以及省、自治区、直辖市等地方委托的研究课题、横向合同课题等。

（二）基础研究和高新技术研究

加强基础研究并保证它的持续发展，是我国科技工作中具有重大战略意义的任务。由于种种原因，基础研究和高新技术研究一直是制约中国林科院科研发展的"瓶颈"，规模小，经费不足，力量分散。1989 年 3 月院召开第一次林业应用基础研究工作座谈会，提出：中国林科院作为国家林业研究的骨干队伍，应在保证科研主要力量投入科技攻关等第一层次工作的同时，依照规模适度，队伍精干，力量集中的原则加强林业应用基础研究。之后，采取了建立实验室，培养提高科研人员水平，设立院科技发展基金等一系列措施，使面貌有所改观。1996 年之后，建立起一个国家工程实验室、10 个部级开放性实验室、20 个野外生态定位研究站以及种质资源保存基地等，同时还加强了树木园，标本室的建设。国家支持的应用基础研究项目数量增加。1996 年首次取得攀登计划一项《人工林木材性质及其生物形成与功能性改良机理研究》，1999 年后又争取到"973 计划"项目 5 项（树木育种的分子基础研究、西部典型区域森林植被对农业生态环境的调控机理、速生优质林木培育的遗传基础及分子调控、木材形成的调控机制研究、复杂地表遥感信息动态分析与建模）。国家自然科学基金项目 1987～2017 年间共获准 819 项。科技部的科技基础性工作专项，科技基础条件平台建设专项，1999～2017 年间共获准 17 项。院科技发展基金和院所长基金中对应用基础研究的支持力度也明显增加。通过研究，取得了许多成果和进展。

在高技术研究方面，1991～2017 年中国林科院共主持 863 项目 71 项，主要是在生物技术、新材料技术和信息技术领域具有前沿性、战略性的重大课题，还获得 6 个国家转基因植物研究与产业化专项课题。

第三节　成果推广与科技产业

一、科技成果推广

（一）发展历程

建院初期，科技推广的主要方式是深入林业生产第一线，总结群众经验，结合课题研究，建立试验示范林。1961～1965年林研所在河南睢杞林场，开展农田防护林为主的速生丰产林培育试验，取得多项成果并示范推广，成效显著。经济研究所在东北林区总结"小工队""营林村"等经验，为探索国有林区提高经营管理水平走出重要一步。1971～1978年，中国农林科学院的林业科技人员，以科技服务队的形式，到林区农村推广桐粮间作、杉木丰产技术等，也起到了很好的作用。20世纪80年代后，科技成果推广走向多元化发展阶段，推广方式包括有：实施推广计划项目、建立基地、技术转让、对口技术服务、培训各类人员、提供咨询服务等。自2000年以来，通过管理机制创新，强化科技人员市场意识，搭建院地合作平台，自办企业，高新技术成果示范等，把科技成果推广工作提升到一个新的高度。

（二）实施科技推广计划项目

1993年第八届全国人民代表大会通过了《中华人民共和国农业技术推广法》，在县级以上行政管理部门成立了林业推广机构，建立了由推广机构、科研院校和基层林技人员联合组成的林业推广体系，同时，重点林业技术推广项目列入了国家和省厅的科技发展计划。

在国家层面，科技部相继设立了"国家科技成果重点推广计划""农业科技推广与服务专项资金"和"农业科技成果转化资金"等项目，支撑和引领全国农业科技推广工作。同时，国家林业局配套设立了"林业科技成果重点推广计划"和"林业重点工程科技支撑""林业星火计划""林业新技术新产品中试计划"等项目。2008年成立"国家林业局林业推广计划项目管理办公室"，挂靠在中国林科院科技处，负责国家和部门推广计划项目的日常管理工作。

截至目前，中国林科院承担国家、部门的科技成果推广计划项目总计有837项。其中，由科技部组织实施的有：国家级星火计划项目41项，科技成果重点推广计划项目43项，重点新产品计划项目14项和农业科技成果转化资金项目180项；林业部门组织实施的有：林业星火计划12项，林业新技术新产品中试计划40项，林业科技成果重点推广项目483项，林业重点工程科技支撑项目20项；中国林科院组织实施的有：院所长基金（推广）项目9项。

根据合同年度任务安排和绩效目标，各项目积极组织开展了成果推广与技术培训工作，推广示范了一批良种栽培、林特资源、生态恢复、产品加工和病虫害防治等多个领域先进技术成果，解决了一批生产上存在的关键技术问题，对提高地方林业生产经营水平发挥了极大促进作用。据不完全统计，仅林业科技成果重点推广项目，在2011～2017年期间，培育良种115个，建立良种圃490亩，繁育优良苗木703.6万株，建立良种示范林141.6万亩，建成先进工艺生产线29条，举办培训班134期，培训林农近7000人，带动致富4150人。

（三）开展大型科技推广活动

根据新农村建设需求，针对各省林业发展中亟待解决的技术难题，组织开展了大量的技术示范、培训指导、推广咨询、实用技术培训等科技推广活动，为林业科技成果转化为现实生产力，带动林区产业发展和林农增收致富起到了积极促进作用。1991 年，依托世行项目，面向项目覆盖的 20 省（自治区、直辖市）的 800 多个县开展了科技推广工作，设立马尾松、杨树、桉树等 12 个良种选育与栽培技术研究与推广课题组，举办中央级、省级培训班 1448 期（次），培训 58606 人（次），县、乡级培训班 85256 期（次），培训 569.77 万人（次），营建各类试验林、中试及示范林 49363 公顷。1996 年，国家推广项目"ＡＢＴ生根粉系列的推广"获国家科技进步特等奖，形成以成果推广带动研究技术开发的成果转化系统工程，建立起研发、推广、生产、人才培训、国际合作的良性循环运转体制，组织起 1100 万人的示范、推广、经销社会化服务体系，推广面覆盖了全国 80% 的行政县市，推广面积达 1000 万公顷，并同五大洲 31 个国家进行了合作。2000 年，结合国家林业六大重点工程，以推广先进成果、解决技术难题、提升技术能力、发挥技术成效为重点目标，编制了天然林资源保护工程、三北和长江中下游重点防护林体系建设工程、野生动植物保护及自然保护区建设工程、重点地区速生丰产用材林基地建设工程和黄河上中游、长江上游绿化工程等的科技支撑方案，推广应用了一批先进成熟的科技成果。

21 世纪以来，根据新农村建设需求，积极响应国家号召，组织专家参与了科技部出版发行的《新农村建设实用技术丛书》林业部分的组稿和编写工作，选派了 12 名专家分赴吉林、甘肃、山东、河北、湖北和广西等 6 个林业工程建设重点省份参加了系列"科技送下乡"活动，筛选了 38 项科技成果编印成实用技术手册，深入生产一线现场技术指导、咨询，手把手向林农传授先进技术。2008 年，我国遭受了南方低温雨雪冰冻灾害，积极组织专家编写了《南方雨雪冰冻灾害地区林业科技救灾减灾技术要点》《南方雨雪冰冻灾害地区林业灾后恢复重建技术要点》和派出专家 150 多人次，指导灾区抗灾救灾工作。在深化集体林权制度改革进程中，曾多次组织专家赴浙江、江西、福建、辽宁、四川、陕西等地调研，针对 5 个试验示范点的需求开展专项技术研发推广，先后组织各类培训班 12 次、报告会 35 场次，培训人员 5000 多人，显著提高当地林业经营水平，起到了以点带面，辐射周边良好示范效果。在精准扶贫活动中，按照国家林业局的总体部署，选派了 100 名林业科技特派员赴主要林区、主要林改县、国家扶贫县，带项目、带技术下村下基地下产业户，采取现场讲解、示范指导、入户面授、集中培训等形式，把科技渗透到千家万户，带领群众创办示范点或帮助兴办经济实体，形成了"基地 + 农户 + 协会 + 科技特派员"的成果推广模式，不仅使农民在最短的时间内掌握了先进的农业适用技术，还培育和造就了一大批乡土科技人才。

经过多年的努力和摸索，我院的科技推广工作基本上形成了全方位、宽领域、多元化、多形式的科技成果推广格局。

二、科技产业

（一）发展历程

中国林科院的科技产业以科技成果转化为核心，以促进高新技术产业为目标，以提高自主创新能力为重点。院产业发展可追溯到 20 世纪七八十年代，经历了三个发展阶段：即 1985 ～ 1993 年的科技有偿服务阶段，1993～1998年的科技实体创收阶段。1998年至今的科技企业发展阶段。1988年，为了适应产业管理需要，成立了产业开发部，指导建立以所、中心为主体的产业体系。2017年，结合以专利运营为主要方式的科技成果转移转化工作，我院启动院属公司整合，弱化院所自己兴办企业的职能，强化知识产权保护与运用。

（二）成就与进展

中国林科院致力于科技成果的推广，为生态建设、产业升级和农民致富提供强有力的科技支撑。广泛开展了桉树、竹子、落叶松等用材树种，红椎、檀香等南方珍贵树种，油茶、核桃等经济林树种，以及木麻黄、沙棘等生态树种优良品种扩繁与栽培技术的推广应用；沙地、石漠化、湿地、干热河谷等困难立地植被恢复技术、干旱荒漠区资源利用与沙产业开发、石质山区林农复合经营等生态防护和综合治理技术得到广泛利用，对困难立地植被恢复与重建起到了科技支撑作用；向企业转化应用了木（竹）单板及人造板材的加工利用和阻燃防腐技术、农林剩余物高效利用技术、"模塑料用木质素酚醛树脂制备""高效热能回收与零排放木材干燥"等多项木材、林化产品加工利用技术，组建了多条新型工艺生产线，改善了林产品加工附加值低的现状，提高了产品的市场竞争力，培训林农、新增了就业岗位，产生了显著的生态、经济和社会效益。

（1）培育和形成了一批有影响力的主导产品。目前全院已形成了林木种苗、林产化工、生态工程、木竹加工、林业信息技术、技术咨询服务等重点产业，主要产品有种苗、植物提取物天然药品和保健品（如松花粉、余甘子、杜仲等系列保健产品）、生根粉系列产品、单宁酸、活性炭、胶粘剂、松香松节油、焦性没食子酸、食用单宁酸、2，3，4，4'－四羟基二苯甲酮、仁用杏系列产品、柿系列产品等

（2）产业平台建设为科技成果转化和产业化创造了良好条件。我院国家林产化学工程技术中心、国家木材工业工程研究中心、国家林业局活性炭工程技术研究中心、竹产业技术创新战略联盟、木地板专利联盟、生物基材料国家产业技术创新战略联盟、桉树国家产业技术创新联盟以及南方国家级林木种苗示范基地、北苗南繁林木种苗基地、优良沙旱生植物种苗基地等产业平台为我院科技成果转移转化创造了良好的条件。

（3）联手企业，产学研结合。企业是技术创新的主体，是研发和科技成果应用的主体。我院林业生物质高效利用技术与江苏省、安徽省等多地企业签订合作协议，全面开展生物质高效利用技术转移转化工作，为促进林业技术、经济与社会发展，做出新的、更大的贡献。我院的高性能重组木技术实现了小材大用、劣材优用和高效高值化利用。在全国5省12家企业进行技术转让，已经建成包含关键装备、材料和制品生产线9条，装备产能达到300台套／年，材料产能达到14.5万m^3／年，门窗产能达到15万m^2／年。近三年新增销售额8.15亿元，新增利润1.25亿元。

（4）企业改制扎实推进，管理和经营能力进一步提高。采取有效措施，积极推动企业改制。统一法人，整合清理院属公司，修订公司财务管理制度，统一财务，统一审计，对院属公司人员岗位职责、权利义务等做了具体规定，履行职责。目前各所、中心所属公司30家，直接从业人员516人。

三、知识产权

2014年我院成立了知识产权管理办公室，围绕着"激励创造、有效运用、依法保护、科学管理"

的工作方针，在知识产权工作中注重实效，积极推进专利运营。

建立了全院知识产权联络人制度，完成了全院知识产权战略规划。完成了《中国林科院知识产权发展规划》（2011～2020）；同时还颁布了《中国林科院关于加强知识产权工作的指导意见》。全院各所、中心分别制定了知识产权创造、运营、保护、存档及保密等规章制度；建立了与知识产权挂钩的考核机制。

到 2018 年，共完成植物新品种分子测试 4 项，品种分子数据库构建 400 个品种，植物新品种培训 2000 人次，国际公约谈判与履约 30 人次，与欧盟、美国、日本等开展双边植物新品种保护合作交流 58 人次，东亚植物新品种保护论坛的运行与合作 11 人次，植物新品种专家现场实质审查 1112 次。积极参加北京市知识产权局和海淀区政府实施的技术源头强化工程，被北京市知识产权局和海淀区政府授予"中国林科院专利运营办公室（OPT）"。完成了全国林业知识产权第一、二批试点单位工作。我院林业所、木工所、林化所、亚林所分别通过了国家林业局的第一、二批全国林业知识产权试点单位工作的验收。启动我院三所一中心的知识产权摸底盘点工作，筛选出一批有市场前景的专利，通过专利转让、授权及投资入股等方式进行知识产权运营。

截至目前，我院累计专利申请量为 2816 项，与其他单位合作申请专利数量为 228 项，已授权且有效专利数量为 2659 项，国外专利授权 12 项，林业授权植物新品种 91 件，软件著作权 337 件。获中国专利优秀奖 7 项。

第四节 国际合作与交流

一、发展历程

建院初期至 1978 年国际合作主要同苏联以及东欧社会主义阵营中的国家交流为重点，有选择地引进西方国家的技术。合作的主要内容有聘请专家、出国考察、引进设备、交换种子和资料等，如 1960 年开展的有苏联专家参与的"中国西南高山林区森林植物条件采伐方式和集材技术研究"，1972 年从意大利引进了 69、63、72 杨，为我国江淮流域杨树生产提供了适宜品种，并丰富了我国杨树的基因资源。

1978 年院恢复建制后至今，科技外事工作得到了迅速发展，从过去单一的交换，互访发展到与国外相应的组织在林业领域内进行较大规模的国际科技合作，合作领域不断拓宽，合作方式多样，项目合作水平不断提升。我院引进技术、人员和管理经验的重点放在美国、芬兰、加拿大、俄罗斯等林业发达国家，引进资金的重点放在德国、日本、加拿大、澳大利亚、芬兰、韩国等有对华林业援助意愿的经济发达国家以及联合国开发计划署、联合国粮农组织、国际热带木材组织等国际组织，输出人才和技术以及实施林业"走出去"战略的重点放在亚洲和非洲地区具备合作条件的发展中国家。合作内容丰富，除了考察、交换技术资料、树种资源外，还引进国外先进技术、邀请国外专家进行合作研究、联合开发、合作出版、派出进修、研修、讲学、参加或组织国际研讨会议。据初步统计 20 世纪 80 年代初院派出专业考察团（组）进修和实习人员、访问学者、参加国际会议的科研人员平均每年 20～40 人，到 20 世纪 80 年代末达到 80 人左右，90 年代末达到 150 人左右，到 21 世纪开始达 250～280 人左右。我院已与世界上 80 多个国家、50 多个国际组织开展了多渠道、多层次、多形式、全方位合作与交流，其中与28个国家的林业科研机构、高校、企业等以及国际热带木材组织、国际林业研究中心等相关国际组织签署院级合作协议86个。

二、发展成就

（一）通过利用国内国外两种合作资源，改善了我院的科研条件

1981～2018年我院共获各类国际合作项目590项，资金总额1.05亿美元，利用项目提供的资金和设备改善了科研试验条件，为全方位地开展研究，提高科研水平，培养人才等打下了基础。改革开放之后至"十一五"，争取国际合作（资助）项目是改善我院科研试验条件的主要途径之一，国外资助的项目经费为我院起步阶段的国际科技合作提供了积极动力。例如，1986年中国加入国际热带木材组织（ITTO）以来，院共获该组织资助项目32个，资助金额1050万美元，项目涉及院7个所（中心）。院林业所与加拿大国际发展研究中心（IDRC）从1982年开始合作逐步扩展到全院的参与，双方的全面合作已成为发达国家与发展中国家科技合作研究的典范。IDRC资助全院24个项目。总金额达450万加元，参加项目人数达200多人，试验点40多个，覆盖全国16个省。院利用联合国开发计划署提供的经费建立了木材综合利用研究中心，提高木工所对全国人造板质量的检测、监督和技术服务的能力，同日本国际协力机构（JICA）合作过程中获得了大量的仪器设备，改善了木工所的科研设施。

（二）通过引进国外先进技术和管理人才，促进了我院的科研发展，拓展了合作网络

院自1996年获得了第一项国家外国专家局的引进外国技术和管理人才项目以来，一直是我国林业系统执行该项目的主要单位。截至2018年，共获335个引智项目，经费约1300多万人民币。引智项目规模虽小，经费虽少，但作用突出，通过项目实施使很多外国专家与我院建立了良好的长期合作关系，其中一些贡献突出的国际专家还获得了我国颁发的奖项和荣誉。自1995年中华人民共和国国际科学技术合作奖正式授奖以来，林业系统有2位外国专家获此殊荣，均为我院推荐的国际合作专家，他们分别是澳大利亚生态学和干旱地可持续管理专家维克多·罗伊·斯夸尔（2008年）和美国木材科学家许忠允（2013年）。自1999年以来，14位由我院推荐的外国专家获"中国政府友谊奖"。此外，我院4个引智项目执行效果突出的研究所先后共8次被命名为国家引进外国智力成果示范推广基地。其中，"杨树新品种选育和集约栽培技术"引智成果示范与推广基地成立以来，累积引进杨树优良品种35个，柳树优良品种6个，引进技术12项，均为杨树速生丰产用材林发展的优良品种和集约栽培技术，引进的品种和技术显著提高了杨树人工林产量和质量；以冀东地区的自然条件为背景，重点营造杨树速生丰产用材林，在良种选择、示范推广及技术合成方面，开展了一系列的科研活动，加大科技成果转化，并取得初步成果；利用杨树引进品种，在基地苗圃共培育杨树良种苗木200多万株，推广地点遍及丰南、唐海、遵化、丰润、昌黎和北京、天津等地，推广面积达10万亩；以中国林科院作为技术依托单位，举办了现场示范会或技术培训10余次，共计培训人数达500人。

（三）通过国际合作培养了具有国际视野的技术和管理人才

国际科技合作（资助）项目成为中国林科院了解世界，世界了解中国林科院的一个主要窗口，为中国林科院培训了一批高素质人才。如与加拿大国际发展研究中心合作研究的14个项目，共有

120名科技和管理人员参加由外国专家在华举办的培训班，6人次参加长期（1年以上）国际培训，160人次参加国际研究考察和研讨班；院通过 IDRC 项目派出专家到其他国家进行国际咨询和技术服务36人次。院资源所"龙计划"为中欧双方科学家建立了一个学术交流的重要桥梁，项目自2004年启动以来，中欧双方共有600多位专家和青年学者参与合作研究，覆盖了中欧大部分从事遥感应用研究的高校与研究院所，在"龙计划"合作框架下，中欧合作开展研究、举办高级培训班和共享卫星遥感数据，共同取得了一大批具有国际先进水平的研究成果，有效促进了中欧地球观测应用水平的提高和遥感技术应用领域的拓展，为双方培养了一大批后备人才，资源所20多人直接参与项目的具体研究活动和项目的管理工作，大部分是青年学者，其中，有年轻专家赴欧洲空间局进行专门的专业技术培训或攻读中国林科院与荷兰空间信息和对地观测国际研究所（ITC）联合培养的博士学位，前后有30多人次参加"龙计划"组织的遥感高级培训班。"龙计划"的实施，推动了中国林科院遥感科技队伍的建设，一批青年人已成为中坚力量，"龙计划"三期，有5名青年专家成为专题项目负责人。

（四）厚积薄发，创建国际合作创新团队

为了尽快与国际接轨，扩大国际影响，通过聘请在国际上知名专家为中国林科院国际合作创新团队的海外成员，对促进这些学科整体水平的提高，加速培养优秀人才，加快提高科研队伍素质、研究生教育质量和科研成果水平起了积极作用。"十二五"期间，我院国际合作创新团队建设工作继续推进，海内外学科对接成效明显。完成了对30个国际合作创新团队的科学评估和续聘工作，其中森林生态系统对气候变化的响应与适应、木质复合材料、木材品质特性、生物质基高分子复合材料、森林培育、热带森林监测等领域的技术合作创新成果突出，创新能力明显提高。与此同时，学科群国际合作创新团队建设探索工作取得初步成效。国际合作创新团队建设为全面提升我院科技创新能力，加速培养我院优秀拔尖人才，加快提高我院科研队伍素质，扩大我院国际影响，发挥了非常积极的作用。

（五）推动了林业科技进步，实现了技术转移

中国林科院已完成的国际科技项目获得省部级奖励。例如，经过8年的研究与实践，由中国林科院和海南省林业局共同执行的国际热带木材组织资助328万美元的"中国海南岛热带森林分类经营永续利用示范"项目，"十五"期间圆满完成项目预定目标，该项目2003年获得海南省科技进步一等奖。2001年至今，我院共执行科技部国际科技合作专项项目25项，获国际科技合作专项经费4551万元人民币，合作研发领域包括生物质能源、森林生态、病虫害、木材科技、荒漠化防治、竹业技术等，合作国别包括美国、加拿大、德国、英国、法国、日本、澳大利亚、巴西、俄罗斯、丹麦、斯洛伐克、哈萨克斯坦、南非等。2017年，林化所"林业生物质高效转化利用国际科技合作基地"被认定为国家国际科技合作基地（示范型国际科技合作基地类），这是整个林业系统获批的首个国家级国际科技合作基地。此外，我院积极开展林业技术援外培训，为其他发展中国家提供竹子栽培与加工、竹业发展、荒漠化防治、野生动植物保护管理、木材综合利用等实用技术，自1993年以来承办商务部培训班134项，培训各国学员3773人次，帮助参与国家发展林业、带动当地人民脱贫致富。援外培训形成了我国向其他发展中国家进行林业技术转移的一个重要渠道，为我国顺利开展南南合作做出了重要贡献。2016年，受商务部委托，我院森环森保所实施了蒙古戈壁熊技术援助项目可研工作；2018年，中国政府援助蒙古国戈壁熊保护技术项目实施协议签署，项

目正式启动，森环森保所为项目实施单位，这是中国政府首个野生动物保护技术援外项目，旨在为保护蒙古国的"国熊"及其生存环境提供技术援助与支持，并落实 2013 年中蒙两国签署的《中华人民共和国和蒙古国战略伙伴关系中长期发展纲要》。2016～2018 年，我院实施了科技部"中国向巴西提供竹子培育与高效利用技术"援助项目，通过中巴双方在在竹林资源培育、竹材加工利用、生态保护等方面开展合作，对促进巴西竹产业发展、带动林农致富、美化当地环境方面起到重要作用。

（六）提升中国林科院在国际上的影响力

院先后与 80 多个国家、50 多个国际组织开展了合作与交流；1996 年以来与意大利、加拿大、俄罗斯和欧盟的研究机构、大学签署了 86 个科技合作协议；院先后近 200 人次担任国际学术组织职务，其中目前共有 10 位专家为国际木材科学院院士；中国林科院科学家发挥自身优势，曾应邀赴巴基斯坦进行泡桐项目指导、赴马来西亚进行遥感项目指导、赴埃及进行荒漠化防治指导；自 1996 年至今中国林科院共主办、承办、协办了 244 个规模较大的国际会议、培训班和研讨班，如 2016 年与国际林联共同在北京举主办首届国际林联亚洲和大洋洲区域大会，共有来自 57 个国家的 1200 多位林业科研人员、管理人员、政策专家、企业代表和林业从业人员参加了会议，会议包含 4 个主题报告会、98 个学术分会、530 个口头报告和 200 个学术墙报，大会还发布了旨在加强亚太和大洋洲地区国际林业科技合作的《北京宣言》，本次大会不仅是国际林联在亚洲和大洋洲举行的首届区域大会，也是中华人民共和国成立以来我国在林业科技领域召开的规模最大的一次国际盛会，在国际林学界引起了极大反响；2017 年，我院承办了由国家林业局、《公约》秘书处、中华全国青年联合会、联合国环境署和中国绿化基金会共同主办的《联合国防治荒漠化公约》第十三次缔约方大会青年论坛，这是《公约》缔约方大会历史上第一次举办青年论坛，共有来自 25 个国家近 200 位代表参加，论坛成功发布了《全球青年防治荒漠化倡议》，这是本次缔约方大会取得的五项重要成果之一，为我国圆满完成东道国任务做出了积极贡献，具有十分重要的政治意义；2002 年和 2005 年院分别授予芬兰总统、巴西环境部长荣誉博士称号。

第五节　人才队伍建设与研究生教育

一、人才队伍建设

（一）不断优化人才队伍结构

（1）数量变化。1958 年建院时，我院有职工 418 人，1960 年职工总数增至 1066 人，1960～1961 年两次下放 416 人，1966 年又增至 1603 人，经过"文化大革命"，到 1978 年恢复建制时职工总数为 620 人，随着下放到各省的研究所（站）陆续收回，1979 年院又成立了 3 个实验局，在职职工总数增到 1980 年的 4864 人。1985 年达到 5155 人。1998 年职工总数下降至 3569 人。2002 年共有在职职工 3257 人。2008 年全院共有在职职工 2780 人，离退休职工 2815 人。截至 2018 年 6 月，全院共有在职职工 2616 人，离退休职工 3149 人。

（2）学历变化。1963 年全院科技人员 609 人，具有大专以上学历的 483 人，其中在国外留学获博士、副博士、硕士学位和在国内研究生班毕业的共计 20 人左右，占科技人员 4%，其余为国内培养的本科生和大专生，占科技人员的 75%；中专及高中学历的 126 人，占科技人员 21%。

1988 年本科及以上学历人员达 1081 人，占科技人员的 59.2%；1998 年有硕士 170 人，博士 86 人，占科技人员的 15.4%；2008 年有硕士 306 人，博士 326 人，硕士以上学历占科技人员总数的 38.3%；截至 2018 年 6 月，全院本科以上学历 1906 人，其中硕士学历 454 人，博士学历 860 人，硕士以上学历占科技人员 68.9%。

（3）职称结构变化。1966 年前，全院高级专业技术人员有 33 人，占科技人员的 3.5%，1987 年人数达 336 人，比例上升到 19.4%；1998 年 558 人，比例提高到 34.0%；2008 年 709 人，比例进一步提高到 43.0%；截至 2018 年 6 月，全院科技人员为 2080 人，高级专业技术人员 912 人，占科技人员总数的 43.8%，中级人员 886 人，占 42.6%；初级人员 189 人，占 9.1%。

（4）年龄结构变化。1988 年，全院 56 岁以上、55～45 岁、44～36 岁、35 岁以下人员比例为 1.0∶4.7∶2.2∶6.4，1998 年比例是 1.0∶0.9∶1.8∶2.5，2008 年比例是 1.0∶4.0∶6.4∶3.8。截至 2018 年 6 月，全院 55 岁以上、46～54 岁、36～45 岁、35 岁以下人员比例是 1.0∶2.0∶2.1∶2.8，年龄结构趋于均衡。

（二）努力构建人才队伍的激励保障机制

（1）制定人才发展规划。院根据国家每个时期的国民经济与社会发展计划，分别制定了五年人才发展规划及中长期发展规划，如院恢复建制后，重点解决"文化大革命"遗留下的人才断层问题。"八五"人才规划提出了"坚持精简、统一、效能原则"，除增加科技人员比例外，对科技人才队伍在专业结构、知识结构、专业技术职务结构和年龄结构等方面均制定了明确的目标；1996 年以后提出："压缩外沿、提高内涵、巩固优势学科，强化弱势学科，发展新兴学科，拓宽交叉学科和边缘学科"，实现人才与学科协调发展。"十一五"提出了"提升队伍整体创新能力、培养和造就战略科学家和技术拔尖人才、建立队伍的动态优化与持续发展机制"，扎实有序推进了人才队伍建设。"十三五"发展规划提出：夯实"团队、平台、机制"三个基础，加快世界一流林业科研院所建设步伐。

（2）构建人才培养体系。从人才梯队建设的角度出发，制订《中国林科院杰出青年评选办法》《中国林科院优秀青年创新人才培育计划管理办法》。杰出青年评选针对 40 岁以下的青年科研人才，优青计划聚焦 35 岁以下的青年科研人才。设立院所长基金"人才项目"，重点资助开展前沿探索性和储备性研究，院所两级共同投入资金，提高收入待遇，积极选派科研人员参与国际创新团队合作研究。

（3）加大高端人才引进力度。积极依托国家、国家林业局高端人才引进和院所自主资助渠道，坚持高标准、高贡献、高待遇原则引进人才。广泛延揽人才，坚持高端人才引进特事特办，待遇条件上有效对接，后勤保障上积极主动，提供贴心的精准服务，为引进人才配套引进人才科研启动经费，配置科研辅助人员和研究生招生指标。

（4）推行首席专家负责制，充分发挥学术带头人作用。2002 年起，院在非营利单位中以不同专业技术职称为基础，设立首席科学家、首席专家、专家、专家助理、科研辅助 5 级研究岗位；管理岗位设置 6 级 8 档即正院级、副院级、正所处级、副所处级、研究所管理部门负责人、一般管理岗位。一般管理岗位分为 3 档。

（5）推进职称评审制度改革。实行总量控制和限额推荐的管理模式，积极发挥用人主体在职称评审中的主导作用，合理下放评审权限。探索制订职称分类评价标准，突出业绩水平和实际贡献，注重考核工作绩效和突出创新成果，严格按条件评审。对优秀青年人才设立绿色通道，成绩优秀的可不占单位推荐限额或不占全院评审限额指标。

（6）实行岗位设置管理制。我院从2008年开始，从转换用人机制入手全面推行岗位设置管理。2008年在广泛调研、仔细摸底的基础上制定了岗位设置工作方案，平稳推进首次聘用和认定工作。2010年制定岗位等级调整聘用办法，规范岗位等级调整每两年进行一次，并完成首次岗位等级调整工作，之后2012年、2014年、2016年顺利完成岗位等级的调整聘用工作，实现常态化管理。

（7）建立博士后流动站。自1995年开始设立博士后流动站，最初只有林业工程学科，1999年增加林学学科，2001年增加了生物学学科，2012年原生物学学科调整为生态学学科。流动站招收范围覆盖木材科学与技术、森林生态学等22个二级学科方向。截至2018年6月底进站博士后381名，已出站308名。博士后流动站的建立，为我院吸引了大批优秀的博士进站从事博士后研究，一些博士后出站后都成为院科研骨干，促进了全院科研事业的发展。

通过实施人才发展规划，建立健全人才工作制度，人才队伍整体实力不断增强。中国林科院现有在职职工2616人，其中具有博士学位的860人，拥有中国科学院院士3人、中国工程院院士3人，全国人大环资委副主任委员1人，全国政协委员1人，国务院参事1人，国际木材科学院院士10人，全国杰出专业技术人才3人，"百千万人才工程"国家级人选10人；享受国务院政府特殊津贴165人，国家"万人计划"科技创新领军人才4人，国家"万人计划"百千万工程领军人才1人，国家"万人计划"青年拔尖人才2人，5人获国家杰出青年科学基金，7人获国家自然科学基金优秀青年科学基金，8人获中国青年科技奖，国家林业和草原局"百千万人才工程"人选32人，50人获中国林业青年科技奖，为建设世界一流林业科研院所提供了有力的人才支撑。

二、研究生教育

研究生教育起步于1979年。学位授权点建设、导师队伍建设以及研究生培养都经历了由小变大、由弱变强的发展阶段。

（一）学位授权点建设

1979年中国林科院只有4个一级学科中的6个专业，生物学（生态学专业）、林业工程（木材科学与技术专业）、林学（森林保护学、森林经理学、水土保持与荒漠化防治专业），农业资源利用学（土壤学专业）。1981年，我院成为首批具有硕士、博士学位授予权的科研单位。经1981年、1983年和1986年三次申报，获批博士学位授权点2个，硕士学位授权点12个。2000年获批"林业工程"一级学科博士点，2002年，获批"农业硕士"专业学位点，2003年获批"林学"一级学科博士点以及"生物化学与分子生物学"二级学科硕士点，2005年，获批"风景园林硕士"专业学位点，2006年获批"应用化学"、"制浆造纸工程"和"环境科学"二级学科硕士点。2011年获批"生态学"一级学科博士点以及"地理学""风景园林学""农林经济管理""材料科学与工程"一级学科硕士点。2014～2018年，我院开展学位授权点自我评估工作，调整和优化学位授权点布局，主动撤销了"风景园林学"和"材料科学与工程"一级学科硕士点，新增了"生物学"和"轻工技术与工程"一级学科硕士点，主动撤销了"土壤学"和"环境科学"二级学科硕士点，自主设置"森林土壤学"和"林业装备与信息化"二级学科博士点，并将"农业硕士"调整为"林业硕士"

专业学位点。至此，我院共拥有 3 个一级学科博士学位授权点，7 个一级学科硕士学位授权点以及 2 个专业学位授权点，3 个博士后科研流动站，4 个国家林业局一级重点学科，1 个北京市重点学科，分属于 4 个学科门类，7 个一级学科，涵盖林学、林业工程、生态学等主要领域的林业学科体系。

导师队伍。1992 年，我院制定了《中国林科院硕士学位研究生指导教师条例》，1995 年根据下放博士生导师审批权的精神〔此前（1981 ~ 1994 年）硕士生导师是院批准，博士生导师为国务院和国务院学位委员会审批（2 名和 9 名）〕，我院制订了《中国林科院博士生指导教师遴选工作实施办法》；1997 年对该办法进行了修订；2009 年，制定了《中国林科院研究生指导教师管理办法》。截至 2018 年，我院共有博士生导师 161 名，硕士生导师 229 名。

（二）招生培养与学位授予

（1）研究生招生。截至 2018 年，我院共招收各类研究生 5379 人，其中博士生 1762 人；科学学位硕士生 2369 人；农业硕士专业研究生 631 人（其中，非全日制 569 人，全日制 62 人）；风景园林硕士专业研究生 534 人（其中，非全日制 149 人，全日制 385 人）；以同等学力申请硕士学位研究生 83 人。目前，全院在读研究生将近 1300 人。

（2）研究生培养。一是研究生培养体系建设，包括培养制度的建立、培养方案的制定和修订。先后制定了《研究生开题报告管理办法》《中期考核实施办法》等，并分别于 2011 年和 2018 年，两次修订研究生培养方案。二是课程体系建设。长期以来，我院招收的硕、博士研究生课程主要在高校完成，随着招生规模的不断扩大，部分导师为硕士生开设了特色课程，2001 年起又开展了同等学力研究生课程进修班和专业学位研究生的教学工作，逐步建立起一支硕士授课队伍；2005 年开始逐步加大了博士生课程自主开设力度，2007 年出台了《中国林科院研究生课程管理暂行规定》，从而有了自己的特色课程体系。2012 年实现研究生完全自主授课，2013 年成立了中国林科院研究生教学委员会，先后制定了教学督导、优质课程建设、任课教师管理等一系列规章制度。第三，联合培养。与国内外有关科研，教学机构、联合培养研究生。2002 年与国际竹藤中心联合成立研究生院；2011 年和 2018 年，我院分别与北京林业大学、东北林业大学联合招收培养博士研究生；2017 年成立研究生部南京分部，与南京林业大学联合培养研究生；此外，还与世界 60 多个国家的林业科研教学机构和 50 多个国际组织共同培养研究生。

（3）学位授予。我院学位授予有科学硕士学位、科学博士学位、硕士专业学位、在职人员以同等学力申请硕士学位以及名誉博士学位五种。1984 年，我院下发了《关于加强研究生工作的通知》，同时又制定了《中国林科院硕士、博士学位授予工作细则》，1992 年对该细则进行了修订。2014 到 2016 年，我院先后修订了《学位论文作假行为处理实施细则》《学位论文抽检结果处理办法》《学位论文匿名评阅办法》《关于学术型研究生攻读学位期间发表学术论文的规定》等制度，保障了学位论文质量。自 1982 年成立中国林科院学位评定委员会以来，到 2018 年已有 8 届，共授予学位 3742 人，其中：博士学位 1173 人，科学硕士学位 1694 人，农业硕士专业学位 402 人，风景园林硕士专业学位 422 人，在职人员同等学力硕士学位 49 人，名誉博士学位 2 名。

（三）思想政治教育与研究生管理

（1）思想政治教育。我院非常重视研究生思想政治教育工作，2005 年 10 月，召开了首次研究生工作会议，印发了《中国林科院研究生教育"十一五"及到 2020 年发展规划》，建立和完善研究生院行政管理机构和党组织的建设，及时调整机构设置，补充人员编制，强化各项管理。2006

年成立了研究生院党委，同年，印发了《中共中国林科院分党组关于加强和改进研究生思想政治教育工作的意见》。2014 年，建立了研究生兼职班主任和辅导员队伍。2016 年成立了研究生部党总支，配备专职党总支书记负责研究生党建和思想政治教育工作。2016 年 12 月，召开了首次中国林科院研究生思政教育工作会议，成立了以院分党组书记为组长的院研究生思想政治工作领导小组。2017 年，印发了《中国林科院分党组关于进一步加强和改进研究生思想政治工作的指导意见》。从 2015 年开始，研究生部聘请专业机构为研究生开展心理健康普查、心理健康教育、心理咨询和危机干预等服务，加强人文关怀和心理疏导，提高研究生心理健康水平。

（2）研究生管理。2014 年，我院修订了《中国林科院研究生工作管理暂行规定》，明确了院、所（中心）两级负责制。完善了研究生计划生育、就业、出国、安全管理等制度。制定了《中国林科院研究生奖助体系实施方案》，完善了研究生国家奖学金、助学金、学业奖学金、科研补贴、困难补助等制度。2017 年，制定了《中国林科院研究生公费医疗管理办法》，修订了《中国林科院研究生管理规定》，为加强研究生管理提供了制度保障。

第六节　院地合作

一、发展历程

院地合作大体分为两个阶段：第一阶段（2000 年以前），主要是和科研单位、地市人民政府开展合作。1978 年 11 月，黑龙江省林科院加挂中国林科院黑龙江分院牌子，这是最早的院地合作单位。20 世纪 90 年代起，中国林科院与福建林业厅开展合作，建立南平林业技术开发试验区，完成了试验区的总体规划，实施了 54 个合作项目，促进了科技与生产的结合。第二阶段（2000～2018 年），先后与北京、天津、上海、河南、河北、内蒙古、广西、江西、青海、浙江、甘肃、湖南、安徽、四川、贵州、海南、福建、吉林、云南、湖北、宁夏 21 个省（自治区、直辖市）人民政府签订全面科技合作协议。依托地方单位联合共建 44 个合作机构，在院地合作协议框架指导下，开展合作研究、人才培养、技术咨询与培训、成果示范与推广以及基地建设、共建实验室等，实施了 800 多个合作项目，取得了显著的成效。

二、主要成就

（一）积极开展林业发展战略研究和规划

先后完成了北京、上海、安徽、江苏、浙江、湖南、福建、江西等 11 个省（直辖市）及雄安新区、广州、成都、武汉、南京、西安、石家庄、合肥、南昌、西宁、长春、深圳等 50 多个国家新区、地市（县）的林业发展战略与规划。联合完成的《浙江林业现代化发展战略研究与规划》和《浙江省林业现代化建设重点工程总体规划》确定了林业现代化发展理念；提出了"生态林、产业林、文化林"统筹兼顾的"三林"建设思路；构建了林业建设格局，为全国的现代化林业建设提供了参考。《北京林业发展战略研究与规划》项目成果被纳入北京市总体规划，成为指导北京未来林业绿化建设的重要依据。《大敦煌生态保护与区域发展战略》从水资源利用、生态保护和产业结构调整等方面，提出了解决该区生态治理和区域发展的问题，促进经济发展方式转变。

（二）强化重点区域的科技支撑力度

中国林科院着眼国家重大战略，解决地方林业发展难题，综合项目带动、技术输出、科技支撑和技术培训等多种手段，联合多个国家科技基础条件平台、高校、省级科研单位和中国林科院多个研究所／中心，在森林遥感、种质资源、经济林、林下经济、森林经理、病虫害防治、石漠化综合治理、湿地保护、湿地保护、生态监测、木材加工、林产化工等多个领域开展了联合科技攻关。在南水北调中线渠首水源地打造了可复制、可推广、可借鉴、可持续的综合示范区；在国家级贫困县红安县、淅川县、南召县等地启动了一批科技精准扶贫项目，对发挥贫困地区后发优势，摆脱贫困做出了较大贡献。

（三）联合共建全面提升区域科研创新能力

共建机构的建立一方面完善了中国林科院在全国的科技布局，更好地为区域林业发展提供服务；另一方面这些机构在当地政府的积极支持下，通过对科研和学科建设等统一规划，统一实践，自主创新能力和为当地林业发展提供科技支撑能力大大加强。中国林科院与地方合作开展技术创新，针对浙江省提出的科技需求、共同研究并掌握了竹木板材加工技术、生物能源开发利用技术、经济林果高效培育、西溪湿地保护与开发以及农业面源污染综合治理技术等并及时应用到生产实践中。2009 年起，中国林科院与信阳师范学院联合共建了"大别山种群生态模拟与控制重点实验室"及"院士工作站"，团队成员获批国家自然基金 17 项、省级合作项目 20 余项，发表论文 180 余篇，在 SCI 数据库中的他引 1300 多次，2016 年被评为河南省优秀院士工作站。

（四）促进了人才培养与交流

中国林科院选派多名科技干部到江西、河南等 9 省（自治区、直辖市），通过多种形式参与科技服务，帮助地方解决林业技术问题，同时也提高了自身的业务水平。先后在新疆、海南、福建等地举办研究生班，培养硕士研究生近 100 名，积极响应中组部、教育部、科技部、国家林业局"西部之光"、"新疆特培"新疆林业"青年科技英才计划"，先后培养各类访问学者和少数民族科技骨干近 150 人。近年来，院每年接待各省、市人员 300 余人次，为共建单位等举办各类科技讲座、技术培训班 20 余次，培训林农和技术人员 10 万多人。

（五）加速林业科技成果转化和推广

院地合作为科技人员创造了一个成果推广的工作平台，有利于成果的转化与推广，和浙江省先后组织实施了院省合作项目 200 多项，吸引带动我院 700 多项科研项目在浙江实施，推广应用了中国林科院 500 多项新品种、新技术、新产品与新工艺，解决了一批浙江林业发展中的关键技术和瓶颈问题。林业所研制的"轻基网袋容器育苗技术与装置"得到了全面高效的推广，已在全国 30 个省、市、自治区的林木种苗生产单位得到推广应用，覆盖全国 300 多个市县，累计生产 200 多个树种的苗木数十亿株，建成生产线 200 多条。朝鲜、越南、印尼等国的林业企业先后考察引进了该设备技术。

（六）促进地方政府加大林业科研投入

院地科技合作有力地促进了各级领导对林业和林业科技工作的重视和支持，加大了各级财政的资金投入。如浙江省人民政府在 2003 ～ 2018 年间，投入院省科技合作财政专项资金 6000 多万元用于院地科技合作；河南省南阳市政府设立院市合作专项经费 100 万元／年，用于与中国林科院的科技合作。

（七）建立了一批科技服务与实验示范基地

中国林科院与地方密切合作，根据区域产业发展现状和生态环境建设需要，与地方政府、科研院校以及林业生产单位共同开展研究、成果推广转化与示范工作，建成一批有特色、效果良好的试验示范基地。如：与甘肃省林业厅共建的"中国林科院小陇山科技合作实验基地"，"十二五"以来，承担各类国家科技计划 37 项，获得国家、省部级奖 11 项，制定地方林业标准 12 项；审（认）定国家和省林木良种 13 个。

第七节　科研条件

据不完全统计，1978 ～ 2018 年，全院共争取到各类经费 125.8 亿元。截至 2018 年，全院京内外 22 个所（中心）拥有科研办公用房建筑面积近 38 万平方米，职工住宅建筑面积近 38 万平方米，较 40 年前有了很大的变化。

一、仪器和设备

建院以来，全院坚持统一规划、保证重点、分步实施的原则，科研仪器设备数量和质量有很大提高。目前院科研仪器设备投入主要有科研课题经费、基本建设经费、财政修购专项经费等。截至 2018 年，全院拥有科研仪器设备 20859 台（套），总价值 95939 万元，其中进口仪器总值占到 53%。单价在 5 万元以上的设备 2773 台（套），总价值 77761 万元。

二、重点实验室

依托中国林科院和东北林业大学联合共建的林木遗传育种国家重点实验室于 2011 年经科技部批准建设，是我国林业行业首个国家级重点实验室。依托中国林科院林化所建设的生物质化学利用国家工程实验室于 2008 年 8 月得到国家发展改革委的批准建设。

截至 2018 年，我院建成了覆盖培育、森保、森林经营、林业装备、资源昆虫、木材科学、林产化学等领域，16 个国家林业和草原局重点开放性实验室。其中 8 个重点实验室是原林业部于 1995 年 3 月正式命名的第一批重点开放性实验室，3 个重点实验室是原国家林业局于 21 世纪初批准成立。5 个重点实验室是国家林业和草原局于 2018 年 3 月正式命名。2018 年 3 月，依托中国林科院森环森保所森林生态环境重点实验室和森林保护学重点实验室在评为优秀重点实验室。依托中国林科院林化所、中国林科院湿地所、国家林业局竹子中心、建立了 3 个省级重点实验室。

多年来，各重点实验室围绕林业行业的重大科技需求，承担实施了一批高水平林业基础研究和应用技术研究项目，攻克了一系列前瞻性、基础性的科学问题和技术难题，促进了林业产业的发展和转型升级，培养了一大批优秀的林业科技人才，整体上提升了我国林业现代化发展的科技创新水平。

三、生态定位站

以森林、湿地、荒漠三大生态系统类型为研究对象，开展生态系统结构与功能的长期、连续、定位野外科学观测和生态过程关键技术研究的网络体系，是国家林业科学试验基地，是国家林业科技创新体系的重要组成部分，也是国家野外科学观测与研究平台的主要组成部分。中国林科院瞄准国家科技规划，服务国家战略，更好地为我国生态文明建设提供科技支撑，高度重视陆地生态系统定位观测研究站的建设。目前已经建成了覆盖森林、湿地和荒漠38个生态站，在江西大岗山、海南尖峰岭、甘肃民勤建立3个国家级生态站，建立26个国家林业和草原局生态站（森林站14个、湿地站6个、荒漠站6个），在国家林业和草原局批复的生态站中占比15%；9个中国林科院级生态定位站。

四、工程中心

工程中心的建设开始于20世纪90年代，截至2018年，已经建立了2个国家级工程中心——国家林产化学工程技术研究中心、木材工业国家工程研究中心；在杨树、落叶松、马尾松、桉树、经济林、生物质能源、木竹产业、林业装备、生物防治、森林经营等领域，建立17个国家林业和草原局工程技术研究中心，在国家林业和草原局批复的工程中心中占比为20%。工程中心在林业科技开发、成果推广和产业化等方面取得了重要突破，并承担了一系列重要研究任务，培养了一批工程技术和管理人才。在实际运行过程中，工程中心着力提升自主创新能力，推动科技成果产业化，促进传统产业升级改造和新兴产业崛起，培养工程技术人才，加强科研开发、技术创新和产业化基地建设，取得了良好的经济效益和社会效益。

五、基础条件平台

建立了国家林木（含竹藤花卉）种质资源平台，共整合全国70多个科研院所种质资源9万余份，99个国家林木种质资源库资源4.3万份（其中中国林科院10个保存库，资源1.5万份）；中国林业科学数据平台拥有林业科学数据1111GB，实现了林业基础科学数据、基本科技资源信息的共享，提供了全类别的，长时间的，覆盖范围广泛的林业科学数据。

六、产业联盟

产业技术创新联盟从2008年开始，按照《国家中长期科学和技术发展规划纲要（2006～2020年）》、科技部等六部门《关于推动产业技术创新战略联盟构建的指导意见》（国科发政〔2008〕770号）文件要求，建立以企业为主体、市场为导向、产学研相结合的技术创新体系。2009年由中国林科院木工所联合成立木竹木竹产业技术创新战略联盟，2012年经科技部试点联盟评估，成为A类联盟。科技部的指导下成立了生物基材料、桉树产业技术创新战略（培育）联盟。 2012年，由中国林科院发起成立全国油茶产业技术创新战略联盟。

七、质检中心

从 20 世纪 80 年代中期开始，按照国家关于加快建立健全林产品质量安全检验检测体系的有关要求，我院相关研究所利用已有的专业技术人员和实验条件，通过授权认可和国家计量认证的方式，共建成了 8 个质检中心，其中国家级 2 个，国家林业和草原局质检中心 6 个。检测范围涵盖了木竹制品、林木种子、林化产品、林业装备、经济林产品 5 个领域。质检中心根据国家需求，承担了大量的国家和部门的检测任务。

八、标准委员会

我院共有 11 个标准化委员会，涵盖经济林、木材、林化产品、林业机械、森林工程、防沙治沙等领域，制修订行业标准 410 项，国家标准 216 项，国际标准 7 项，实现了我国主导制定林业国际标准零的突破。

九、测试中心与测定实验室

根据《中华人民共和国植物新品种保护条例》和《中华人民共和国植物新品种保护条例实施细则（林业部分）》规定，以及植物新品种实质审查的需要，原国家林业局 2001 年批准成立国家林业局植物新品种测试中心，其中包括国家林业局植物新品种分子测定实验室。国家林业局植物新品种测试中心华东、华北、凭祥、西北 4 个分中心。实验室和分中心承担了制定分子测试相关的测试指南和技术标准，研究开发植物新品种测试新技术、新方法，收集、保存本区域的标准品种，承担植物新品种测定任务等方面的任务。

十、实验基地

在广西、江西、内蒙古、北京、浙江、海南、云南、广东等省（自治区、直辖市）建立了中国林科院热带林业实验中心、亚热带林业实验中心、沙漠林业实验中心、华北林业实验中心、热林所尖峰岭实验站、亚林所庙山坞实验林场、资昆所试验站、南方种苗基地 8 个较大规模的林业实验基地，总面积 61000 余公顷，林地面积 60000 多公顷，林木总蓄积量 233 万立方米。此外，在天津滨海新区、山东东营市和潍坊市、辽宁营口市也建立了综合试验站。先后建立科研林地 10000 余公顷，占林地面积的 17%。营造了大规模的杉木、桉树、杨树及红椎、西南桦等数十种优良珍贵树种试验林、示范林，制定了详实的森林经营方案，不断提高试验示范林管理水平。依托林业实验基地建立了 10 个国家级林木种质资源库，3 个国家重点林木良种基地，共收集保存林木种质资源（包括乔灌木树种、花卉等）近 6 万份，在科技创新平台建设中发挥着特殊的作用。此外，为了填补我国林木种质资源设施保存的空白，国家林业和草原局正依托我院开展国家林木种质资源设施保存库（主库）的建设。

十一、科技信息

（一）图　书

中国林科院图书馆建馆于 1958 年，属于林业专业图书馆，以林业及相关学科的文献为馆藏特色，各项工作始终围绕服务林业建设，服务林业科技创新而展开。经过 60 年的建设与发展，图书馆的资源保障体系不断完善，印本文献与数字资源协调发展。2013 年启用新馆，建筑面积 5200m²，馆藏文献 42 万余册，其中，中外文期刊约 2700 种（8 万余册）；中外文图书 21.6 万册；中外文科技资料 10.5 万册。自建了 70 多个拥有自主知识产权的林业数据库群，累计信息量 1000 多万条，引进了 26 个国内外林业数据库，其中全文数据库 23 个，文摘库 3 个，建成了中国知网、重庆维普、万方数据和超星等 7 个镜像站点，构建了林业科技大数据知识仓储，实现了林业各平台数据的有效打通和共享，依托"中国林业信息网"（http://www.lknet.ac.cn）提供面向科研一线的林业数字资源保障与服务。

（二）信息资源建设

经过 35 年的发展，院先后建成了中国林业信息网、国家林业科学数据平台、国家林木种质资源平台、林业专业知识服务系统、中国林业数字图书馆等 10 多个国家级专业信息服务平台，建成了中国林业科技文献库、中国林业科技成果库、中国林业标准全文库、中国林业专利全文库、世界林业动态信息库、世界林产品贸易库等 80 多个拥有自主知识产权的林业数据库群，构建了林业科技大数据知识仓储，累计信息量达 1000 多万条。建成了林业行业的云数据中心和统一资源整合服务平台，实现了林业各平台数据的有效打通和共享，提供全面、便捷、智能的多维度林业知识服务。

（三）科技期刊

目前，中国林科院主办有《林业科学研究》《中国城市林业》《湿地科学与管理》等 17 种林业科技期刊。刊物种类包括学术类、技术类、综合信息类，刊登内容涉及林业科学研究、森林经营管理、林业实用技术、林产品贸易、城市林业、竹藤花卉、生态文化、国内外林业政策法规、世界林业前沿和热点科学研究、林产化学加工与利用、木材工业前沿科学及应用基础研究等各个领域，成为支撑现代林业建设与林业科技创新的重要平台。

十二、信息化建设

中国林科院信息化建设起步于 20 世纪 80 年代。经过几十年的努力，紧跟信息技术的发展形势，建成了较为完善的信息化基础设施和应用系统，对科研与管理工作起到了很好的支撑作用。2013 年，中国林科院正式成立了信息化管理办公室，形成了领导分工负责、责任部门落实、人员配备到位的组织管理体系。2013 年和 2017 年，分别组织实施了"中国林科院网络基础设施改造及信息安全等级保护建设项目"和"中国林科院协同办公与信息共享平台项目"。通过信息化项目建设，建成了符合国家林业和草原局机房建设规范的中心机房，建立了覆盖全院的虚拟专网、视频会议系统、办公自动化系统。根据《中华人民共和国网络安全法》，按等保三级的评价指标要求，构建了较为完善的网络安全基础设施，建立健全了网络及应用系统管理制度，形成了相对完备的网络安全技术与管理体系。通过战略规划整合、业务架构再造、应用平台搭建、数据资源挖掘、基础设施完善的体系化构建，中国林科院的信息化建设逐步由支撑林业科研事业，向推动创新、引领发展进行变革。

十三、院区环境建设

随着中国林科院各项科研事业的快速发展和职工生活水平的日益提高，中国林科院先后实施了京区大院燃煤锅炉采暖供热系统"煤改气"改造、京区大院电改工程、京区大院自备水源井项目和京区大院环境绿化美化项目等重大工程，为中国林科院京区大院职工工作和生活顺利开展提供了强有力的保障。京外各所（中心）院区环境也有很大的改善。

第八节　体制改革

一、改革拨款制度（1978～1992年）

1984年，根据有关精神，进行拨款制度改革。1985年，经过试点，院的拨款方式分为三种类型：一是递减部分事业费；二是事业费包干单位；三是差额预算单位。从1987年9月1日起全面实行所局长、中心主任负责制。

同时进行了职称改革，全面开展专业技术职务聘任制。加大了技术开发和成果推广的力度；推进了科研与生产的结合的步伐。

二、稳住一头、放开一片（1992～2000年）

在这一阶段，主要是分流人才，调整结构，推进科技经济一体化的发展。1993年3月制定了《中国林科院关于进一步深化改革的若干意见》及其两个配套文件。按工作性质全院14个所（中心）划分为4种类型：一是以营林为主的研究机构，二是以加工利用为主的研究机构，三是以中试为主的实验中心，四是以经济和信息为主的研究机构。

在分流人员上，全院必须稳住的人员占30%（其中基础性研究占10%）。1996年1月，对过去提出的分类管理进行了调整：主要对3个研究开发中心要在当前开展应用研究的基础上，加速技术开发和兴办科技产业，逐步建成融试验基地与开发企业于一体的科研机构。8月，提出院改革的基本思路：从院部机构改革入手，搞好一个调整（院、所方向任务），两个加快（加快科技成果转化与推广、加快科技产业化进程），两个加强（加强重点实验室和工程中心的建设），三个重点（调整结构、转换机制、制度创新），四个试点（林业所、林化所、桉树中心、热林中心）。当月院制定了《中国林科院改革与发展初步方案》。9月4日，原国家科委政体司在《关于对中国林科院改革方案的批复》中，明确要求中国林科院"作为综合性公益型大院大所，要为深化公益型科研机构的改革探路子，出经验"。重点狠抓院所机构改革；调整院所方向任务，实行分类指导；搞好干部人事制度的改革。

三、公益型科研机构分类改革（2000～2005年）

2000年3月提出院全面改革的基本思路是：统一规划，科学布局，分类改革，推进转制。对全院16个研究所（中心）和院部机关以及后勤中心，分为不同类型进行全面改革。第一类，按非营利性科研机构运行和管理的机构；第二类，向科技型企业转制的科研机构；第三类，转制为林业科技中介服务机构；第四类，院后勤中心转向社会化服务，按社区物业管理模式发展；第五类，院部机关进一步推行机构重组，精简人员，转变职能，提高效率。

在分类改革中的主要工作：一是积极推进非营利机构改革；2002年，提出6个非营利性科研机构根据本单位改革实施方案，妥善地调整了组织结构和学科结构，通过公开招聘，完成了首席科学家、首席专家等6个层次科研岗位的招聘工作。二是加快推进转制机构的改革进程；2003年11月，中国林科院出台了5个改革配套文件。三是加快后勤企业化、社会化改革进程。四是四个实验中心和桉树、泡桐研究开发中心暂保留科学事业单位性质。五是加速行业性科技中介机构的组建步伐。

四、深化改革（2005年至今）

2005～2010年期间，一是以服务全局为中心，重新布局科技力量；二是以人才强院为宗旨，切实加强人才队伍建设。2007年，启动了面向全球招聘特聘专家计划和中央级公益性科研院所基本科研业务费专项资金项目。2008年进一步完善了奖励制度体系。设立了"中国林科院终身成就奖"，出台了《中国林科院国际合作创新团队建设管理办法（试行）》等。三是以学科调整为契机，积极强化重点学科建设。在巩固传统学科的同时，发展了4个新兴学科和6个交叉学科。四是实施"管理年"各项活动；五是以院地合作为纽带，进一步完善创新体系。先后与20个省（自治区、直辖市）、12个单位签订了全面科技合作与共建协议。六是积极探索产业发展机制。2007年提出了"科技示范型产业"的发展新思路。

2011年，中央作出了分类推进事业单位改革工作的重要部署，我院积极应对，科学谋划全院改革发展工作。2011～2012年我院认真开展事业单位清理规范工作，成立了"中国林科院事业单位分类改革领导小组"，理顺我院各法人编制和流动人员情况，经过积极争取，主动沟通，我院事业单位规范清理工作得到中央编办批复，总编制调整为5160名。

2013年以来，根据科技部、财政部、中央编办和国家林业局相关文件要求，认真做好我院分类改革工作，对院属单位分类情况进行调研汇总上报。2017年中编办发文确定我院部分单位分类情况，其中院部、林业所、资源所、森环森保所、亚林所、热林所、资昆所、新技术所、科信所9家单位划为公益一类，沙林中心、热林中心、亚林中心、华林中心、泡桐中心、桉树中心6家单位划分为公益二类，哈林机所、木工所、林化所、竹子中心、北林机所5家单位被划为拟转企单位。目前正积极推进5个拟转企单位分类改革工作，提出工作方案，提交大量数据材料，进行多方汇报沟通，争取有利局面。

第九节　党建与精神文明建设

一、党的组织机构

中国林科院成立后，原林业部党组、部直属机关党委就批准成立了院级党组织，1958～1960年为党委制。1961年成立分党组，原党委改为党总支，随即部直属机关党委又将总支批准为机关党委；院属研究所（站）分别建立党支部，院机关从实际出发，有的成立了联合党总支，有的独立成立党支部。1965年院分党组设立政治部，主管机关党委、人事、保卫等工作。由于各个时期不同的要求，院党组织机构也先后经历了多次变动。基本上分为院级、所（中心，下同）两级党委。院级党组织为院分党组（院党委，下同），其任务是：宣传贯彻党的路线、方针、政策和国家的法律、法规，贯彻落实党中央、国务院的重大决策部署和部（局）党组决议、指示；研究审查事关院改革发展稳定和干部职工重大切身利益的重要事项、院管领导干部任免及其他重要人事安排事项、对院科技创新和改革发展产生重要影响的重大科研项目及投资项目的安排事项、大额度资金管理及使用事项等；加强各单位领导班子建设和各级党组织党的政治、思想、组织、作风、纪律建设，做好党员的教育、管理和发展工作，发挥党员的先锋模范作用；领导院思想政治工作和精神文明建设，做好统战工作，充分发挥科技人员和干部职工的积极性、创造性；领导院工会、共青团、妇女、青联等群众组织，支持他们依照国家的法律和各自的章程，独立自主地开展工作。院分党组纪检组（院纪检委，下同），其任务是协助院分党组检查全院各单位党员领导干部实施党的路线、方针、政策和上级党组织的决议、指示执行情况；实行党章党规党纪规定范围内的监督；受理对单位党组织、党员领导干部违纪的检举和控告。院京区党委（机关党委，下同）作为林业部（国家林业局）直属机关党委的直属基层党组织，专门负责党的日常工作。京区党委下设办公室、组织处、宣传处、团委。院分党组，还在行政管理上设立过审计室、监察处，后与京区纪委合署办公，1998年成立"综合监督办公室"。2002年根据改革的要求，院成立多职能合署办公的党群工作部。该部承担院分党组（部分）、京区党委、纪委、工会、妇工委、团委、青联的日常工作。研究所级党组织机构分为两种，京区研究所（中心）党委，在院京区党委领导下开展工作；京外研究所（中心）党委，实行双重领导。

二、党的建设

（一）政治建设

党的十九大明确提出，把党的政治建设摆在首位。旗帜鲜明讲政治是我们党作为马克思主义政党的根本要求。党的政治建设是党的根本性建设，决定党的建设方向和效果。党的十九大以来，院分党组要求全院各级党组织和全体党员干部坚定执行党的政治路线，严格遵守政治纪律和政治规矩，坚决在政治立场、政治方向、政治原则、政治道路上同以习近平同志为核心的党中央保持高度一致，坚决维护以习近平同志为核心的党中央权威和集中统一领导；尊崇党章，严格执行新形势下党内政治生活若干准则，营造风清气正的良好政治生态。

（二）思想建设

1978 年以来，全院各级党组织坚持用中国特色社会主义理论、习近平新时代中国特色社会主义思想武装全体党员，根据中央部署开展整党和党员重新登记、党员组织关系排查、民主评议党员，开展"讲学习、讲政治、讲正气"的"三讲"教育、保持共产党员的先进性教育活动、学习实践科学发展观活动、党的群众路线教育实践活动、"三严三实"专题教育、"两学一做"学习教育等；与此同时，按照中央精神，1978 ~ 1979 年完成了拨乱反正，落实政策为 1957 年整风反右运动中所划的右派进行复查，对错划的予以改正；1989 年"六四"风波中，妥善地处理一名党员领导干部。2003 ~ 2005 年挽救了 4 名"法轮功"痴迷者；党员领导干部坚持理论中心组每年有 6 ~ 8 次学习制度，坚持民主生活会制度，开创了院领导直接参加分管单位和部门的领导干部民主生活会，开展批评和自我批评，使党员领导干部民主生活会和年终考核一并成为班子建设的重要组成部分；坚持领导干部培训工作，从 1980 年开始到 2018 年上半年全院选派了 6 名领导参加中央党校学习，216 名处级以上领导干部参加了中央国家机关党校和国家林业局党校培训。

（三）组织建设

一是不断创新党建工作机制。实行党委换届与行政换届同步进行，党委书记兼任行政副职、党员所长（主任）兼任党委副书记的领导体制，使党委政治核心作用落到实处。二是落实"一岗双责"制度。从 1997 年开始在每年召开的全院工作会议期间，同时召开党建暨政研会年会，党建工作与业务工作同部署、同要求、同落实、同检查，明确党组织的主要负责人为党建工作的第一责任人，其他成员按分工各负其责，层层抓落实。三是抓好党的组织机构建设，1980 年院属 5 个研究所由支部改为总支，1983 ~ 1997 年批准成立了 8 个党委，1998 ~ 2018 年又成立了华林中心、桉树中心、研究生院、北京林机所、泡桐中心、竹子中心、湿地所、荒漠化所、新技术所 9 个党委。在支部建设上也采取了相应措施，院职能部门支部建立在处室，由部门主要负责人担任；研究所根据工作性质相近或业务相关的原则建立党支部，支部书记由部门负责人、研究室主任（课题组组长、项目负责人）或党员业务骨干兼任；研究生一般按班级设置党支部，党支部书记由党员研究生、教师或辅导员担任；离退休服务中心可按便于离退休党员参加学习、活动的原则设置党支部，党支部书记由党性强、威信高、身体好、讲奉献的党员老同志担任或由在职党员骨干担任，保证了党委的政治核心作用和支部的战斗堡垒作用的发挥。截至 2017 年年底，全院基层党委 22 个，3 个党总支，171个支部，党员 2689 名，其中在职党员 1550 名，离退休党员 777 名，研究生党员 362 名。

（四）制度、作风和纪律建设

自 1978 年以来，院分党组和京区党委按照中央和上级的要求，研究制定了《关于进一步加强党支部建设的指导意见》《中国林科院新时代全面从严治党实施意见》等 23 个党建工作文件，从制度上保证了全院党的各项工作健康有序地开展；各级党组织坚持党的优良传统，密切党与群众的联系，在两次公益型科技体制改革试点中，党组织引导广大职工正确理解改革与发展的关系，在人员分流中积极拓宽转岗渠道、化解职工矛盾，妥善安置分流人员，保证改革顺利进行。加强作风建设和纪律建设、预防职务犯罪，结合科研单位的特点，一是建立健全监督机构，强化监督执纪问责任。二是加强党风廉政教育，每年开展警示教育月活动。三是强化制度建设，建立健全预防惩治腐败的相关制度。四是开展领导干部离任经济责任审计、基本建设项目的竣工审计和院所长基金项目审计。五是建立领导干部廉政档案，签订全面从严治党承诺书，将党风廉政建设责任制落到实处。六是制定《中国林科院关于落实党风廉政建设主体责任和监督责任的实施意见》，明确党委的主体责任和纪委的监督责任。七是落实中央八项规定和实施细则精神，制定落实中央八项规定和实施细则精神的实施办法。八是认真落实全面从严治党要求，切实开展全面从严治党巡察试点工作。

三、精神文明建设

全院各级党组织以党建促进精神文明建设，针对院政研会和文明单位创建、院所文化建设、离退休干部管理、统战及工青妇、综合治理与社区建设等5个方面的工作。坚持"两手抓，两手都要硬"的方针，形成党政工团齐抓共管的工作格局，大力推进了精神文明创建活动。2017年国家林业局老年大学中国林科院分校授牌成立，为院离退休老同志"老有所学、老有所乐、老有所为"提供了更好的平台。

四、取得丰硕成果

党建和精神文明建设取得丰硕成果，3人次当选过党的十三、十四、十七大代表，1人担任过十二届中央候补委员；院共获得全国文明单位、中央国家机关文明单位标兵和首都文明单位标兵等荣誉称号70多项次，1994年以来有27人次被授予全国先进工作者等称号，院京区党委等74个党组织获得中央国家机关，省、部机关、地厅机关等奖励110多次，710多人次获林业系统、省厅级先进个人荣誉称号。中央国家机关调研我院学习型党组织建设工作并以《中国林科院立足特色、狠抓学习、大力推进林业科技创新》为题在紫光阁刊载报道。

第二篇　学科发展

学科发展是科技创新发展的基础。中国林科院建院以来，十分重视林学学科发展。在上世纪五六十年代就已基本形成了林学学科体系框架。之后，不断拓展研究领域，关注学科的交叉、渗透和融合，交叉学科，边缘学科不断涌现，开创了林学一些分支学科的研究工作。在森林培育学、林木遗传育种、森林生态学、森林经理学、森林保护学、森林植物学、森林土壤学、水土保持与荒漠化防治、木材科学与技术、林产化学加工、园林植物及观赏园艺、野生动植物保护与利用、林业资源昆虫、防护林研究、林业机械、林业经济与管理、经济林学、湿地生态学、城市林业等领域取得很多创新性研究成果，培养了众多专业人才，引领了林业科技进步，促进林业生产技术水平的提高。现将中国林科院 19 个学科、研究领域的发展历程和主要成就简述如下。

第三章　森林培育学

第一节　发展历程

1941 年，国民政府在重庆成立中央林业实验所，下设造林研究组。

1953 年 1 月，成立中林所，以育林研究为重点，中林所下设造林系，系下设荒山造林组、林木种子组和试验林场。1955 年中林所设有 6 个研究室，其中 4 个与育林有关，1957 年扩大为 11 个研究室，均与育林相关。

1958 年 10 月，中国林科院成立，林研所下设造林、树木改良，森林经营，森林保护 4 个研究室。

20 世纪 60 年代开始，中国林科院对甘肃省小陇山及西秦岭林区进行了次生林经营技术长期而深入的试验，形成了《甘肃小陇山次生林综合培育的研究》成果。

1960 年，成立南京林业研究所，建立毛竹研究队。

1962 年，成立热带林业试验场（1974 年改热林所），1964 年成立亚热带林业试验站（1978 年改亚林所），以育林研究为重点。

1979 年，成立广西大青山、江西大岗山、内蒙古磴口三个林业实验中心，1995 年，北京九龙山实验林场改名为华北林业实验中心，配合和开展了不少育林研究工作。

1982 年，成立林业部北方林木种子检验中心（简称北检中心）。

1992 ～ 1995 年林业部泡桐、桉树和竹子研究开发中心归中国林科院管理。加强了 3 个树种的育林研究。

1995 年，林业部命名了林木培育重点实验室、亚热带林木培育实验室和热带林业研究实验室。重点实验室的建立进一步助推了中国林科院的育林研究工作。

截至 2018 年，中国林科院 22 个研究所（中心）有林业、亚林、热林 3 个所以育林研究为重点，热林、亚林、沙林、华林、泡桐、桉树、竹子、盐碱地 8 个中心也进行了大量的育林研究工作。该学科拥有一批著名科学家和较高水平的科技队伍，为森林培育学科的发展做出了重要贡献。

第二节　主要成就

一、种　苗

20 世纪 70 年代，编写《中国主要树种造林技术》。由中国农林科学院《中国树木志》编委会编写组（郑万钧为主编），组织全国 200 多个单位 500 多人参与该书的编写。全书包括全国各地 210 个树种，叙述了适地适树，分布地区，适生条件，生物学特性和生长发育过程；同时还介绍了木材性质、产品利用、经济价值及主要用途。本书的出版是我国历史上第一部反映我国造林技术成就的专著。

1977 ~ 1980 年，研制 ZF-32 型光照种子发芽器。1978 ~ 1981 年，承担起草制定了《林木种子检验方法》（国家标准）。

北检中心在林木种子国家标准的制定、修订以及科研方面作了很多工作，研制的标准主要有《中国林木种子区》《林木种子检验规程》《林木种子质量分级》《林木种子贮藏》等。20 世纪 80 年代，承担提高苗木质量标准与技术的研究，参与制定了《主要造林树种苗木》（国家标准）。"八五"开展了林木容器育苗轻型基质研究。"九五"开展了稀土在育苗上的应用研究。

1981 ~ 1988 年，对 ABT 生根粉（膜）进行研究，突破了单纯从外界提供植物生长发育所需激素的传统方式，具有补充植物插条生根所需的外源生长素和促进插条内部内源生长素合成的双重功效，有效提高育苗造林成活率与作物产量。ABT 生根粉系列的推广 1996 年获国家科技进步特等奖。1995 ~ 1999 年，研制成功 ABT 生根粉的继代产品——非激素性绿色植物生长调节剂 (GGR)。

1986 ~ 1990 年，对林木菌根及应用进行研究，开发制备了 4 大类 8 种菌根菌剂。

1990 ~ 2000 年，开展了截根菌根化应用及其机理研究，创造了截根菌根化技术，并形成了菌根化育苗新工艺。

1995 ~ 2000 年，开展了林木菌根化生物技术的研究，在菌根化理论和生产应用方面都取得了重大突破。

2000 ~ 2010 年，主要开展了我国北方针叶树种菌根的研究，开发出适用于北方主要针叶树种的菌根制剂 2 种并进行了批量生产和应用。

2011 ~ 2017 年，开展了部分阔叶树种及板栗等经济林树种菌根的研究，开发出适用于栎类树种的菌根制剂 1 种和板栗食用菌根菌制剂 2 种。

从 2000 年开始，开展了多项课题主要研究：良种无性繁殖、设施育苗技术、扦插育苗技术、组培育苗、体胚育苗等桉树规模化育扦插育苗技术研究体系。2000 ~ 2010 年，进行了林木育苗新技术的研究，提出了轻基质网袋容器新概念，研发了 4 个系列网袋容器成型生产线，开发了网袋容器桉树嫩枝扩繁化扦插育苗技术。提出了我国不同地区以农林废弃物为主要原料生产轻型基质的系列技术和配方，系统构建了 150 余个主要造林树种网袋容器播种育苗和扦插育苗关键技术。

2011 ~ 2018 年，开展了新型可降解育苗材料、微型育苗容器的研究，开发出可用于育苗和插花的可降解泡沫组合物及其制造方法与应用技术。

二、杉木人工林培育

中林所成立以后，对杉木中心产区的多个县进行了杉木造林技术群众经验总结和群落生态学研究，写出了《杉木造林》一书。1974 年，选择在低产林集中的湖南株洲黄龙公社长岭林场蹲点，开展改造杉木低产林的试验研究。

1981 ～ 1991 年，通过杉木造林密度和间伐强度研究，基本摸清了杉木的生长规律，并利用计算机编制了杉木林优化密度控制模型。

1984 ～ 1985 年，采用历史上杉木栽培的成功经验和最新科研成果，并以立地控制、遗传控制、密度控制和维护与提高土壤肥力为核心，综合考虑了生态、生长和经济效益，提出了杉木速生丰产标准。

1986 ～ 1990 年，对杉木人工林地力衰退及防治技术进行研究，揭示了杉木林地力衰退的主要原因，证实地力衰退是普遍存在的。提出维护与恢复地力的可行技术，包括发展林下植被。

1991 ～ 1995 年，开展对杉木建筑材优化栽培模式的研究，研制了杉木人工林林分经营模型系统，提出密度控制技术和合理轮伐期。

1996 ～ 2005 年，对杉木遗传改良及定向培育技术进行研究，构建了完整的杉木栽培技术新体系，提高了杉木产量与质量，缩短了轮伐期，拓展了利用途径。

2006 ～ 2016 年，开展了杉木良种选育与高效培育技术研究，突破了杉木大径材材种结构动态变化规律及成材机理研究，构建了杉木人工林生长模拟技术体系。

三、杨树人工林培育

20 世纪 50 年代起开展杨树速生丰产技术研究，1958 年进行了以深翻改土密植为主的沙地杨丰产技术综合试验。

1963 ～ 1981 年，对杨树与刺槐混交进行了研究，证明杨树不能有效的利用弱光，高度喜光而不耐阴，混交时宜在林冠上层，刺槐能够有效的利用弱光，喜光但兼具耐阴特性，宜在林冠下层。

1964 ～ 1981 年，进行了杨树"小老树"改造及丰产技术研究，提出了现有林改造及营造新的丰产林技术措施。

1981 ～ 1984 年，进行了干旱地区杨树深栽造林技术的研究与推广等研究，总结出干旱地区杨树深栽的成套方法及深栽杨树的水分代谢特点。

1986 ～ 1990 年，针对杨树丰产栽培的生理基础进行了研究，在杨树生物量生产、造林密度、合理灌溉与施肥方面，找到了数量化的生理指标。

1991 ～ 1998 年，经过定量化调查测定，首次证实了杨树连栽存在地力衰退，提出杨树人工林地力衰退原因机制及其维护地力的措施。

1996 ～ 2011 年，开展了杨树高产优质高效工业资源材新品种培育与应用研究，提出了品种与栽培模式同步评选，创建了良种与良法配套同步推广应用新模式。

四、落叶松人工林培育

1978～1981年，开展了长白落叶松林分密度控制图编制研究，编制适用性精度皆在92%以上，该图为定量间伐、生长预测、资源调查等提供科学依据。

1990～2000年，系统研究了日本落叶松采穗圃营建与母株整形修剪、半木质化与木质化插穗生根、激素处理和2年生扦插苗培育技术，形成了较为完整的日本落叶松良种扦插育苗配套技术；从调控母株营养生长、激素代谢、阻滞穗条老化等树体管理和扦插繁殖技术入手，进一步提出了以人工控制授粉有性配制杂种为基础、采穗圃经营为主体、扦插繁殖利用为手段的落叶松杂种大规模繁殖配套技术。

1996～2000年，开展了落叶松优良新品种选育及良种与良法配套培育技术研究，"主要针叶纸浆用材树种新品系选育、规模化繁殖及培育配套技术"，根据材性、造纸特性及利用特点调整各种营林措施，并利用模型模拟不同育种材料的遗传增益及其动态生长过程，提出了落叶松纸浆材林培育技术体系。

2001～2010年，进行了落叶松现代遗传改良与定向培育技术体系研究，分生态区提出了落叶松纸浆材速生丰产培育配套技术，构建了落叶松人工林形态和材质基础模型系统，揭示了落叶松节子形成及干形发育规律，提出了大中径材空间结构优化的优质干形培育配套技术。

2012～2018年，系统研究了林分年龄、林分密度和立地条件对落叶松木材物理力学性质的影响，明确了落叶松结构材性能要求及其培育的适宜林分条件，构建了影响结构材品质的弹性模量和木节定量预测模型，明晰了木节对弹性模量的影响效应，提出了结构材定向培育配套技术。

五、马尾松人工林培育

1979～1988年，开展了马尾松嫁接技术研究，提出了嫁接配套技术，大面积嫁接成活率稳定在80%以上，在诱根嫁接技术方面取得重要突破。

1984～1986年，通过对松针叶束嫁接技术的研究，提出松针叶束嫁接新技术，解决了松树枝接法无性繁殖低效率问题，为加速松树良种繁育提供技术支持，提出了较完善的湿地松、火炬松和马尾松针叶束嫁接技术体系。

1990～1997年，进行了马尾松不同类型苗木培育技术的系列研究，明确马尾松插穗生根机理，提出马尾松嫩枝扦插繁殖技术，插穗生根率85%以上；研究提出马尾松大田优质苗培育、应用舒根型容器与半轻型基质培育技术。

1996～2000年，揭示了主要栽培措施对马尾松人工林生产力和材质材性的影响，确定了优良种源适宜栽培的主要区域，阐明了优良种源与立地和主要育种措施（施肥、初植密度）的互作效应，提出了马尾松速生丰产用材林的优化栽培模式。

2001～2015年，揭示了马尾松应对低磷胁迫的适应机制，构建了低磷胁迫下马尾松磷效率的特异性指标，选育出一批高磷效率的优良种源和家系；同时，阐明了马尾松对异质分布养分的获取机制、不同种源觅养行为差异及主要环境影响，有助于解决土壤有效磷缺乏和地力衰退等问题。

2016～2018年，针对不同遗传背景的马尾松良种，研究解决了基质配比、容器规格、养分加载、水分控制等马尾松轻基质容器苗精准化培育关键技术，实现了马尾松高世代良种优质轻基质容器苗的产业化生产。

六、华南主要速生阔叶树种培育

1962～1976 年，对 49 个野生珍贵树种进行了人工栽培，在尖峰岭建立了我国最早的花梨种子园。1976 年，建立了树木园，至今已保存了 1400 多种。

1969 年起，对桉树属树种进行了育种与栽培研究。1974 年开展了刚果 12 号的引种试验。1984 年对海南岛热带主要造林树种速生丰产栽培技术进行研究。1985 年承担了与澳大利亚 ACIAR 国际合作项目澳大利亚阔叶树种引种栽培试验。

1984～1993 年，完成桉属树种引种栽培的研究。

1986～1990 年，承担了桉树速生丰产技术研究。对桉树纸浆材优化栽培模式进行研究，提出了尾叶桉、巨尾桉等 22 个优化栽培模式。

1996～2000 年，对桉树纸浆用材树种良种选育及培育技术进行研究。

1997～2001 年，研究了桉树人工林长期生产力保持机制，提出了桉树人工林长期生产力保持的最佳立地管理技术和优化栽培模式。

1979 年，首批引种了马占相思。1985 年后开展了系统的相思类树种／种源／家系引种筛选试验，连续测试树种 105 个，选出一批优良的适生树种。1990 年前后，以马占相思为主的相思引种开始走向生产。

1963～1985 年，对柚木进行观测研究及栽培试验，基本掌握了整套栽培技术，初步摸清了柚木各时间的生长发育规律及营林技术，掌握了我国柚木的材性，划分了我国柚木发展的适生区和生长立地类型。

2000～2012 年，对华南主要速生阔叶树种良种选育及高效培育技术进行研究，研究出桉树、相思和西南桦大径材培育技术，提出桉树相思混交种植技术。

2005～2017 年，研究了栽培和施肥技术对桉树纤维材生长的影响，结合效益分析确定了最佳轮伐期，掌握了中大径材培育立地质量情况，研究了空间栽培调控技术，提出了桉树短周期纤维材和中长周期胶合板材培育技术体系。

2008～2016 年，对桉树人工林施肥技术进行研究，依据气候、立地土壤和桉树特性不同，提出了平衡施肥技术体系。

2005～2017 年，研究了栽培和施肥技术对桉树纤维材生长的影响，结合效益分析确定了最佳轮伐期，掌握了中大径材培育立地质量情况，研究了空间栽培调控技术，提出了桉树短周期纤维材和中长周期胶合板材培育技术体系。

2008～2016 年，对桉树人工林施肥技术进行研究，依据气候、立地土壤和桉树特性不同，提出了平衡施肥技术体系。

七、泡桐人工林培育

20 世纪 50 年代以来，提出了泡桐育苗和速生丰产技术。

20 世纪 70 年代，总结了泡桐种类分布生物学特性和群众种植经验。

从 1976 年开始，对泡桐速生丰产综合技术进行研究。

1981 ～ 1984 年，研究了壮苗培育成套技术。

1973 ～ 1985 年，研究泡桐属植物种类分布及综合特性研究。

1976 ～ 1990 年，农桐间作综合效能及优化模式的研究，建立了农桐间作经济评估模型。

1991 ～ 1995 年，对黄淮海平原兰考泡桐胶合板材优化栽培模式进行研究，取得成就。

1995 ～ 2000 年，在黄淮海平原系统开展修枝接干技术及其机理、土壤水分动态管理、枯落物保护和密度效应等方面研究，建立泡桐单板材林优质高效培育配套技术。

2001 ～ 2005 年，完善修枝促接干技术，建立中幼龄泡桐林水分动态管理技术，提出地力维护的具体措施，分析主要技术措施间的相互影响，预测和评价配套技术措施下泡桐单板材的出材量和综合效益，综合建立黄淮海平原泡桐单板用材林优质高效培育配套技术。

2006 ～ 2010 年，围绕泡桐大径材培育，组装配套各关键技术，并对其大径材出材量和经济效益进行预测和评价，构建出黄淮海平原沙区泡桐大径材速生丰产林集约培育技术体系。

2011 ～ 2018 年，初步建立适宜南方低山丘陵区的泡桐优良无性系选择、整地与造林、密度调控等技术，示范推广泡桐大径材速生丰产林专用肥施用技术。

八、竹林培育

1961 ～ 1979 年，提出了毛竹林丰产技术措施，并在全国毛竹林产区广泛推广应用。

1974 年开始了合作建设安吉竹种园，到 1985 年即引种和保存竹种 200 余种（含变种、变型）。1993 年开始，合作共同建设了华安竹类植物园，收集保存竹种 300 余种。2001 ～ 2005 年，又合作建设茂名百竹园。

1985 ～ 1993 年，对毛竹林 4 个方面的 8 项内容长期定位研究，确定最适小区面积，查明了竹林养分循环规律及其与经营措施间的关系。

1990 ～ 1993 年，开展竹林丰产及综合利用技术开发研究，推出定量、定时、定点选笋长竹的全期挖笋技术，以及营林措施和除草剂相结合清除杂草防治竹笋夜蛾的技术。

1991 ～ 1995 年，通过对纸浆竹林集约栽培模式的研究，使纸浆毛竹林轮伐期缩短，评选出纤维长、纤维素含量高等优良性状的优良或较优良纸浆竹种 33 种，并为原料基地建设发挥了重要作用。

2001 ～ 2016 年，研究了基于农户脱贫的丛生竹资源开发及笋用林高效经营技术，创建了国内第一个以耐寒竹种选育为目标的丛生竹种质资源库，选育了适宜用作制浆造纸和竹板材原料的丛生竹良种，研发了多项针对笋用丛生竹的高效经营技术。

2006 ～ 2018 年，以雷竹、四季竹、高节竹、丛生竹等为对象，研究集成了高品质竹笋高效培育技术，完成退化雷竹林可持续经营技术体系研究。研发出竹林植物型复合经营技术（"竹-药"、

"竹－笋－菌"），显著提高了竹林经济效益。较系统地开展了竹子水分、养分生理整合效应研究，为竹林水肥精准管理奠定了基础。

2008～2011年，展开了对短周期工业用毛竹大径材的培育技术集成与示范的研究，提出了毛竹林水分定量管理技术，开发出"毛竹伐桩蓄水＋竹林集水技术"的无水源毛竹林节水灌溉技术技术体系，提出了短周期大径级毛竹材定向培育技术方案和生产模式图。

20世纪90年代初开始，成功地实现了麻竹、孝顺竹等竹种的体胚组织培养，建立了孝顺竹的再生体系。并获得性状丰富的单倍体或纯合的多倍体植株，与福建永安林业股份有限公司合作建设了年产30万株麻竹、绿竹苗组培生产线。21世纪初成功实现了麻竹花药愈伤组织诱导培养和不定芽分化培养，建立了麻竹倍性育种体系，获得了一批不同倍性、生长发育存在显著差异的麻竹再生植株。在此基础上进一步建立了麻竹转基因体系，在国际上首次实现了麻竹转基因育种研究，获得了一批耐寒转基因麻竹。在国内外首次研究提出并证实竹根际存在一些细菌的联合固氮作用。筛选了一批具有研究利用价值的联合固氮菌株，开发研制了使竹笋增产的竹林生物有机肥，建成年生产能力2000吨的生产流水线。

1982年亚林所、林化所、木工所等共同承担了由加拿大国际发展研究中心（IDRC）资助的国内第一个竹类（中国）研究项目。主持了毛竹林养分循环规律及其应用的研究。1988年，亚林所与中国科学院上海植物所承担了联合国环境署（UNEP）的竹类光合作用调研项目。2001～2006年与国际热带木材组织（ITTO）合作，主持开展中国南方丛生竹可持续经营和利用研究，均取得成就。

九、棕榈藤培育

1962～1983年，开展了黄藤、小白藤等野生藤种的引种驯化、苗木培育与林藤套种技术的研究，并在粤西与海南地区进行示范推广。

1984～1996年，系统开展了我国棕榈藤的资源清查、基因收集和保存、引种驯化、繁殖方法、栽培区划、丰产造林和经营技术、病虫害防治、藤材理化性质等试验研究，建立了全国种类最多、保存最完善的标本库；首次系统测定了27种藤茎的解剖特征及其理化性质；收集国内外藤种3属49种6变种，成为国内保存数量最多的藤种基因库；探讨了我国棕榈藤种植业的栽培区划，提出各栽培区的适生藤种和关键技术；突破棕榈藤组培技术，成功培育5种藤种的试管苗，繁殖系数达2×10^5；提出了林藤间种的树种选择、造林密度、施肥等丰产技术措施；总结藤林采收龄、采收方法、采收强度、藤林垦覆和经营周期等科学的造林和经营管理配套技术；揭示藤林群体和个体生长、林分生物量结构和营养分配规律。

1997～2000年，开展了国外优良棕榈藤新品种的引进及繁殖技术的研究，从印度尼西亚、马来西亚、菲律宾等国家共引进西加省藤（*Calamus caesius*）、粗鞘省藤（*Calamus trachycoleus*）、疏刺省藤（*Calamus Subinermis*）、梅氏省藤（*Calamus merrillii*）等8种热带棕榈藤种，丰富了我国棕榈藤的种质资源。

2001～2005年，开展了以黄藤、单叶省藤、版纳省藤等主要商品藤种的全分布区种质资源收集、良种选育、无性快繁、高效栽培、以及藤材力学性能与防霉防变色技术的研究，研发了单叶省藤与黄藤人工林采收、黄藤和单叶省藤无性系组培快繁及棕榈藤藤材防变色等技术，为棕榈藤种质资源的有效保护、高效繁育与藤材利用奠定了坚实的基础。

2006～2010年，继续开展了以黄藤、单叶省藤、版纳省藤等主要商品藤种质良种选育、栽培经营模式、藤笋储藏、藤材高效利用等关键技术的创新、集成与示范，突破了传统棕榈藤经营和加工理念，攻克了单叶省藤和黄藤高效培育棕榈藤采割、藤材漂白染色优化工艺及轻质高强藤基复合材料制造等关键技术，为解决棕榈藤资源大规模发展与工业化利用提供了强有力的科技支撑。

2011～2017年，对棕榈藤研究取得的科研成果进行了标准化和系统化，制订实施了为棕榈藤苗木繁育、资源培育和藤材采收等方面的国家和林业行业标准，初步构建了棕榈藤资源培育与采收的标准体系，进一步促进了棕榈藤资源高效培育和藤材的科学经营。

第四章   森林生态学

第一节   发展历程

20世纪50年代,对杉木适宜生长区的气候条件、土壤类型、杉木群落分类、立地条件及指示植物、小气候、生长与生态因子关系进行系统研究。同时,对华北的油松、10种杨树、核桃、油橄榄、泡桐、白榆、梭梭、杨柴等造林和经济树种的生态学,对热带的柚木、母生、石梓、降香(别称"花梨")等珍贵树种的生态学做了研究。

1956~1958年,对长白林区做了森林更新调查,提出技术报告。

1957~1959年,与苏联科学院合作,进行了我国西南高山林区的综合科学考察。这是首次对我国西南高山林区进行最全面的自然地理、林型、土壤、树种生态特性、植物群落、垂直带谱、演替系列、采伐更新规律的本底调查研究,为林区的开发利用和合理经营提供了科学基础。

1960年,中国林科院与四川林科所合作,在川西高山林区米亚罗建立了我国第一个天然林区长期综合定位试验观测站,起到了长期野外观测研究站建设的先锋作用。

1963年,建立了"热带森林生物地理群落定位研究站",这是当时林业部门仅有的两个定位站之一(另一个是四川米亚罗站)。

1964年,中国林科院组织6个林业院校与科技单位,对大兴安岭林区进行综合考察,编写了大兴安岭自然区划草案、大兴安岭林区人工更新技术和丰产林规划意见、大兴安岭林区主要森林类型的采伐方式与更新措施草案。

1979年中国林学会森林生态分会正式成立,现挂靠中国林科院森环森保所 。

1980年,在热带森林生物地理群落定位研究站的基础上正式建立了尖峰岭热带林长期生态定位站。

1984年,在江西大岗山建立了以毛竹林和人工杉木林生态系统为对象的生态定位站。

1986年,林业部所属的"海南尖峰岭热带林生态系统定位研究站"正式挂牌。

1995年,国家林业局依托中国林科院成立森林生态环境重点实验室。

1999年,"海南尖峰岭热带林生态系统定位研究站"被科技部遴选为全国首批9个国家级重点野外试验站之一,从部级台站晋升为国家级野外台站。

2000~2005年,国家林业局依托我院分别在广东珠江三角洲、河南宝天曼、河南黄河小浪底、湖北秭归三峡库区建立了森林生态系统国家定位观测研究站。

2006年,国家林业局陆地生态系统野外观测研究与管理中心依托中国林科院成立。

2006~2010年,国家林业局依托我院分别在山东昆嵛山、广东湛江、宁夏六盘山、浙江钱江源建立森林生态系统国家定位观测研究站。

2008 年，国家林业局碳汇计量与研究中心依托森环森保所成立。

2011 ～ 2015 年，国家林业局依托我院分别在云南普洱、海南霸王岭、华东沿海、浙江杭嘉湖平原建立森林生态系统国家定位观测研究站。

2012 年，国家林业局生态定位观测网络中心依托中国林科院成立。

2017 年，国家林业局依托我院在南岭北江源建立森林生态系统国家定位观测研究站。

第二节　主要成就

一、森林生态系统功能监测和评估

中国林科院建立的江西大岗山站、尖峰岭热带林站和甘肃民勤荒漠草地站为 3 个国家级野外观测站。另外，还有河南宝天曼森林站、珠江三角洲森林站、湖北秭归森林站、四川若尔盖湿地站、海南东寨港红树林站、黄河小浪底森林站、杭州湾森林站、山东昆嵛山森林站、广东湛江桉树林站、广西大青山森林站、青海"三江源"湿地站、青海共和荒漠站、内蒙古磴口荒漠站、内蒙古多伦荒漠站、云南元谋荒漠化站和北京九龙山森林站等部、院（所）级站，构成了全国性的各类型生态系统定位观测研究站网。依托对定位观测研究站的长期观测资料和数据，我国森林生态系统的地理分布、群落的组成结构、生物生产力、养分循环利用、水文生态功能和能量利用等规律研究取得了重大成果。

1979 ～ 1986 年，对海南岛尖峰岭热带林生态系统进行研究，初步摸清了尖峰岭地区的 6 个生态系列及其特征、主要物种及其分布、主要树种的叶形态特征。

1986 ～ 1995 年，开展热带林生态系统结构、功能规律的研究，揭示了热带林的水分、养分、能流的规律，系统地阐明了热带林生态系统的结构和功能及其持续发展的途径。

2002 ～ 2016 年，开展了中国森林生态服务功能评估研究，提出并构建适合我国森林生态系统服务功能的定位观测与评估指标体系，编写了《森林生态系统服务功能评估规范》。首次为国家林业局提出了全国和按省份的森林生态系统 8 方面生态功能（即水源涵养、水土保持、生物多样性保育、放氧、吸碳、防风滞尘、净化环境和休闲旅游等生态服务）的价值计算。采用"分布式测算方法"，以生态定位站长期定位观测和第八次森林资源清查数据，首次评估了全国的森林生态服务功能的总物质量和总价值量。

2012 ～ 2014 年，分析了北京从 1987 到 2014 年间观察到的鸟种数量变化，并与土地利用类型的面积变化和植树造林活动进行了耦合，发现北京市森林覆盖率从 1949 年的 1.3% 增加到了 2014 年的 41%；鸟种数量在此期间有显著增加，从 1987 年记录的 344 种增加到了 2014 年的 430 种；鸟种数量和土地利用类型中的林地面积增量呈显著相关。

二、森林生物多样性保育和自然保护区

海南岛热带林生物多样性形成、维持机制与保育恢复。研究探讨了热带林生物多样性的历史发生及演化过程；分析了生态环境与森林群落及森林植物空间格局形成的关系；研究了群落内生态位、

种间关系和斑块镶嵌体系，阐明了热带林群落类型分化和群落内物种多样性协同进化关系的形成规律。从热带林特征种和特有种遗传多样性、系统发育和分子生态学的角度，探索了热带森林植物多样性形成的遗传变异机制。构建了较为完善的热带林生物多样性形成与维持的理论体系，为合理保护和利用热带林生物多样性资源提供了依据。以功能群为主线，对刀耕火种和商业采伐干扰后恢复的低地雨林和山地雨林进行了恢复与保育生态学研究。系统开展植物功能性状、功能多样性与生态系统功能关系的研究。

自然保护区生物标本标准化整理、整合及共享。研制完成了 57 项自然保护区资源调查和标本采集整理共享的相关技术规程，收集、整理和标准化自然保护区生物标本资源近 100 万号，并实现了在线共享（www.papc.cn），建立了全国国家级自然保护区功能分区数据库；建立 400 多个自然保护区物种分布名录和物种分布数据库；建立了国家级自然保护区基于 TM 遥感影像的遥感背景数据库；建立了保护区物种监测样方数据库和植被数据库；形成了功能比较完善的自然保护区生物标本和资源信息共享平台，成为国家标本资源平台的重要组成部分。自然保护区规划、生物多样性监测与评估及保育技术。将岛屿生物地理学理论和功能分区的方法论与典型保护区的实际结合进行自然保护区区划，突破了以往的功能区划模式，构建了中大尺度区域动植物濒危程度数量化评价指标体系和珍稀濒危物种快速评估系统。

2011 ～ 2017 年，联合 CTFS-ForestGEO 大样地网络，采用国际通用的叶绿体基因条码片段（rbcL、matK、trnH-psbA），发现 3 片段组合在全球分布的 13 个森林大样地、1270 多种木本植物的物种辨别成功率普遍在 84% 以上，进而提出植物物种辨别效果与近缘类群有显著关联。

三、全球变化与森林的相互影响

研究了气候变化对森林及树种分布的影响和气候变化对我国森林生产力的影响。运用我国近 30 年的气候和物候资料，研究了气候变化对我国木本植物生长发育的影响；对气候变化影响下我国森林树种的经济损益进行了分析，并针对气候变化的影响提出了林业的适应对策。

2008 ～ 2013 年，观测与分析我国气候变化敏感区域林木生长和更新、物候、永冻层、树线等对气候变化的响应，定量评估了气候变化对我国主要森林植被／树种／珍稀物种物候、地理分布以及森林生产力的影响，阐明了区域森林植被覆盖变化对气候的反馈调节作用，提出了适应气候变化的生态恢复与采伐平衡的森林经营管理对策。

2006 ～ 2018 年，连续开展极端气候事件和全球变化对热带雨林生态系统的影响研究，阐述台风、干旱和氮磷沉降增加对植物多样性、森林结构、生态系统碳氮磷循环等生物地球化学循环过程的影响，以及森林结构和功能对极端气候事件和全球变化的响应与适应，揭示了我国热带雨林生态系统碳汇能力对全球变化的响应机制。

2008 ～ 2016 年，开展冰灾对南岭森林生态系统的影响研究，阐明了冰灾对森林结构、生物多样性、森林碳汇、森林水文过程等的影响规律，提出了受损森林人工恢复方法措施。

2008 ～ 2018 年，持续开展极端气候事件对亚热带典型森林类型的影响研究，阐明了特大冰暴事件、典型台风和模拟干旱对树木生理生态、森林群落结构、生态系统碳循环过程的影响，以及森林对极端干扰的响应，揭示了极端干扰下森林成灾机制。

2013～2016年，针对气候变化导致增加濒危物种生境和种群的威胁、森林火灾风险、病虫害发生和生物入侵等风险，以秦岭山区和东北林区等为研究区域，研发适应气候变化引发的森林火灾风险预警、有害生物防控、濒危物种保护和自然保护区适应性规划与管理等方面的关键技术。

四、森林碳平衡与碳减排

完成了我国森林生态系统的碳贮量估算、我国森林生态系统碳贮量的空间分异、中国森林生态系统碳源／汇潜力等研究。

基于国际框架和中国示范项目提出的"CDM退化土地再造林"方法学，成为世界上第一个获得CDM执行理事会批准的方法学。应用该方法学的CDM项目"广西珠江流域治理再造林项目"成为全球第一个在CDM执行理事会成功注册的CDM造林和再造林项目。

2002～2014年，对国际林产品贸易中的碳转移计量与监测进行研究，首次优选出国际林产品贸易中碳计量与监测的方法，并用优选的办法（储量变化法）计算出我国2013年在用木质林产品的年度储碳量约为5373.13万吨。提出了"发展中国家通过减少砍伐森林和减缓森林退化而降低温室气体排放，增加碳汇"等政策机制构架，以及土地利用、土地利用变化和林业（LULUCF）议题的对策建议，为我国应对气候变化、国际谈判和履约提供了科技支撑。

2008～2015年，对中国森林碳计量方法与应用进行研究，构建了符合中国木质林产品国际贸易特点的碳储量估算"生产法"和国家特有的计量参数集，建立并开发了适用于区域尺度森林土壤有机碳计量的垂直分布模型。

2013-2018年，初步建成我国热带南亚热带森林碳汇监测网络（由近500个固定样地组成），同时对其碳循环各组分进行精细计量，建立一套完整、标准化的主要类型生态系统的碳循环参数体系，构建区域尺度碳源汇估算校验基准点网络，为建立和改良适合中国特点的碳模型提供基本参数。

五、森林与水文相互关系

1980～2005年，发现气温是影响尖峰岭热带山地流域枯水径流的主要因子，而降雨是影响总径流和快速径流的主要因子。未来雨强增加10%，尖峰岭热带森林集水区溪水流量、表面径流和水流量将增加1.3倍，表明全球变化通过降雨格局的变化而改变生态系统的碳氮磷水循坏耦合过程。

1992～2008年，研究了长江上游岷江流域森林植被生态水文过程耦合与长期演变机制，首次在大流域尺度实现森林植被生态－水文过程的耦合，揭示了森林植被格局－生态水文过程动态变化机制及其尺度效应。

2001～2015年，研究了西北干旱缺水地区森林植被的水文影响及林水协调管理技术，将林业建设的年降水量限制改进为水资源限制，定量揭示了森林植被的系统结构与空间格局的水文影响，提出了考虑水资源的植被承载力指标体系和决策支持系统及关键调控技术。

六、国家重大工程的生态问题

（1）生态林业工程功能观测与效益评价。1996～2000年，由中国林科院与各相关课题单位共同建立了一套全国统一的生态林业工程效益评价的指标体系。并对三北、长江、太行山和沿海四大生态林业工程的效益作出区域性评价和综合评价。完成生态效益计量经济理论研究，提出了我国四大林业生态工程效益评价计量理论和方法，解决了森林生态效益货币计量化评价的理论和方法问题。建立了森林和四大生态林业工程的10种效益物理量计量的整体扩散模型并进行货币计量化评价。

（2）天然林资源保护工程。1995～2010年，对天然林保护与生态恢复技术进行研究，攻克了天然林动态干扰与保育、典型退化天然林生态恢复、天然林景观恢复与空间经营等关键技术，建立了典型退化天然林的生态恢复示范模式。2006～2010年，对东北天然林生态采伐更新技术进行研究，提出了由共性技术标准和适合于具体森林类型的个性技术模式构成的东北天然林生态采伐更新技术体系，形成适合林业生产单位的东北天然林生态采伐更新指南。2008～2018年，开展了西部季风常绿阔叶林生态恢复技术研究，摸清了我国西部季风常绿阔叶林的分布与类型，揭示了它的退化成因和主要生态过程，研究提出了生态恢复技术体系。

（3）退耕还林工程。2007～2015年，开展了基于不同侵蚀驱动力的退耕还林工程生态连清技术研究与应用，在野外观测连清体系中，集成了分层抽样、空间叠置、标准化控制等技术，定量评估了不同侵蚀驱动力区划的退耕还林工程生态效益。

（4）三峡库区陆地生态恢复与管理。建成农、林、牧科学合理布局的产业结构体系、高效景观防护体系及综合生态经济防护体系。同时开展三峡库区植被恢复优化配置与可持续管理示范体系研究，为三峡库区天然林资源保护工程、退耕还林工程建设提供科技支撑。示范区生态环境明显改善，森林覆盖率达到75%，比1999年上升30%。水土流失治理率达到90%。2001～2014年，开展三峡库区高效防护林体系构建及优化技术集成示范，研发了三峡库区典型小流域防护林体系及林种结构优化、防护林定向调控、特大型水库消落区植被恢复等技术。

七、森林与环境

研究污染环境生物的生物化学转化过程及植物修复机理，揭示典型速生树种对重金属的吸收、转运和积累特征、以及土壤化学因子对增加重金属的植物可利用性的调控机制。建立从超积累植物的繁育技术及筛选、修复重金属污染土地的速生生态景观树种筛选、合理施肥增加植物生物量技术、施用螯合剂及表面活性剂以增加重金属的植物可利用性、重金属污染土壤分级修复的植被群落配置等一整套植物修复集成技术体系。

围绕大气臭氧污染对植物的影响和臭氧生物监测开展研究，重点从非结构性碳水化合物、蛋白质组学、碳代谢、内源激素、抗性生理、化学计量特征以及土壤微生物等方面揭示近地面大气臭氧浓度对亚热带典型树种的影响机制。

以太湖上游水源地为研究对象，开展了水源区面源污染林业生态控制技术研究。揭示了低山丘陵区水土流失型面源污染发生机制，提出了水源区坡地经济林复合系统构建与结构优化技术，创制了坡地经济林区面源污染源头减量技术体系，分析了太湖上游岸带"源－汇"景观格局变化与水质的关系，创建了水岸植被缓冲带和塘渠－湿地复合系统污染物削减结合的立体拦截技术体系。为太湖流域农业面源污染治理及生态防护林带建设提供了理论依据和技术指导。

建立了评价滨海盐碱土壤健康的质量指标体系和标准，揭示滨海盐碱地土壤质量指标对生态改良的生态改良的响应敏感性、响应过程和响应度，量化评价了生态工程措施对盐碱地的环境改良效益，提出了统筹开发利用与水土保持、经济效益与景观效果的盐碱地生态修复技术，推进盐碱地资源的生态利用与产业化开发。

2011～2015年，估算出南亚热带常绿阔叶林林冠层和土壤系统对多环芳烃(PAHs)的储滤效率：常绿阔叶林的林冠层对降水 PAHs 的贡献率约 24.1%，土壤系统的贡献率约 59.3%；解析出重金属 Pb、Cd 元素在不同环境介质中的含量特征：土壤是主要储存库，海堤防护林土壤重金属元素的吸储率显著，其 Pb、Cd 元素质量含量显著高于水体介质；木本植物可有效吸储，其中 Pb 在枝条中的含量高于叶片。

第五章　林木遗传育种

第一节　发展历程

1912～1953年，相继成立了林艺试验场（1912年）、中央林业实验所（1941年）等研究机构，对林木遗传育种的基础工作有所涉及，成为林木遗传育种研究的萌芽基础。

1953～1966年，中林所森林植物研究室设立了遗传选种及良种繁育组。1957年1月，林研所林木遗传选种研究室正式成立。1958年进行组织机构调整，林木遗传选种研究室更名为树木改良研究室，下设遗传选种和生理解剖两个研究组。

1966～1978年，"文化大革命"开始后，林木遗传育种工作严重受挫，学科发展几近停滞。但由中国农林科学院组织召开的两次全国林木良种选育科研协作会议，对推动学科发展起了积极作用。

1979年，中国林学会林木遗传育种分会正式成立，挂靠中国林科院林业所。

1978～1986年，林业所设有森林遗传育种和和引种驯化两个研究室。

1987～1988年，设立林木遗传育种1室和2室，林木种子和森林植物两个学科理论相关研究室。

1989年，增设林木引种研究室。

1990～1991年，该学科有1室、2室和林木引种共三个研究室。

1994～1996年，设有林木遗传育种1室、2室和林木种子室。

1997～2001年，学科研究室增加到4个，分别为种质资源学、林木引种、遗传改良、分子遗传研究室。

2002～2008年，研究室调整为分子生物学研究室、林木遗传育种研究室、林木引种与植物地理研究室、林木种质资源研究室。

2010年，国家林业局依托中国林科院建立南方国家桉树种质资源库。

2011年，科技部依托中国林科院建立国家林木（含竹藤花卉）种质资源平台。

2011年，科技部依托中国林科院和东北林业大学成立林木遗传育种国家重点实验室，是我国林学学科第一个国家重点实验室，2014年通过建设期验收。

2011～2015年，先后成立国家林业局桉树、落叶松、杜仲、马尾松、北方杨树工程技术研究中心。

中国林科院林木遗传育种学科，除以林业所为机构依托外，在院属其他科研机构也得到发展。亚林所的经济林、用材林、生物技术、森林保护等研究室开展了大量林木育种研究工作。热林所设有林木育种研究室、森林资源研究室。经济林中心主要研究泡桐的遗传育种、开发利用。桉树中心设有专门的桉树育种研究室。另外，热林、亚林、沙林、华林中心对林木遗传育种也做了不少工作。

第二节　主要成就

一、林木种质资源

20世纪50年代开始，进行了重要乡土树种和外来树种的育种资源搜集、保存、评价和利用研究。先后收集了大量国内外杨树、桉树、杉木、马尾松、相思、柚木等多个树种的种质资源，建立了以松、杉、杨为代表的重要树种种质资源基因保存库。开展了林木育种资源评价利用研究，并提出了相应的适生栽培和推广利用地区。

1985～1993年，开展棕榈藤的研究，建立了我国最完善的藤种标本库和世界上最多的基因资料收集园。

1985～1997年，开展沙棘遗传改良的系统研究，在引进材料和乡土材料的基础上建立了8个沙棘的基因资源库。

1985～2004年，通过对林木种质资源收集、保存与利用的研究，完成了林木种质资源信息系统，制定了林木种质资源描述规范，建成了跨越5个气候带的国家林木种质资源保存库体系，实现了林木种质资源信息化和数据化管理。

1991～1998年，进行了重要针阔叶树种种质资源库建立与保存技术的研究，为国家与地方行业管理部门提供了"森林遗传（种质）资源保护"的决策依据和专家咨询，储备了一大批育种材料及可持续利用资源。

1998年至今，开展柚木、西南桦、楸树、降香黄檀等珍贵树种的种质资源收集评价研究。建立的甘肃小陇山云杉国家种质资源库被列入第一批种质资源库。

2016年以来，开展油松、落叶松、侧柏、栓皮栎等林木种质资源保存与收集，建立华北地区代表性植物国家林木种质资源库，并被列入第二批国家林木种质资源库。开始筹备建立国家林木种质资源设施保存库（主库），由国家林业局场圃总站牵头，组织编制该项目建议书，并获得国家林业局批复。2017年着手编制该项目可行性研究报告，开展建设地环境影响评估和地质勘探评估等工作。

二、杉木育种

开展了杉木种源遗传变异和优良种源选择研究，评价选择出杉木优良种源，并作了种子区区划。先后开展了杉木优树选择、杂交组配和子代测定研究，筛选出一批杉木优树、优良家系和优良无性系。

1973～1984年，进行了杉木种子园亲本选择及其育种程序的研究，提出了浙江低山丘陵区杉木综合育种程序和技术，筛选出一批杉木优良种质资源。

1976～1986年，对杉木地理变异和种源区划分进行了研究，搞清了杉木的水平和垂直分布，证明杉木是一个存在地理变异的树种，评选出南岭山地为杉木的优良种源区。

1976～1993年，开展了杉木造林优良种源选择及推广的研究，提出优良种源区的概念，确定了杉木种源生长性状早期选择期和最佳选择年龄，估算了杉木种源的遗传参数，并建立了 5 个基因库。

1996 ~ 2005 年，进行了杉木遗传改良及定向培育技术研究，研发了杉木高世代种子园营建技术和无性系选育技术，提高了杉木产量与质量，使得整个杉木主产区的产量在原有基础上平均提高了 20% 以上。

2006 ~ 2016 年，开展了杉木良种选育与高效培育技术研究，揭示了杉木主要经济性状遗传变异规律，选育出多目标多水平良种 101 个；突破了杉木组培快繁技术难点，构建了种子园丰产及良种快繁技术体系，实现了良种规模化生产。

2008 ~ 2018 年，开展了杉木杂种优势机理和杉木不同发育阶段木材形成机理研究，揭示了杉木杂种优势的分子机理和木材形成的分子机理。对杉木杂交组合构建了基因连锁群图谱，并进行了生长性状的 QTL。

三、杨树育种

1956 ~ 1981 年，通过对北京杨选育的研究，育成了生产上应用的、有增益的新品种（无性系），研究与解决了育种技术与育种程序。

1957 ~ 1981 年，对新杂交种——群众杨进行了选育研究，证明它是具有双父本的杂交种。

1960 ~ 1983 年，展开了对小黑杨杂交育种的研究，证明在"三北"地区广泛适应，具有速生、抗寒、抗病、耐旱、耐盐碱、耐瘠薄等多种优良特性。

1962 ~ 1981 年，经过对沙兰杨、I-214 杨引种的研究，证明具有繁殖易、成活率高、生长快、抗病虫，适应性广泛等优良特性。

1979 ~ 1990 年，进行了中林 46 等 12 个杨树新品种杂交育种的研究，选育出一批美洲黑杨新品种、适于华北暖温带的欧美杨新品种以及适应于"三北"温带地区的抗寒速生杨树新品种。1980 ~ 1990 年，进行了国外杨树引种及区域化试验的研究，首次在我国应用意大利黑杨派无性系育种筛选程序进行大规模引种和筛选，并建立了我国第 1 个黑杨派杨树基因库。

1985 ~ 2006 年，展开了对杨树工业用材林高产新品种定向选育和推广的研究，建立了我国第一个黑杨派无性系基因库，选育出了速生、优质、适宜我国不同气候区的 4 个杨树工业用材林新品种。1990 ~ 1992 年，经过对欧洲黑杨抗虫转基因的研究，选出了生长良好杀虫效果明显的 3 个植株 192，12 和 153，证明 Bt 基因插入到这些植株染色体上，并得到充分表达。

1996 ~ 2016 年，开展杨树高产优质高效工业资源材育种研究，首次提出杨树生态育种理论，创立了亲本、组合、无性系选择三位一体的多级选种新程序，开发出重要性状功能分子辅助早期选育技术，构建出分育种区高效育种体系。建立杨树多基因共转化与鉴定技术体系，定向获得自主产权转基因新品种 3 个，实现不同性状同步分子改良。构建出基于功能基因网络的杨树生物信息分析平台，填补了国内相关研究空白，为杨树分子设计育种奠定了技术基础。

四、落叶松育种

1978 ~ 1983 年，组织开展了包括红杉组和落叶松组树种在内的落叶松种和种源研究，范围遍布湖南、湖北、四川、新疆、甘肃、宁夏、陕西、内蒙、河南、河北、山西、山东及东北三省，确定了各树种的最佳种植区和最适种源，肯定了日本落叶松在我国温带、暖温带和北亚热带山区造林应用中的主体地位。

1983 ~ 1990 年，开展了落叶松家系选择、杂交育种等方面的工作，在湖北、河南等中部地区建立了日本落叶松良种基地，并布置了多点联合子代测定林。

1990 ~ 1995 年，营建了我国首个落叶松采穗圃和优良家系采穗圃，完成了日本落叶松良种大规模扦插育苗技术。

1996 ~ 2000 年，开展了落叶松纸浆材新品系选育研究，完成了"落叶松优良杂种规模化繁殖配套技术"，形成了包括优良亲本选择、人工控制授粉、杂种采穗园营建与管理、杂种插穗生根和扦插苗培育在内的一整套落叶松杂种规模化繁殖配套技术，筛选了一批优良家系和无性系。

2001 ~ 2010 年，引进美洲落叶松、西部落叶松、欧洲落叶松等 63 个种源及日欧杂种 20 个优良无性系，开展了跨区落叶松种间杂交和种内交配试验及杂种优势研究，完善了落叶松育种园营建和促进开花结实技术，定向选育了纸浆材良种，开展了落叶松现代遗传改良与定向培育技术体系的研究，构建了落叶松高效生态育种体系，在寒温带、温带、暖温带和中北亚热带 4 个育种区建立了落叶松核心育种园和高世代种子园，创建了落叶松干细胞同步化繁育技术与分子育种平台。

2002 ~ 2008 年，对建于不同时期、不同地域的各类落叶松试验林开展多水平遗传评价与高世代育种的研究，确立了纸浆材早期选择年龄及主导选择因子，建立了优良家系和二代优树综合评价体系，分育种区选出优良家系 237 个、无性系 96 个，选出二代优树 1513 株（基因型），为我国落叶松高世代育种提供了遗传材料与技术保障。

2005 ~ 2010 年，开展了胚性细胞研究，发明落叶松干细胞高成胚率工艺，突破子叶胚同步化规模发生技术，建立了干细胞模式的落叶松分子育种技术平台，实现了 $DreB1-2A$、CMO、$BadH$、$P5CS$、$SOS1-3$ 等 5 类抗干旱基因转化，获转基因品种释放许可证 16 个，转基因株系表现出优良抗性和速生性。

2011 ~ 2018 年，综合运用生长、材质、生根、物候等多性状联合选择技术，提出了落叶松无性系多级选育程序，为温带、暖温带、北亚热带育种区定向选育国家审定结构材良种 7 个。基于系谱重建技术开展了种子园交配系统、花粉传播模式及其自由授粉子代生产力评价，进行全基因组范围 SNP 分子标记开发构建高密度遗传图谱，初步鉴定了与生长、材性等重要性状相关的主效 QTLs 和关键基因。

五、马尾松育种

1977 ~ 1985 年，通过对马尾松种源变异及种源区划的研究，表明马尾松种源间遗传变异大，且多与产地纬度呈线性相关，同时对马尾松作了种子区区划。

1986 ~ 1990 年，进行了马尾松造林区优良种源选择的研究，划分了马尾松种源区，评选出适于不同造林区的马尾松优良种源 15 个，分别评选出速生、长纤维、高产脂优良种源 13 个。

1983～2002 年，开展马尾松优良种源区内优树选择、种子园研建和子代测定研究，建立了规模的马尾松一代无性系种子园；构建了马尾松一代育种群体，开展广泛的杂交制种和测定工作，完成了马尾松的第一代遗传改良。

2002～2014 年，开展了马尾松二代遗传改良和良种繁育技术研究及应用的研究，建立了马尾松二代育种群体，构建杂交亲本分子标记辅助育种及杂交优势预测技术，解决杂交优势规模化无性繁育技术，突破二代无性系种子园矮化丰产经营技术。

2011～2015 年，重启了脂用马尾松的遗传改良，构建了脂用马尾松育种技术体系。

2015～2018 年，开展了马尾松第三代遗传改良研究，解决了马尾松高世代矮化种子园动态更替和精细化培育技术；开展了马尾松抗松材线虫病种质的筛选，初步揭示了高抗马尾松抗松材线虫病的分子机制。

六、桉树育种

1984～1993 年，通过对桉属树种引种栽培的研究，提出了低海拔尾叶桉种源和低纬度细叶桉、赤桉种源适宜我国热带、亚热带地区发展，提出了桉树的施肥组合及主要病虫害的发生规律及防治方法。

1996～2000 年，展开了对桉树纸浆用材林树种良种选育及培育技术的研究，使用 GUS 报告基因和双价抗菌肽基因 pTYB4B 对优良桉树无性系的 EC4 和 EC1 的芽和嫩枝进行浸染，提出了多种造林密度条件下的轮伐期。

1999～2012 年，开展了耐寒桉树种质资源改良及培育技术研究，筛选出 8 个耐寒能力在 −8～−10℃之间的优良耐寒桉树，引进邓恩桉、柳桉、蓝桉等 5 个耐寒树种遗传材料共 68 个种源/676 个家系，选出邓恩桉、史密斯桉、巨桉、柳桉、蓝桉和直杆桉等的优良种源 24 个、家系 89 个。

2010～2018 年，相继建立尾叶桉、巨桉、粗皮桉、赤桉、细叶桉等树种的第二世代育种群体、开始新世代育种。

七、国外松育种

1981～1989 年，展开湿地松、火炬松种源试验研究，提出了在我国湿地松种源呈随机变异，火炬松种源间差异显著的地理变异规律，确定了马尾松、湿地松、火炬松各自适应的种植区。

1983～1990 年，进行了加勒比松等 8 个树种的引种研究，确定 8 个树种适生范围、发展的眼制因子和适地适树适种源的育苗造林配套技术及生物学特性、结实规律与良种繁育技术。

1995～2012 年，经过对国外松多世代育种体系构建与良种创制利用的研究，组建了二代育种主群体，创制了第三代育种材料，建设了国家级林木良种基地。

八、云杉育种

1981～2000年，开展了欧洲云杉、西加云杉等云杉引种试验。在湖北、甘肃小陇山进行了欧洲云杉种源试验。

2000～2010年，全球格局多水平收集保存云杉属种质资源，包括该属的34个主要种（占世界种的75%）及其种源、家系和无性系种质3869份，建成遗传多样性高、容量超大的国家级种质库，为我国云杉持续改良奠定坚实基础。系统研究了世界云杉的地理分布、生态生物学和分子基础上的系统学，以形态、物候、适应性、生长、子代测验为依据，对收集的主要种、种源、家系、无性系进行了综合遗传评价，初步选育优良核心种质300份，为设计今后云杉属遗传改良提供了基础性种质保障。

2006～2017年，确定了我国各云杉栽培区的近期适生种和家系，选出极具速生性、观赏性和适应性的欧洲云杉、白云杉及蓝云杉等优良种源、家系和无性系，提前了我国云杉良种化的进程，可使生产力至少提高20%以上。构建了以延长光照为主导的光温水肥综合调控强化育苗体系，育苗期缩短了1/3～1/2，培育的三年实生苗即可达到国家规定的六年生苗木质量标准，加速了育种进程，为我国云杉育苗现代化加速良种推广提供了样板。构建了主要云杉属树种生产规模无性扩繁和体胚增殖体系，欧洲云杉扦插生根率达到85%以上，培育三年即可达国家标准质量水平。在体胚繁育技术体系中创新性地提出了云杉体胚干化处理方法，为我国云杉家系和无性系林业开拓了道路。

九、其他树种育种

1978～1986年，对油松地理变异和种源区划进行了研究，提出了油松种源区划方案，为油松林木改良工作提供了基础，为油松种子调拨、合理用种提供了标准。

1978～1990年，对C020、C125和毛白33号泡桐良种选育展开了研究，提出一条先进、实用的泡桐树木改良程序，选育出干形通直，形数达0.46的白花泡桐无性系C020，从兰花泡桐中选出优良无性系。

1984～1990年，开展优良薪材树种选种、薪材林栽培经营技术的研究，是我国首次大规模的薪炭林综合性试验，从国内外引种成功40个树种，从乡土树种中选出60个最佳树种。

1991～1995年，对五个相思树种纸浆材种源和家系选择展开了研究，评选山地优良种源，研制南方型多效生根粉，创建一个长期的相思遗传改良基地，建立规模化推广体系。

1995～2000年，系统开展泡桐杂交亲本及杂种性状变异规律、生长、干形与材性性状的遗传特性和相关性、生理遗传特性等方面研究，选育出木材密度大、白度高，干形通直圆满、生长速度适中和抗丛枝病能力较强的泡桐优良无性系。

2001～2011年，对红豆树、木荷、柏木、麻栎等多种珍贵用材树种品种选育和高效培育技术进行了研究，启动了亚热带主栽珍贵树种的育种，筛选出一批速生优质新品种（系），实现了木荷等造林树种的良种化，创研出轻基质容器苗产业化技术。

2003～2017年，对楸树进行了全面的研究。创立了多级逐渐提高楸树无性系遗传评价技术路线，构建了楸树生态育种的良种选育策略。审认定楸树林木良种27个，获植物新品种保护权6项，楸树优良无性系选育、楸树优良无性系选择和离体再生繁殖技术、楸树杂种速生高抗新品种选育与体胚快繁技术获得成果认定。

2004 ～ 2009 年，经过对东南沿海抗逆植物材料繁育技术研究及耐盐转基因平台构建的研究，筛选出一批耐盐树种弗吉尼亚栎，创建了抗逆木本植物选育技术体系，建立耐盐、耐涝、抗污染木本植物选育指标体系和安全耐盐转基因平台。

十、遗传育种基础研究

1980 ～ 1986 年，开展杨树杂交胚胎学研究，查明了杨树组间杂交困难组合和失败组合的主要障碍，证明了在杨树组间杂交中不能根据父本花粉管在母本柱头上是否扭曲和有无胼胝质沉积来判断该组合能否产生杂种种子，获得了杂种试管植株。

1993 ～ 2000 年，杨树分子标记辅助抗病选育技术填补了我国在林木中借助分子标记辅助抗病育种研究领域的空白。

从 2000 年开始，先后利用"神舟"三号、六号飞船，第 18、20 和 21 颗返回式卫星和实践八号种子星等多次搭载草坪植物，造林绿化树种如落叶松等，开展了以草坪植物为主的园林植物航天育种研究。2008 年，开展林木航天诱变育种技术及优良品种（系）选育研究。

2000 ～ 2018 年，开展了林木性状形成的分子基础研究。鉴定出参与形成层维持和木质部形成的 WOX、PIN、FBL、ARF 等基因家族关键成员，表明了生长素信号转导因子及 WOX 成员对分生组织的调控作用。首次发现分生组织决定因子 WOX 家族中 PtWUSa 参与调控形成层活动可能与 WOX4 协同发挥作用。揭示了生长素受体 PtFBL1 及 ARF3 对林木的不定根发生、发育调控机制，明确了 FBL1、ARF5、ARF6 对林木次生生长具有重要调控作用，并对木材数量和质量的改良具有重要意义。解析了 WRKY 转录因子调控林木次生生长和逆境胁迫响应的分子机制，揭示了一个 ARF、bHLH、BEll/WRKY/SOD/CCoAOMT、4CL 杨树次生生长调控新网络。开展了促进红豆杉细胞紫杉醇生物合成机理的研究，揭示了紫杉醇生物合成的分子机理及其调控机制。

解析了林木胚性诱导的调控机制，开展了落叶松胚性细胞研究，建立了落叶松胚性干细胞培养模式。发现云杉胚性愈伤组织诱导中 6-BA 通过增加 IAA 含量激活谷胱甘肽 S-转移酶蛋白（GST），从而提高胚胎发生能力。创建了云杉体胚干化标记技术，揭示了水通道蛋白 TIP2-1、防御相关蛋白、抗氧化蛋白等表达显著上调促进了云杉体胚从形态成熟向生理成熟转变。

第六章 森林经理学

第一节 发展历程

1941 年，重庆国民政府农林部成立了中央林业实验所（歌乐山），1945 年在该所成立了森林经理系，但研究人员很少，研究工作进展不大。

1953 年，中林所成立，同年增设了森林经理系，1955 年扩充为森林经理研究室。1957 年又成立了森林经营研究室。

1959 年，初森林经营经理研究室改为大地园林化研究室。1966 年"文化大革命"开始至 1978 年，院的科研事业遭到了严重破坏。

1978 年，为加强计算机技术的应用研究，成立了院计算中心。1984 年 12 月，将原属于林研所的森林经理研究室和院计算中心合并，组建成立了院森林调查及计算技术研究开发中心。中心成立后，设置了森林经理室、遥感室和计算机室。

1986 年，中国林学会林业计算机应用分会正式成立，挂靠中国林科院资源所。

1988 年 4 月，森计中心扩建并改名为资源信息研究所。所内设置了森林经理及林业统计研究室、遥感研究室（后分为资源遥感和环境遥感两个研究室，后又合并）等 5 个研究室。

1995 年，成立国家林业局林业遥感与信息技术重点实验室。

1998 年 6 月，获得了博士学位授予权。2006 年被评为国家林业局重点学科。

2002 年，成立国家遥感中心林业资源与生态环境部。

2009 年 7 月，成立林业科学数据中心。

2017 年，成立国家林业局森林经营与生长模拟重点实验室和国家林业局森林经营工程技术研究中心。

第二节 主要成就

一、森林生长及收获预估

1955 ~ 1957 年，在杉木重点产区进行了杉木生长调查。首次编制了地区性杉木人工林（实生）、（插条）生长过程表以及断面积蓄积量标准表、树高级表、立木材积表、杉木地位指数表等。1956 年以后，提出了林层划分方法。

1978 年以后，主要针对人工林生长与收获模型方面进行了深入研究。首次研建了全林整体生长模型系统，建立了林分最大密度和自稀疏关系的理论，阐明了第一类模型和第二类模型的关系，在生长模型的基础上推导出间伐模型。

1995～2008年，研究了与森林资源调查相结合的森林生物量测算技术，首次提出了非线性模型联合估计方法，规范了森林生物量建模中的数据采集处理、模型研建和评价等方法，提出了基于连续清查样地的加权BEF法。

1996～1998年，进行二元森林生物量模型及其相应的一元自适应模型的研究，提出了非线性模型联合估计方法与生物量模型评价指标体系，形成了一套完整的编制相容性二元和多元立木生物量表（模型）的技术体系，规范了森林生物量建模中的数据采集处理、模型研建和评价等方法。

2006～2010年，进行了东北天然林生长模型系与多目标经营规划技术研究，首次建立了相容的东北天然林生长与收获模型系与东北天然林多目标经营优化模型，开发了林分多目标经营规划系统软件。

2009～2011年，进行了林木结构－功能模型的研究，建立了油松的结构－功能模型，实现油松单木的三维结构生长。

2010～2012年，开展了大尺度森林生物量估计研究，提出的基于连续清查样地的加权BEF法，解决了与森林资源清查体系相结合的大区域森林生物量的估算问题。

2011～2015年，开展了林分环境与生长交互行为模型与可视化模拟技术研究，研发了不同环境因子下林分生长过程模拟算法，建立了林分环境、结构与生长之间的作用－反馈响应和耦合模型，研发林分环境与生长交互行为可视化模拟系统。

2012～2016年，进行了气候敏感的林分生长收获模型研究，建立了包含气候因子的落叶松人工林生长模型系，解决了经验生长模型不能用于气候变化下的生长收获预估问题。

2014～2018年，开展了我国主要林区林地立地质量评价和生产力估计研究，首次提出了基于林分潜在生长量的立地质量评价和树种选择的数量方法，开发了计算程序和模块。

二、林业数表和测树工具

中华人民共和国成立初期，森林经理室编制了我国通用原木材积表，一直沿用到1976年。

1959～1966年，编制出原木材积表（初稿）。

1978年，恢复了材积表编制研究工作，编制出了原木材积表、杉原条材积表等。

1992～1994年，开展了立木材积表编制理论、方法与应用技术研究，提出了自调控树高曲线与一元立木材积表数学模型。

1957年，开始了角规测树理论和应用的研究。

1959年，发表《角规测树的研究》，首次在理论上证明了垂直角规计数在坡地上同样适用，丰富了角规测树的一般理论。

1960年，研制具有角规、测高、测径和测距等多功能的综合测树仪。

2001～2008年，开展了利用普通相机或智能手机测树的研究，从图像中获取树木直径、立木材积等测树因子。

2018年，以林内图像为数据源，建立了单位面积碳储量和蓄积量的图像表换算方法。

三、林业区划及规划

1958 年，从宏观上开展了全国园林化规划方案的研究。在森林植物自然地理区划研究中，把全国划分为东北平原区、东北山地区、华北平原等 14 个森林植物自然地理区。

1962 年，在《中国森林资源分析》中，对中华人民共和国前后的森林资源统计数字进行分析、校对。

1982 年，开展了我国林业发展战略的研究。完成的全国用材林发展趋势的研究，提出了全国用材林预测模型——广林龄转移方程，为制定我国木材生产长远规划提供了科学依据。2001 年完成了《河南省西峡县生态经济发展规划（2001 ~ 2010）》的编制。

1998 ~ 2001 年，开展了森林资源监测指标体系和先进技术的引进研究，首次提出了我国森林资源和生态监测技术体系建议，2001 年完成了《河南省西峡县生态经济发展规划（2001 ~ 2010）》的编制。

2006 ~ 2010 年，开展了森林资源与湿地综合监测技术研究，提出了森林资源与湿地综合监测指标与技术体系。

2013 ~ 2014 年，完成了《中国林科院热林中心森林经营方案（2011–2020）》、《南水北调中线工程南阳市渠首水源地高效生态经济示范区林业建设规划(2013–2020)》的编制。

2015 ~ 2016 年，参与完成了我国首个《全国森林经营规划（2016 ~ 2050）》。

2016 ~ 2018 年，完成了《红安县马尾松林结构优化调整技术方案》、《贵阳市森林质量精准提升规划》。

四、森林可持续经营

1993 ~ 2003 年，承担完成了国际热带木材组织（ITTO）合作项目中国海南岛热带森林可持续经营研究与示范中热带天然林永续经营示范的研究。

1988 ~ 1991 年，开展我国南方人工用材林林业局（场）森林资源现代化经营管理技术研究，首次提出信息、决策及实施 3 个反馈环组成的森林资源管理模式；将资源信息管理、林业用图管理、生产管理、生长收获模型和经营模型溶为一体，实现逐年数据更新的资源信息动态管理。

1999 ~ 2009 年，对结构化森林经营进行研究，提出了森林空间结构量化分析方法，创造性地构建了林分空间结构参数体系，使空间结构的研究结果直接应用于指导林分结构调整成为可能。

1999 ~ 2015 年，研究了天然次生林结构化经营技术，提出了一种用树种混交度判别种群分布格局的新方法，研发了空间与非空间结构信息一体化调查与分析技术，创建了拥有自主知识产权的林分空间结构分析与优化经营软件系统。

2001 ~ 2005 年，开展了基于减少环境影响的森林采伐更新技术研究，提出了森林生态采伐理论和东北天然林生态采伐更新技术。

2001 ~ 2007 年，对多功能近自然森林经营理论和技术进行了深入研究，通过引进消化、改编试验和集成创新，完成了近自然森林经营的理论著作和技术指南，建立适合我国国情的可持续多功能森林经营理论框架和技术体系。

2006～2011年，在引进德国森林经营单位水平森林调查技术基础上，提出了以高密度同心圆样地组成的抽样体系和全面细致有精度保证的资源数据为特征的我国森林经营单位水平森林调查新技术。

2006～2016年，对人工林多功能经营技术体系进行研究，提出了人工林多功能经营原则，构建了人工林多功能经营设计指标体系，研发了规范性森林经营计划与设计任务的技术子系统。

2007～2011年，在开展福建中亚热带天然阔叶用材林可持续经营技术研究基础上，提出了包括理想结构的指标与标准、目标树种清单和以高价值目标树培育为中心的择伐与"保阔栽珍"技术等可持续经营技术体系。

2007～2012年，通过ITTO森林景观恢复手册在海南热带林区的应用、研究与推广，提出了适合中国国情与林情的包括区域和社区水平的森林景观恢复理论与技术体系以及热带生产性退化与次生森林的生态补偿机制。

2008～2013年，对人工林多功能经营技术体系进行研究，提出了人工林多功能近自然经营的基本原则和指标体系，研发了规范性森林经营计划的技术系统，在全国森林经营样板基地中推广应用。

2008～2013年，研究了经营单位级森林多目标经营空间规划技术，首次建立了基于郁闭年龄约束的天然林多目标空间规划模型，集成开发了经营单位级森林多目标经营空间规划软件，提出采伐方案动态模拟方法。

2010～2014年，开展了典型森林类型健康经营技术研究，建立了国家层面的森林健康状况诊断和评价指标体系，提出了典型森林类型健康经营技术模式10个和森林健康经营政策保障体系建议。

2012～2016年，开展了东北过伐林可持续经营技术研究，形成了长白山针阔混交过伐林目标树经营、大兴安岭落叶松白桦混交林多目标经营优化模拟、阔叶红松林目标树单元结构优化评价、小兴安岭珍贵阔叶林多功能经营等技术成果。

2013～2016年，在引进美国游憩机会谱（ROS）和视觉资源调查与评价技术基础上，提出我国个体与林分水平森林游憩吸引物调查与评价技术以及基于森林经理调查（二类调查）的森林游憩资源调查与评价技术体系。

2014～2017年，开展了天然林林层划分技术研究，依据其林木树冠是否能接受到垂直光照和接受到垂直光照的程度，创新性地提出了中亚热带天然阔叶林林层划分新方法——最大受光面法。

2014～2018年，持续完善了多功能森林经营理论与技术体系，提出了中国特色的多功能全周期作业法三级结构体系，在全国森林经营样板基地建设和国家森林经营技术培训计划中持续贯彻应用。

五、林业统计分析

1985年，出版了《多元统计分析方法》一书，开创了中国林科院林业统计的研究领域。1987年，研制了基于DOS操作系统并适用于IBM-PC系列微机的林业常用统计软件包，并配套出版了《IBM-PC系列程序集》。这是我国林业系统第一套数学统计分析软件。

21 世纪初，开始了统计分析软件的升级和改进。于 2005 年推出基于 Windows 操作系统的、具有自主知识产权的林业统计分析软件——统计之林（ForStat）2.0 版，目前已升级到 2.1 版。2017 年推出 3.0 版本，增加了多尺度（单木、林分和区域）生物量和碳储量计算模块，支持 64 位操作系统下大数据的运算。

六、林业遥感应用

1980 ～ 1987 年，研发用于森林资源调查的卫星数字图象处理系统，发展了边界决策、训练样地处理、各种纹理信息分类以及应用专家系统分类、应用遥感数据估测生物量、资源变化监测等一系列新的技术。应用于吉林省临江林业局和陕西乔山林业局的森林资源调查。

1986 ～ 1988 年，开展三北防护林公共实验区遥感综合调查技术研究，突破了新一代卫星遥感影像处理和评价技术，首次制定了再生资源遥感综合调查技术规范，实现了资源的动态监测与预测分析。

1987 ～ 1990 年，进行华北石质山风沙防护林区遥感综合调查研究，提出了适合华北复杂景观地区的图象处理方法——校正变化法，确定了在本区进行遥感综合调查的一整套方法，建立了调查区的地理信息系统。

1988 ～ 2000 年，开展森林火灾和森林病虫灾害的卫星遥感监测技术研究，建立了灾害区非线性遥感识别模型，以及后处理技术流程，研发了基于"3S"技术的森林灾害遥感监测软件系统，实现了森林灾害的宏观、定量、点位、周期性、及时性和科学性监测与评估。

1991 ～ 1995 年，开展"三北"防护林体系和植物动态监测及信息系统研究，构建了遥感和计算机自动分类和动态监测技术体系，综合了计算机的优点和人的智能，又应用了软件提供的局部数据统计及地物探测功能。

1996 ～ 2010 年，开展了森林资源综合监测技术体系研究，创建了现代林业信息技术及传统地面调查相结合的天－空－地一体化、点－线－面多尺度的综合监测技术体系，研发了森林资源综合监测集成服务系统。

1997 ～ 2005 年，研究了森林资源遥感监测技术及业务化应用，建立了多阶遥感监测抽样技术体系，突破了森林资源遥感数据综合处理、分析及其集成应用的关键技术，自主研发了森林资源调查遥感数据处理通用软件系统。

1997 ～ 2008 年，研究了森林资源遥感监测技术及业务化应用，建立了多阶遥感监测抽样技术体系，突破了森林资源遥感数据综合处理、分析及其集成应用的关键技术，自主研发了森林资源调查遥感数据处理通用软件系统。

2006 ～ 2013 年，开展了森林资源综合监测技术体系研究，创建了现代林业信息技术及传统地面调查相结合的天－空－地一体化、点－线－面多尺度的综合监测技术体系，研发了森林资源综合监测集成服务系统。

2007 ～ 2010 年，在对西藏灌木林全面系统调查研究的基础上，首次全面系统地提出了西藏主要类型灌木林的群落特征、空间结构特征和空间分布特征，并基于植被指数特征提出了西藏灌木林遥感分类技术。

2008 ~ 2011 年，开展了合成孔径雷达（SAR）、激光雷达（LiDAR）等主动遥感手段森林参数定量反演基础理论和方法研究，突破了 SAR、LiDAR 数据定量化、自动化预处理和森林结构参数反演关键技术，开发了主动遥感森林参数信息提取软件系统。

2009 ~ 2016 年，开展了区域森林地上生物量和碳储量遥感监测技术研究，开发了森林专题信息遥感提取软件系统，生产了中国和全球典型区域森林分布图、地上生物量和碳储量空间分布专题产品，为国务院办公厅提供了决策支撑信息。

2010 ~ 2017 年，突破了极化 SAR、LiDAR 波形数据地形影响校正、多角度光学立体观测数据融合等遥感数据处理关键技术，提出了可将地形与森林垂直结构信息有效分离的多模式遥感协同应用方法，提高了复杂地表森林参数反演精度。

2010 ~ 2018 年，开展了湿地资源监测技术研究，突破了湿地资源精准监测技术、湿地资源时空预测技术，湿地资源综合评价技术，研发了基于 3S 技术的湿地资源监测管理系统，实现了湿地资源信息的快速准确提取，智能预测与综合分析与集成管理。

2011 ~ 2016 年，研究了高分辨率遥感林业应用技术与服务平台，突破了 8 项高分林业遥感应用关键技术，建成了 5 大类高分林业遥感应用示范专题数据库，构建了基于高性能计算环境和云架构的高分林业应用服务平台。

七、林业信息技术

1981 ~ 1985 年，主要是运用计算机完成数据的处理和计算，初步开发了一些森林资源数据分析和遥感图像处理软件。

1986 ~ 1990 年，开发完成了一批采伐设计和木材生产调度等计算机应用软件。

1989 ~ 1991 年，对广西国营林场资源经营管理辅助决策信息系统进行研究，采用结构化分析思想和设计技术，融九大模块为一体，用游程编码技术进行数据压缩，减少占用空间 80% ~ 90%，建立数字地形模型，进行多条件三维显示。

1991 ~ 1995 年，开展了信息技术的综合应用研究，研究开发了多项综合应用系统。1996 年，研制开发了基于 Windows 操作系统的国产地理信息系统软件 WINGIS 软件（后改名为 ViewGIS）。

1996 ~ 2000 年，开展了林业资源与环境数据的共享研究与示范，建立了部级资源环境信息服务系统。

2000 ~ 2018 年，系统地开展了森林可视化模拟技术的研究，突破了树木形态结构与生长、林分结构与生长、森林景观动态、森林经营等可视化模拟关键技术，研发了森林可视化模拟系列软件系统，大大提高了森林资源管理与林业信息化管理水平。

2001 ~ 2004 年，开展了林业科学数据共享工程建设，制定了林业科学数据整合加工和共享的标准规范 45 项，提出了林业科学数据体系结构，建成了 40 多个专业数据库，初步形成了林业科学数据库群。

2005 ~ 2008 年，开展了林业科学数据集成与利用技术研究，提出了国家林业科学数据平台体系结构，建成了试验性林业科学数据集成与利用平台。

2006～2010年，开展了信息技术的集成应用——数字林业平台技术研究与应用。完成了23项数字林业标准规范制定并予以完善；提出了国家数字林业平台体系结构，初步形成国家（省、地）级和县级2个平台系统。

2009～2011年，开展了林业科学数据共享模式和数据共享技术研究，建成了国家林业科学数据平台。

2011～2015年，开展了数字化森林资源监测技术研究，突破了制约林业信息化发展的森林资源信息获取时间长、精度低、可视化程度低、预测模拟困难等技术难点，实现了森林资源的精准监测、直观模拟与高效管理。

2012～2017年，开展了林业科学数据管理模式研究和国家科学数据平台管理模式研究，建立了较为完善的林业科学数据库体系，建立了具有国内一流水平的国家林业科学数据共享服务平台。

2014～2018年，基于传感器及图像理解，实现了野外林分生长环境因子和测树因子的实时获取，在图像三维重建、投影矩阵解析、非木质林产品品质参数无损检测等方面取得重要发展。

第七章　森林保护学

第一节　发展历程

1955 年，中林所内设森林保护研究室，开始了森林保护学研究。

1962 年，林研所设立森林昆虫、森林病理、森林防火研究室。在热林站和亚林站内设森保组，紫胶所内设敌害防治组，初步形成了结构和布局较为合理的森林保护学研究团队。

1966 ～ 1976 年，正常科研工作遭损害，但科技人员与基层生产单位合作仍在森林病虫害防治研究中取得一定成绩和进展。

1979 年，中国林学会森林病理分会正式成立，现挂靠中国林科院森环森保所。

1981 年，获得森林保护学硕士学位授予权。

1985 年，中国林学会森林昆虫分会正式成立，现挂靠中国林科院森环森保所。

1994 年 4 月，正式成立森林保护研究所。

1995 年，依托森林保护研究所、北京林业大学等成立林业部重点开放实验室——森林保护学实验室；亚热带林业研究所、热带林业研究所也分别成立了森林保护研究室。

从 1998 年起中国林科院在内部将森林保护研究所与森林生态研究所合并，建立森林生态环境与保护研究所。2005 年得到中编办正式批准。在所内森林保护学科结构仍如旧，涉及的研究领域有所扩展，包括森林昆虫、森林病理、生物防治、森林有害生物检疫、森林防火等。院亚热带林业研究所、热带林业研究所的森保学科结构也有变化，按其特点，有的侧重发展应用微生物等。

2002 年，成立了国家林业局林业有害生物检验鉴定中心。

2006 年，桉树中心成立森林健康研究室，主要进行桉树人工林真菌病害研究。

2011 年，成立国家林业局生物防治工程技术研究中心。

2017 年，成立国家林业局生物多样性保护重点实验室。

2018 年，成立中国林科院境外引进林业生物风险评估中心。

第二节　主要成就

一、森林昆虫学

（一）生物学与分类学方面

1950 ～ 1970 年，研究了黄脊竹蝗、杨树天社蛾、光肩星天牛等 180 多种森林、园林害虫的生物学特性和防治方法，出版了《园林树木害虫防治法》；摸清了马尾松、落叶松、油松、云南松、思茅松毛虫的分布、生活史、越冬场所、发生量与环境的关系，不同发育时期天敌种类及对松毛虫种群数量消长的影响等。

1980～2000年，出版了《中国经济叶蜂志Ⅰ：膜翅目广腰亚目》；《中国蚂蚁》收录中国蚂蚁230种，发表新种8种；《林木害虫天敌昆虫》介绍了132种林木害虫天敌的生物学及利用技术；《中国竹子害虫名录》介绍了48种竹虫的生物学特性和发生规律；《中国小蠹虫寄生蜂》发表5新属112新种；《中国森林昆虫》描述了我国13目141种824种森林昆虫（螨）的形态学、生物学、生态学特性及防治方法；《拉汉英昆虫蜱螨蜘蛛线虫名称》为昆虫学研究和教学提供参考。

2002年，出版了《中国扁叶蜂》，收录我国扁叶蜂科7属45种，发表9个新种。

2015年，出版了《寄生林木食叶害虫的小蜂》，记述了8科41属115种寄生于林木食叶害虫的小蜂，包括42个新种、3个中国新记录属、15个中国新记录种，对以前使用比较混乱的一些种名、属名进行了订正。

（二）重要森林害虫虫情监测及预测预报

1968～1990年，研究了2、3代类型区马尾松毛虫综合管理，给出了如海拔高度、有效积温等划分松毛虫发生类型的量化指标，建立了松毛虫种群动态系统模型及综合管理系统模型及系统软件。

1996～2010年，研究了松毛虫复杂性动态变化规律及性信息素监测技术，明确了2、3代分化和干旱如何影响马尾松毛虫种群动态，建立了应用粘胶型性诱捕器监测我国重要松毛虫的林间应用技术体系。

从20世纪90年代开始，研究利用化学信息素监测森林害虫的发生。鉴定出靖远新松叶蜂性引诱剂的主要成分。近年来，鉴定了松属植物、柏科植物挥发物和红脂大小蠹、松毛虫、美国白蛾、松叶蜂、花绒寄甲、双条杉天牛、纵坑切梢小蠹等昆虫信息素成分，有的已利用于虫情监测。研究了植物挥发物与昆虫信息素间的相互作用等，探索了植物、害虫和天敌昆虫三者之间相互作用的化学机制。

（三）重要森林害虫的生物防治

早期研究了野外释放黑卵蜂、赤眼蜂等寄生蜂防治松毛虫，利用白僵菌、苏云金杆菌防治森林害虫，率先研制出我国第一个苏云金杆菌杀虫剂。

1988～1991年，对松毛虫细胞质多角体病毒杀虫剂进行中试，以林间活寄主为复制对象大量增殖CPV，以整虫捣碎、过滤、沉淀及差速离心提纯病毒，建立了一套CPV复制、提取及加工工艺的最佳参数。

1980～1985年，开展了杨尺蠖核多角体病毒应用研究，开发出既不杀伤天敌、又不污染环境且对人、畜安全防治制剂。

1991～1995年，开展了细菌(Bt)杀虫剂的研制及应用技术研究，研制出精制Bt微胶囊原粉和悬浮剂，具有抗野外紫外光辐射、抗雨淋、分散性、展着性好的特点，保存期比一般剂型可延长1～2倍。

近年来，研究出松褐天牛、光肩星天牛、桑天牛、美国白蛾、舞毒蛾、茶尺蠖、油桐尺蠖和枣尺蠖等多种林业害虫的人工饲料配方及室内传代饲养技术，完成了美国白蛾、舞毒蛾、油桐尺蠖和茶尺蠖等多种害虫的病毒杀虫剂室内规模化生产技术；筛选出美国白蛾周氏啮小蜂、花绒寄甲、大啮蜡甲、肿腿蜂等多种天敌昆虫的替代寄主，并成功研究出这些天敌的室内大量繁育技术，为林业害虫生物防治产品的产业化生产开辟了道路。在松毛虫、茶尺蠖、杨树食叶害虫发生区，成功地推广了昆虫病毒杀虫剂的绿色防控技术；在松材线虫病疫区和光肩星天等重要蛀干害虫发生区，成功推广了以利用天敌昆虫为主的生物防治技术。选育出竹林金针虫高效的绿僵菌菌株，提出了规模化培养及林间应用技术，研发了竹林金针虫绿僵菌菌剂，并推广应用，效果显著。

2006～2016年，研发了重要林木蛀干害虫云斑天牛生物防治技术，通过野外释放天敌花绒寄甲，获得了良好的控制目标，成果达到国际先进水平，在全国范围内不同危害寄主上进行推广应用，减少了农药对环境的污染。

（四）森林害虫的综合管理

1991～1995年，对一字竹笋象综合防治技术进行研究，将寄主划为不同受害程序的三个类群，建立了成虫短期测报模型，提出了成虫防治技术。

2001～2012年，研究了栗山天牛无公害综合防治技术，首次研制成功诱杀栗山天牛成虫专用黑光灯，攻克了天牛白蜡吉丁肿腿蜂与花绒寄甲生物防治技术，有效控制了栗山天牛的种群数量和危害。

2006～2013年，对笋用林钻蛀性害虫监测及综合治理技术进行了研究与示范，揭示了竹林金针虫种群动态的时序规律，筛选出了适用于竹林金针虫监测的食物诱饵配方，建立了高效精准的竹林金针虫林间诱捕监测技术。

总结出版了《松毛虫综合管理》一书，对松毛虫防治提供技术指导。在"2、3代类型区马尾松毛虫综合管理技术研究"中，制定了综合管理策略，控制松毛虫灾害。研究利用灯诱和密源地施药，辅以释放赤眼蜂和新竹竹腔注药，有效防治了竹螟危害。提出以栽种I-69杨为主，辅以清除虫源木，保护利用啄木鸟、花绒寄甲、昆虫病原线虫等措施控制光肩星天牛危害的综合防治方法。

二、森林病理学

1980年之前，对松树和杉木幼苗立枯病等进行调查研究，提出改进育苗技术与施用杀菌剂相结合的防治措施。通过对落叶松早期落叶病的调查，提出营造混交林阻隔病原菌传播，利用杀菌烟剂控制空气中飘散的病原菌孢子等防治措施。摸清了杨树腐烂病的流行规律，提出选择抗病品种是预防杨树腐烂病的关键技术。开展了毛竹枯梢原因及其防治研究，发现并证实该病由子囊菌侵染所引起，同时筛选出苯骈咪唑44号和波尔多液等有效的防治药剂。

1980～2000年，研究了杨树水泡溃疡病、腐烂病、黑斑病、花叶病毒病、炭疽病、毛白杨锈病等病害的病原学、病理学、抗病品种选育及防治方法，出版了《杨树病害及其防治》。研究了泡桐丛枝病的病原、传播途径、发病机制、发病规律并提出了防治技术。发展了DAPI荧光显微技术、组织化学技术和16SrDNA扩增技术等新的检测技术。出版了《松树萎蔫病防治》，确定了我国分布最广的4种根结线虫和3个新种，筛选出根结线虫拮抗菌，摸清了松材线虫病的病原、传播途径、不同松属植物的抗病性等。建立了"林业微生物菌种保藏管理中心"，出版了《中国森林病害》和《中国乔、灌木病害》。

2000年以来，掌握了全国29省份杨树溃疡病和腐烂病的生态地理分布规律，确定了树木溃疡病原真菌类群分子遗传多样性，提出基于根系－根际微生态环境耦合优化控制病害的理论并研制出杨树抗逆保健剂。建立了木麻黄苗圃、大田接种根瘤菌技术体系，降低了木麻黄青枯病引起的苗木死亡率。利用茯苓、松生拟层孔菌等担子菌控制松材线虫的生长和繁殖，利用拟青霉等真菌制剂防治根结线虫，利用栗疫病弱毒株系防治栗疫病。开展了泡桐丛枝病、桑萎缩病、枣疯病、冠瘿病等病害病原的分子鉴定，对植原体与泡桐互作的生化与分子机制进行了系统研究。建立了组织培养与低温长期保藏植原体技术、松材线虫活体保藏技术。出版了《中国森林重大生物灾害》，为了适应国家需求，首次提出了森林重大生物灾害和重大有害生物的概念，较为系统地概括了我国当前森林生物灾害的研究进展和控制实践。2011 年由科学出版社出版了《中国松材线虫病危险性评估及对策》，系统分析了松材线虫病在我国的潜在分布范围和评价了各个省、直辖市、自治区及县级行政区划的病害发生危险等级，为具体地区松材线虫病防治的策略运用和生产规划提供科学依据。

2006 ~ 2018 年，针对危害华南地区桉树等人工林的重要真菌病害，形成一套成熟的病原菌特异性采集、分离、鉴定和致病性评估体系，鉴定出危害我国人工林健康的病原菌 10 科 18 属 146 种，在世界上首次描述并命名、发表病原菌新种 65 个。建立华南地区病原菌数量最大、种类最全的桉树人工林病原菌保藏库，保藏活体菌株 11556 株。搜集华南地区广泛种植的桉树基因型，并通过系统综合的抗病性测试，筛选出抗特定病害的桉树基因型和抗多种病害的桉树基因型。

三、生物入侵预警与管理

开展了林业外来有害生物风险预警研究，利用各种模型，对松材线虫、红脂大小蠹、美国白蛾、栎树猝死病菌、枣实蝇、桉树枝瘿姬小蜂、刺槐叶瘿蚊、刺桐姬小蜂、椰心叶甲、悬铃木方翅网蝽等我国近年来新发现的重要外来有害生物在中国的适生区进行了分析，为预防这些有害生物在中国的扩散提供依据。

首次开展了引种植物的风险评估研究，制定了相关的技术标准和技术规程；首次从景观尺度研究松材线虫和红脂大小蠹等入侵物种的入侵和扩散机制；基于 GIS 平台，建立入侵物种的区域监测和预警模型；建立防治外来有害生物的综合调控技术体系和区域性试验示范区。

1997 ~ 2005 年，开展了美国白蛾生物防治技术研究，筛选出生物防治美国白蛾的重要寄生性天敌——白蛾周氏啮小蜂，攻克了人工大量繁蜂、适时放蜂和持续控制等技术难关，研究出美国白蛾病毒杀虫剂室内大批量生产技术，以及在白蛾幼虫期喷病毒杀虫剂，在蛹期放蜂防治的综合治理美国白蛾的新技术。

2000 ~ 2017 年，完善了美国白蛾核型多角体病毒生产与应用技术，建立了美国白蛾病毒杀虫剂产业化生产工艺流程，揭示了美国白蛾病毒的流行与持续控制机制，研究出适合我国林业特点的多种病毒杀虫剂新剂型及高效使用技术。

四、森林防火

1991 ~ 1995 年，开展了西南林区等火灾监测评价研究，运用人工智能和专家系统知识建立了 NOVV 林火监测系统，用植被指数和模糊评判的方法进行了森林火灾后生态变化和更新评价的研究。

1996 ～ 2007 年，对防火林带阻火机理和营造技术进行研究，提出了防火树种指标确定、判别分析、聚类分析和多目标决策四级判别方法，建立了防火树种数据库。

1996 ～ 2010 年，开展了县级森林火灾扑救应急指挥系统研发与应用，将地面巡护、群众报告的火情，飞机航护监测火情、卫星监测火情的地图定位、地图叠加显示等集合为一体，研制了"县级森林火灾扑救应急指挥系统"。

1996 ～ 2015 年，对县级森林火灾预警技术系统进行了研发与应用，研发了森林火灾危险性分级预警技术，实现了森林火灾蔓延模拟、复杂气象、地形、植被条件下的森林火灾扑救预警。

2001 ～ 2010 年，对森林火灾致灾机理与综合防控技术进行研究，建立了涵盖西南和东北的历史重特大森林火灾发生及扑救数据库，结合植被、地形、气象等因素提出了森林火灾的综合防控技术。

2011 ～ 2018 年，开展了不同林分类型森林可燃物特征及其影响因子研究，对林分的潜在火行为进行了计算，建立了西南林区火险预警指标体系，研制了森林火灾发生预报系统，建立了森林火灾扑救安全评价指标，研究开发了便携式火险因子测报仪。

第八章　森林植物学

第一节　发展历程

1953 年，中国林科院前身中林所时期设标本室。

1955 年，该所设立森林植物研究室，研究树木学、森林植物地理、树木生理并建立树木园。

1956 年，中林所设立形态解剖及生理研究室（1962 年更名为树木生理研究室），研究内容涉及植物解剖、树木营养、抗寒与抗旱性、生长素、根菌及耐阴性等。

1958 年，成立中国林科院，林研所将森林植物室和形态解剖及生理室改为研究组分设在森林经营室和树木改良室内。

1962 年，林研所恢复树木生理研究室，又在海南岛尖峰岭设立热带林组，同年定为中国林科院热带林业试验场（1963 年改为院热带林业试验站），研究内容涉及植物分类、树木生理并建立热带树木园。同年院在云南省景东成立紫胶研究所，该所设立寄主树研究室，涉及植物分类、生理生态。

1964 年，院在浙江省富阳成立亚热带林业试验站，竹类研究是重点。

1978 年，恢复中国林科院建制后，林业所成立了植物研究室，树木生理生化研究室、森林环境保护研究室，院亚林所设立竹类研究室。

1980 年，院林业所建立了树木胚胎学实验室。

1994 年，院将林业所管理的植物室与环保室分出另成立森环所。

1995 年，成立了林业部竹子研究开发中心（委托中国林科院管理）。

1979 ～ 2005 年，中国林学会相继成立了"树木引种驯化""杨树""桉树"专业委员会、灌木分会和竹子分会，秘书处分别设在林业所和亚林所。

2001 年，国家林业局植物新品种测试中心凭祥分中心、分宜分中心、磴口分中心、北京分中心分别依托热林中心、亚林中心、沙林中心和华林中心成立。

2006 年，国家林业局植物新品种分子测定实验室依托林业所成立，国家林业局花卉研究与开发中心依托中国林科院成立。

2015 年，中国林学会成立珍贵树种分会，挂靠在院热林所。

2016 年，中国林学会成立松树分会，挂靠在院亚林所。

第二节　主要成就

1956 年，发表了《中国松属的分类与分布》，记载了 19 个种与变种，是我国松属分类与地理分布的先驱经典文献之一，具有重要的学术价值。

1957 年，出版的《中国树木分类学》第 3 版是我国早期的大学树木学经典教材，同年还出版了《陕甘宁盆地植物志》。

1963 年，完成《西南高山林区森林综合考察报告》专集，其中涉及森林植物学等学科，至今仍具有重要的科学和实用价值。

1973 ~ 1985 年，开展了泡桐属植物的种类分布及综合特性研究，将泡桐属分为 9 种 2 变种，发现三个新种，提出了泡桐是属于热带、亚热带起源树种的新见解。

1978 年，主编《中国植物志》第七卷，记载 4 纲 8 目 11 科 41 属 236 种 47 变种 43 栽培品种，几乎占世界种类的一半，被誉为是我国裸子植物分类史上的里程碑。《中国植物志》第 7 卷（裸子植物）1982 年获国家自然科学二等奖。

1983 ~ 2004 年，主编了《中国树木志》第 1 ~ 4 卷，该志收录树种共 179 科 1103 属近 8000 种（含亚种、变种、变型和栽培变种），这是我国最完整的树木学巨著，具有很高的学术、实用价值。

此外，地区性植物森林学有 1984 年出版的《华北树木志》记载 89 科 245 属 1998 种；1991 年出版《中国海南岛尖峰岭热带森林生态系统》；1995 年出版《胡杨林》，是世界上最早的胡杨研究专著；2000 年出版《长江三峡库区陆生动植物生态》，其中重新发现了崖柏这个被认为是绝灭的树种。国外树木学和树木地理学研究有 1983 年出版的《国外树种引种概论》、1991 年出版的《中国桉树检索表》、2005 年出版的《格局在变化：树木引种驯化与植物地理》。专类森林植物学有 1989 年主持的"泡桐属植物种类分布及综合的特性研究"、1989 年出版《中国山茶》、1994 年出版的《中国竹类植物图志》《棕榈藤的研究》。在古植物学、古树方面的研究有 1989 年出版的《中国第三纪的栎树》。在树木胚胎学的研究上 1996 年出版了《木本植物有性杂交生殖生物学图谱》英文版。树木园研建有"安吉竹种园""海南岛尖峰岭热带树木园研建""大青山石山树木园"。

第九章　森林土壤学

第一节　发展历程

1957年，在林研所内设有森林土壤研究室。

20世纪60年代，改组为森林土壤生态室的森林土壤研究组。

1978年，中国林学会森林土壤专业委员会正式成立，挂靠中国林科院林业所。

1978年，正式成立森林土壤研究室至今。京内外营林研究所、中心也都设置了研究机构或配备土壤专业人员参与研究。

第二节　主要成就

20世纪50年代开始，先后在四川米亚罗林区冷杉林下的山地棕色针叶林土、江西大岗山杉木、马尾松、毛竹人工林的红壤等9种土壤上进行生态定位研究。积累了森林土壤内物质与能量循环与森林生长相互关系的资料，定量动态地揭示了森林植物对土壤的影响，找出了影响林分生长的主导因子和保障因子，探明了有机循环林业可持续发展的机理，为提高森林土壤生产力提供了科学数据。

1953～1986年，研究编撰《中国森林土壤》专著，首次系统深入地揭示了我国14个主要天然林区森林生长与土壤间的相互关系规律性，阐明我国森林土壤基本性质和森林土壤生产力的特点以及森林土壤资源的分布规律，提出了保护和合理利用并改良森林土壤的措施与途径，为发展农林业生产提供了森林土壤方面系统的理论依据。

1983～2014年，进行了土壤标准物质的研制与收集工作，完成了四个土壤标准样品和一个植物标准样品的研制，出版了我国第一本有关森林土壤标准物质的专著，收集了全国不同水平带主要土壤类型成分分析与有效态分析标准物质26个，对我国森林土壤标准物质的制备、森林土壤分析技术、分析人员技术水平的提高发挥了重要作用。

1986～1990年，对用材林基地立地分类、评价及适地适树进行研究。该成果通过对我国东部季风区从寒温带到北热带14个重点用材林基地，9个造林树种进行的森林立地调查，建立了我国森林立地分类系统（包括地位指数与数量化地位指数模型，标准收获量模型及森林立地与立地质量树种换代评价体系表）评价系统、应用技术系统（包括森林立地分区特征综述、森林立地类型划分、质量评价、图的绘制、调查研究方法和数据库等）成果在东北山地林区、华北中原平原农用林区、南方丘陵山区用材林基地及世行贷款造林建设中应用，推广面积500万公顷。

1986～1991年，开展了太行山立地类型分类评价及适地适树的研究。该成果采用定性研究和定量分析的方法，编制出《太行山立地类型表》，绘制了《不同比例尺的系列立地类型图》，提出了立地评价适地适树原则、方法和指标。杉木、杨树人工林地力衰退原因机制及其维护地力措施研究，揭示了连载后地力下降的原因和解决产量下降的办法。

1986 年起，对我国主要造林树种杉木、杨树等进行了土壤微生物、土壤酶活性与土壤养分相关性进行了比较深入的研究，研究了杉木、杨树不同代、不同发育阶段、不同密度的土壤微生物区系、结构、功能多样性的变化规律，揭示了土壤微生物是土壤肥力变化的敏感指标。

1992 ～ 1996 年，对三峡库区坡地植被进行研究。提出以速生、萌芽力强、能固氮的多年生乔灌草实施生物篱复合农林经营技术、是防治亚热带坡地水土流失、土壤退化、合理利用土壤资源的途径。

1998 年，出版《中国主要造林树种土壤条件》，详细论述了我国 22 个主要造林树种的土壤条件、土壤与树种间的相互关系规律性、林业土地评价及提高土壤生产力措施，对造林地选地、适地适树、发展和恢复森林质量等高效可持续林业措施起到了积极作用。

2007 ～ 2018 年，对华北和西南地区 10 个省市典型森林土壤调查、整段标本挖掘与数据采集工作，初步建立森林土壤数字化标本馆。

2009 ～ 2014 年，出版《中国主要造林树种土壤质量演化与调控机理》和《山杏土壤生物化学活性变化与调控机理》，系统地揭示了杉木、桉树、落叶松、杨树、马尾松、湿地松、山杏等树种土壤质量退化机理，找出了导致土壤质量退化的关键因子，并提出防治其土壤质量退化的综合技术途径与适用技术，为人工林可持续经营提供理论指导和技术保障。

2014 ～ 2018 年，对我国森林土壤资源分布状况、土壤质量及利用现状进行比较系统地调查和分析，建立统一的调查评价方法技术体系，集成利用历史资料和最新调查成果，构建一个相对完善的森林土壤相关数据集，定量分析和评价我国各种类型森林土壤资源的现状变化和利用状况。

第十章　园林植物及观赏园艺

第一节　发展历程

20 世纪 50 年代，中林所时期就开始园林植物栽培、引种、驯化及园林规划与绿化等应用研究和技术工作。

1958 年，林研所设立树木园研究组，1978 年院建制恢复后，全院营林研究所相继开展了该学科的研究工作。

1996 年，成立中国林科院花卉研究与开发中心，挂靠在林业所。该中心由林业所、亚林所、资昆所和辽宁省经济林研究所联合组成。

1998 年，城市林业研究室并入该中心，1999 年又分别在亚林所、资昆所建立了华东、西南两个分中心。

2003 年，机构和研究方向进行了调整，设立树木生理生态、花卉、城市林业 3 个研究室，航天育种、湿地研究 2 个中心和北京、富阳、昆明、大连 4 个基地、2 个分中心。在园林植物抗逆育种、逆境生理生态以及野生花卉种质资源的调查等 6 个研究领域开展工作。

2006 年，国家林业局批复依托中国林科院林业所成立国家林业局花卉研究与开发中心。

华东分中心挂靠单位亚林所。20 世纪 80 年代，设立了以山茶花为重点的花卉研究组。同时还对木兰科树种、竹类植物开展研究，进入 21 世纪就园林植物的抗逆育种开展了工作。

西南分中心挂靠单位资昆所。以西南地区的野生观赏植物为主要对象开展研究工作。

中国林科院热林所。20 世纪 90 年代初，确立了与人居环境质量密切相关的园林植物与观赏园艺的研究方向。

2016 年，建立了国家林业局山茶油茶新品种测试站。

第二节　主要成就

一、园林植物种质资源调查、收集、评价与栽培技术研究

先后开展了山茶属植物、木兰科植物、草坪草、地被植物、地锦、盐生植物、竹类、芍药科、兰科等种质资源。

1999 ～ 2010 年，对玉兰属植物资源分类及新品种选育进行研究，发现、命名、发表我国玉兰属植物 8 新种和 3 新变种，选育 4 个观赏良种、1 个药用和香料良种，引进国外 8 个优良品种。

2000 ～ 2016 年，对芍药科牡丹组品种资源收集及新品种培育研究，收集我国芍药属牡丹、芍

药品种 500 余个。

2006 ～ 2018 年，对石斛兰属进行了系统收集整理、培育及利用，建立了我国北方最大的石斛属种质资源圃，引进国外优良种质、并收集我国 90% 的原生种类及优良的品种资源，达到 1000 余份。

2009 ～ 2017 年，对卡特兰属类进行了系统分类、培育与整合利用，建立了我国唯一的、最大的卡特兰属类种质资源圃，引进了优良种质资源近 150 个种及品种 800 余份。

1994 ～ 2015 年，通过对山茶花新品种选育及产业化关键技术的研究，建成了国内外保存山茶属物种多样性最高的专类园，创育了 15 个新品种，提出了茶花花色苷辅助育种理论与技术，创制了周年茶花萌枝嫁接技术。

2004 ～ 2018 年，对西南地区特有野生观赏植物地涌金莲属、滇丁香属及极小种群植物长梗杜鹃等种质资源进行系统调查与收集，率先发现地涌金莲野生种群 9 个，发表地涌金莲红苞变种 1 个，培育地涌金莲新品种 3 个、滇丁香新品种 3 个，研究并集成滇丁香小型盆花规模化生产技术体系。

二、利用生物技术、航天等高新技术，创新园林植物种植资源

通过组织、细胞、原生质体等培养手段，建立了野牛草、结缕草及草地早熟禾等草坪草以及石斛兰、卡特兰、牡丹等一大批观赏植物的植株再生体系；利用航天搭载草坪草、地被类植物、造林绿化树种和草盆花类植物的种子，筛选出 25 个突变体或新品系。建立了热带睡莲花粉管通道转化法，并将耐寒基因 CodA 导入热带睡莲，解决了热带睡莲耐寒性问题，为热带睡莲北移奠定了基础。

开展牡丹、石斛兰、卡特兰的花色形成物质基础及分子机制研究，初步揭示了牡丹、石斛兰、卡特兰不同花色形成的物质基础，明确了在花色形成中起重要调控作用的功能基因和调节基因，推测了 MBW 复合体在转录水平上调控牡丹、卡特兰花青素生物合成及代谢途径。开展了牡丹、卡特兰等花器官形态建成相关基因的挖掘，为进一步阐明牡丹、卡特兰花器官决定及花型发育演化规律的分子调控机制奠定了基础。

基于山茶花色苷辅助育种理论，优化杂交亲本选配方案，培育夏季盛花型、耐寒型等山茶花新品种 20 余个，其中在国际山茶学会登录 7 个；采用转录组、代谢组等现代生物新技术方法，查明了山茶花型、花色、花芽分化（花期）、株型、芳香、叶色等性状的重要调控基因及其调控机制；编制了山茶属、樟属、罗汉属、红豆杉属等观赏树种的新品种特异性、一致性、稳定性测试指南，其中包括山茶属的 UPOV 国际及国家标准测试指南。

开展现代设施栽培技术研究，研发牡丹无土盆花促成栽培技术体系，成功获得牡丹盆花四季开放技术并研制出专用营养液。开发石斛兰、卡特兰等高档兰科植物盆花的促成栽培、花期调控技术及高效快繁技术体系。

第十一章　野生动植物保护与利用

第一节　发展历程

1978 年，中国林科院恢复后，林业所设立了动物组，开始了野生动植物保护与利用研究工作。

1982 年，院成立全国鸟类环志中心。

1995 年，动物室与环志中心合并。

1999 年，成立国家林业局全国野生动植物研究与发展中心。

2013 年，国家林业局虎保护中心成立。

第二节　主要成就

一、新疆珍贵动物调查

1981 年，承担新疆珍贵动物调查项目，先后对新疆卡拉麦里山动物资源状况，河狐的资源状况进行调研，提出划建新疆卡拉麦里有蹄类自然保护区建议，出版了《新疆珍贵动物图谱》。

二、麋鹿再引进

1986 年，承担麋鹿再引入研究项目，在江苏大丰等地开展了麋鹿对环境的适应、利用、栖息地变化趋势及管理研究。使得大丰麋鹿种群从引入时的 39 头增至 1993 年的 154 头，确保了麋鹿再引入获得成功。

三、鸟类环志

1982 年，在中国林科院成立全国鸟类环志中心。1983 年，首次在青海湖自然保护区进行环志试验，截至 2008 年，鸟类环志中心累计环志鸟类 700 余种 227.4 万余只，环志数量连续 7 年位居亚洲之首。1983 ~ 2008 年确认回收记录有 140 种 1124 只。中心承担了"中国东部沿海猛禽迁徙规律研究"等课题，完成了《全国鸟类资源调查技术规程》的编写工作。2001 年，开始利用卫星跟踪黑颈鹤迁徙研究。2006 ~ 2007 年，开始对青海湖繁殖的渔鸥、斑头雁进行跟踪，这是我国有史以来第一次完成的卫星跟踪项目。经过 25 年的努力，我国候鸟类迁徙研究得到一些重要发现和成果，包括新发现的候鸟繁殖地、越冬地和迁徙中途停歇地，分析出一些水鸟、猛禽、雀形目鸟类的迁徙动态和趋势等，现积累环志及回收数据 300 余万份，为鸟类资源保护和疾病监测提供科学依据。

四、华南虎迁地保护与回引

2001 年起，开展华南虎野化放归研究。与拯救中国虎国际基金会和南非中国虎项目中心签署了拯救中国虎项目合作框架协议。2003 年起，先后将 4 只来自上海动物园的华南虎幼虎送往南非进行野化训练，南非老虎谷保护区华南虎野化基地现有华南虎 18 只，其中来自上海动物园个体 3 只，在南非繁育个体 15 只。

五、朱鹮保护

开展国家一级保护动物朱鹮的研究，与当地保护区合作对朱鹮的营巢和夜宿林木、觅食地进行了恢复改造，确保了朱鹮充足的栖息地，使朱鹮种群由 1998 年的约 100 只发展到 2010 年的 1000 余只，通过环境取样，证明朱鹮分布区的部分环境存在较严重的污染，提出环境改善建议。

六、其他野生动物保护

全国野生动植物研究与发展中心开展了猎隼国际合作，野马放归自然及监测蒙古蹬羚、黑叶猴、扬子鳄保护及放归自然等研究项目。

以代表性濒危动物川金丝猴、东北虎、大熊猫、野骆驼、黑熊、藏羚羊等为研究对象，将国际上保护生物学最新技术与生态系统管理相结合，结合珍稀濒危物种自身繁育特点及其受损生境结构与功能特征，提出了典型珍稀濒危目标物种野生种群及其遗传多样性恢复与保育技术体系。

先后开展了饲养东北虎的亲子鉴定和遗传多样性研究，进行了雪豹的种群调查和遗传多样性研究，明确了雪豹亚种的划分和分布区域，弥补了中国雪豹种群遗传结构研究的空白。

野生动物疫源疫病监测预警研究。首次采用国际上先进的卫星跟踪技术和禽流感病毒监测相结合的方法，对我国重要地点禽流感疫源候鸟种群的迁徙路线进行深入研究，建立 H7N9 禽流感传播风险评估体系和预警模型，提出 H7N9 疫情风险分级管理具体应对措施，为我国监测与防控禽流感提供了科学依据。

七、野生植物保护

1989 年，出版《中国珍稀濒危植物》。1992 年，出版的《主要珍稀濒危树种繁殖技术》。1996 年出版《中国自然保护区》等专著。

开展了崖柏资源调查及扩繁技术研究，濒危植物刺五加保护对策研究，海南岛热带珍稀濒危树种，如四合木、杏黄兜兰、肉苁蓉、三尖杉、石斛兰、红豆杉、篦子三尖杉、翠柏、长梗杜鹃、藤枣的资源现状、致濒因素及保育预案、国内外野生植物保护政策、法规及培育利用等项研究工作。

2012 ~ 2018 年，以典型极小种群为研究对象，研究种群衰退与更新限制机理，突破极小种群野生植物核心种质确定与保存、种群扩繁与复壮的关键技术，为保护工程提供系统的科技支撑。

第十二章　林业资源昆虫

第一节　发展历程

1955年，开始紫胶系统研究，开展紫胶虫生活史观测，紫胶害虫生物学特性观测，气象要素观测，紫胶虫寄主植物种类调查等。

1962年，成立紫胶研究所，围绕提高紫胶产量，开展紫胶虫人工培养技术，寄主植物筛选与培育，天敌防治、产区气候区划等研究和技术推广工作。

1970年，紫胶研究所下放云南、广西、广东等地，研究工作遭到很大损害。

1974年，中国农林科学院组织南方9省（自治区）科研、生产单位的科技人员开展紫胶协作研究，在推广紫胶生产技术，扩大紫胶产区方面取得一定成绩。

1978～1987年，林业资源昆虫研究力量得到加强，研究领域从单一的紫胶研究逐渐扩大到五倍子、白蜡虫、食用昆虫、药用昆虫等资源昆虫的研究工作。

1988年，紫胶研究所更名为资源昆虫研究所。

1995年开始，在调整学科、优化结构、建立高水平研究队伍方面进行了较大力度改革，增强了资源昆虫学科优势。

1998年以来，在应用基础研究、应用研究方面有了较大和较均衡地发展。

2003年，成立国家林业局植物新品种分子测定实验室。

2004年10月，中国林科院特种生物资源研究开发中试基地建设项目竣工验收。

2008年以来，在基础研究、应用基础研究、产业化方面有了突破性发展。

2012年，成立国家林业局特色森林资源工程技术研究中心。

第二节　主要成就

一、在紫胶研究方面

从20世纪60年代起开展紫胶虫生物学及生产技术研究，幼虫涌散测报技术研究。

1956～1978年，对紫胶虫采种期综合测报技术作出了研究，证明测报准确，且预报时间长，适应大面积、大批量、远距离采种调种应用。对紫胶寄主树种类进行调查并提出了栽培利用技术；开展紫胶园树种配置技术的研究，为人工紫胶园的建立提供依据。研究了紫胶虫主要害虫紫胶白虫的生物学特性，并提出利用紫胶白虫茧蜂的生物防治技术。

1964～1978年，开展了云南省紫胶虫自然产区形成条件及其类型的研究，表明在云南的紫胶虫自然分布区，非地带性因素对产区气候及紫胶虫适生区起着更大的影响作用。

1963 ~ 1987 年，对我国紫胶生产技术的研发与推广进行研究，研究出以紫胶虫胚胎发育为主的采种期综合技术，筛选出优良寄主 13 种，制订了紫胶虫种胶和紫胶原胶国家标准，使我国紫胶产区由云南省的 35 个县扩大到包括福建、广西、广东等 9 个省（自治区）的 200 多个县。紫胶生产形成一条产业链，产品从依赖进口到可以出口，有力地促进了紫胶生产的发展。

20 世纪 80 年代后期开始，国外紫胶虫引种驯化研究，先后从泰国、孟加拉国、巴基斯坦、印度引进紫胶虫不同虫种，并进行生产适应性和区域化试验获得成功，对提高我国紫胶产品质量作出了贡献。

1990 ~ 1997 年，进行了紫胶虫遗传资源基因库建立及遗传试验的研究，建成了世界上第一个紫胶虫的种质资源库，弄清了紫胶虫主要生产种的染色体数量、核型特征以及这些紫胶虫的亲缘关系。

开展了紫胶虫分子生物学和基因学的研究，利用分子标记和 DNA 片段测序等手段，研究和分析了具有主要经济价值的 7 种紫胶虫的起源和系统发育。开展了久树、苏门答腊金合欢，木豆等紫胶虫寄主植物引种驯化及推广工作，为优质紫胶生产提供寄主植物基础。

在紫胶加工技术研究方面，提出了紫胶色素提取工艺、精制漂白胶生产工艺和产品标准并形成产业规模。

1991 ~ 2010 年，对紫胶资源高效培育与精加工技术体系创新集成进行研究，建立了世界上第一个紫胶虫种质资源库和优质紫胶虫选育平台，建立了紫胶虫种质资源评价指标体系，集成了紫胶优质高效培育技术体系，研制出精制漂白胶和水果保鲜剂。

2010 ~ 2018 年，建立了紫胶无氯漂白制备技术体系，优化了漂白紫胶快速干燥技术，完善设计了紫胶清洁加工全过程，开发了老化漂白紫胶再生技术，研发出增强型水溶性紫胶红色素、脂溶性紫胶色酸及环十六 -9- 烯内酯等新产品和高强度低聚物紫胶树脂水凝胶、多孔紫胶树脂泡沫等新材料。

二、在白蜡虫研究方面

从 1979 年开始，系统地研究了白蜡虫生物学、生态学特性及泌蜡规律，白蜡虫生产模式和丰产技术，白蜡虫天敌种类、动态和危害规律，在白蜡虫泌蜡机理等基础研究上取得重大突破，提出了同地产虫产蜡的新生产模式。开展了白蜡虫及白蜡精加工技术及综合利用研究，高级烷醇提取和纯化技术等方面取得较大进展。阐明了白蜡虫泌蜡生态和分子机理、研发了多种高附加值的白蜡产品。

2010 ~ 2018 年，开发了白蜡精加工和氢化铝锂还原法高效制备高级烷醇关键技术，研发出精白蜡、高级烷醇混合物、白蜡生发剂、白蜡烫伤膏、白蜡基质润肤乳、高级烷醇饮料等系列产品。

三、在五倍子研究方面

自 1981 年起开展五倍子研究。调查了五倍子种类，资源及生产现状，为政府决策提供依据。系统地研究了角倍蚜、肚倍蚜的生物学、生态学特性，阐明了倍蚜虫冬寄主种类、生境与繁殖栽培的关系。提出了野生倍林保护利用、改造利用技术、角倍人工培植技术、肚倍林营建技术等。成果使主产区的五倍子生产实现了规模化人工培植，产量迅速提高。

1983 ~ 1985 年，通过对五倍子国家标准的研究，把全国 14 种五倍子划分为肚倍、角倍和倍花三类，选用个体数、夹杂物、水分和单宁含量作为质检项目并制定切合实际的等级指标，并缩短了试样浸提的分析时间。

1984 ~ 1991 年，通过对改造利用野生倍林提高角倍产量技术的研究，研究出能大量提供性蚜的藓圃养蚜和搜集春迁蚜技术，改进了装蚜容器，以及林内植藓养蚜配套技术，并实现了倍林混作。

1989～1994年，展开了余甘子加工利用技术的研究，研制了余甘果实去核机，攻克了天然果汁产生二次沉淀的技术难关，证明余甘果汁对强致癌物N−亚硝基化合物在动物及人体内的合成具有明显的阻断作用。

在基础方面，研究了13种倍蚜虫的支序分类，分子标记和DNA片段测序，厘清了五倍子蚜虫的亲缘关系和系统发育。

四、在蝴蝶资源开发利用研究方面

资昆所、热林所等都开展了这方面的工作。资昆所在蝴蝶人工养殖方面，实现了25种观赏蝴蝶的规模化人工养殖。在全国各地拥有4个蝴蝶养殖基地，总面积达1000多亩，蝴蝶生产能力达300万只以上，开展蝴蝶标本和工艺品的创意设计、加工与生产制造。对蝴蝶化学生态学和规模繁殖关键技术进行研究，掌握了多种蝴蝶的视觉嗅觉规律和15种蝴蝶规模繁殖技术。1995～1998年，热林所对海南蝴蝶资源调查与开发利用进行研究，在海南岛共发现蝴蝶610种，有31个新亚种、45个中国分布新纪录，发现并命名18个新种。在研究蝴蝶生态学、生物学及抗逆性基础上在海南岛亚龙湾建成第一个天然与人工相结合的大型蝴蝶园，产生了良好的社会生态效益。

五、其他资源昆虫

资昆所开展了胭脂虫引种驯化、生物学生态学研究，提出了与种植仙人掌配套的规模化养殖技术。建立了胭脂虫红色素提取、精制的完整加工关键技术和检测方法，开发了水性及油性胭脂虫红色素产品。1989～2000年，对云南民族食用昆虫资源考察及利用前景评价进行了研究，第一次对食用昆虫资源和利用作了全面调查，记载了177种中国食用昆虫及食虫文化，为食用昆虫的利用指出了发展前景。系统地研究了主要药用昆虫喙尾琵琶甲的生物学生态学特征和人工养殖技术，掌握了规模养殖技术，研究了喙尾琵琶甲活性物质和药理。开展了膏桐、油茶、木豆等主要树种的传粉昆虫的研究。

六、昆虫生物技术

开展昆虫细胞工程研究，开始系统收集、保持和建立昆虫细胞系，在国内率先建立昆虫专业细胞库。开展昆虫活性物质研究，进行了昆虫活性多糖、抗菌肽的诱导、提取、纯化技术和昆虫细胞表达系统等研究，昆虫多糖特性及活性等研究取得较大突破。

七、资源昆虫产品研发

开展了昆虫化工产品、昆虫功能食品，昆虫药的研发。重点研究无氯紫胶漂白紫胶加工技术、紫胶水果保鲜剂配制、白蜡精加工技术、胭脂虫红色素分离提取技术等综合利用研究，昆虫卵功能食品研究。研发出了白蜡生发、生肌等产品，紫胶新产品无氯漂白紫胶、手性紫胶桐酸，并对紫胶红色素和胭脂虫红色素的稳定性及化学修饰进行了深入研究。

第十三章   水土保持与荒漠化防治

第一节   发展历程

1955 年，中国科学院成立"黄河中游水土保持综合考察队"，邀请中林所两位先生分别担任林业组正、副组长，并负责筹建"榆林红石峡试验站"。

1957 年，考察队增设固沙分队，在蒙、陕、宁等地考察，成立了展旦召治沙站，并在沙坡头采用苏联的草方格固沙技术，为"包兰线"铁路固沙提供了示范。

1959 年，中国科学院治沙队成立，中国林科院负责在内蒙古巴盟成立了磴口治沙综合试验站，1965 年院承担了铁道部乌达至吉兰泰（三吉线）的铁路规划设计任务。进入 20 世纪 60 年代，林研所成立固沙组，为该学科的发展奠定了基础。

1979 年，中国林科院在内蒙古磴口成立实验局，为其防治荒漠化的实验、示范、推广基地。

1995 年，《联合国防治荒漠化公约》中国执委会秘书处（林业部）决定依托中国林科院成立中国防治荒漠化研究与发展中心。中心成立以来，举办了各部委数据库与网络设计、履约指标和标准两次研讨会并对网络操作员进行了培训，研制了中国县域网示范——内蒙古尹金霍洛旗荒漠化信息与交换网络系统。

进入 21 世纪，院先后与西部四省（自治区）人民政府签定全面技术合作协议，相继成立了甘肃省中国林科院民勤治沙综合试验站，青海高原生态林业研究中心，中国林科院内蒙古分院、新疆分院。

2009 年，在原林业所防治荒漠化研究室和水土保持研究室的基础上组建了非法人独立机构荒漠化研究所。

2011 年，国家林业局批准建立贵州普定石漠化生态系统国家级定位观测研究站。

2017 年，国家林业局批准建立"一带一路"生态互联互惠协同创新中心。

2018 年，国家林业局批准建立荒漠生态系统与全球变化重点实验室。

第二节   主要成就

一、基本摸清了沙漠、沙地、戈壁及水土流失的家底

1959 ~ 1963 年，通过大规模沙漠、沙地综合考察，基本摸清了我国 7 大沙漠 4 大沙地的面积、类型、分布、成因、自然条件、社会经济条件等，首次编绘了《1：100 万中国沙漠分布图》，先后在内蒙古磴口、陕西榆林、甘肃民勤、青海沙珠玉、内蒙古伊克昭盟（今鄂尔多斯市）新街、展

旦召等地，开展了沙地土壤、植被特性和植物固沙、机械固沙技术等研究。

1980 年院对晋、冀、鲁、豫四省水土流失状况进行了科学考察，1981 年又对湘、赣、鄂、川的低山丘陵和高山峡谷区水土保持状况进行了全面考察，引起了国家高度重视。

2007～2017 年，对库姆塔格沙漠进行综合科学考察，揭示了库姆塔格沙漠及邻区的第四纪地质环境演变过程以及库姆塔格沙漠的形成时代和演化过程，初步查明了库姆塔格沙漠"羽毛状"沙丘形态学特征及形成机制，建立全天候的气象观测场，初步查清了库姆塔格沙漠现代水系分布及水文与水资源特征，揭示了库姆塔格沙漠地区植被与土壤的分布格局及其控制因素，基本摸清了库姆塔格沙漠野生动植物种群、数量、分布区域，系统研究了极端干旱、高温和高盐环境条件下荒漠植物的形态特征，出版了《库姆塔格沙漠研究》《库姆塔格沙漠综合自然地理图集》。

2011～2017 年，完成了对我国戈壁生态系统的综合科学考察，从地质地貌、气候、水文、土壤、动植物 6 个方面摸清了戈壁本底，探明了戈壁物源与戈壁土壤形成 2 个过程，揭示了植物物种多样性维持机理，建立了戈壁分类基准，量化了各类型戈壁特征指标，完成了中国戈壁分区区划，编制完成了我国首幅中国戈壁分布图，厘清了我国及其分省戈壁面积，建立了中国戈壁生态系统数据库群，搭建了戈壁生态系统信息共享平台。发布第一幅中国戈壁分布图。

二、基本建成了野外观测网与试验示范基地

按照我国荒漠化气候分区和主要沙化土地分布，充分考虑《全国防沙治沙规划》《岩溶地区石漠化治理规划大纲》等以及生态工程效益评估的需求，院牵头完成了"全国荒漠生态系统野外观测台站网络"框架设计和总体规划，分别在 6 大区域 23 个亚区（类）设立观测场（群），每个观测场（群）则由数量不等的生态站（点）构成，共规划设立 47 个生态站（目前已建成 24 个），涵盖了我国 8 大沙漠，4 大沙地并兼顾中南、西南一些非典型性沙地、岩溶石漠化、干热河谷等区域，能够满足荒漠生态系统定位观测和国家防治荒漠化重点工程需求。主持编制了荒漠生态系统野外观测规范，组建成立了全国防沙治沙标准化技术委员会。经过"六五"以来近 40 年的科技攻关，在"三北"地区的 8 省（自治区、直辖市）建立了 18 个研究试验示范基地、50 多个示范小区，累计治理和示范面积超过 6.7 万公顷。上述工作为我国北方沙区生态建设、"三北"防护林体系建设及石漠化治理提供了重要的科技支撑。

三、取得了一批研究成果

1984～1990 年，开展了大范围绿化工程对荒漠环境质量作用的研究，建成了当时国内外最大的荒漠综合开发实验示范区，突破了荒漠区生物产业开发建设系统规划与科学管理技术，揭示了人工绿洲与荒漠环境间的相互作用规律。

1986～1990 年，进行了盐渍化砂地适生树种选择及抗逆性造林试验，选出适宜中度、重盐土上造林的优良柽柳各 3 种、固定流沙优良沙拐枣 3 种，首次提出樟子松的遁生指标、范围和在盐渍化土上引种栽培技术。

1986～1990 年，开展了毛乌素沙地立地分类评价与适地适树研究，首次应用生态信息图系统

将沙区各气象要素转化为有规律性的彩色图，提出立地分类系统三原则五级分类标准。

1986～1990年，研究了太行山人工水土保持林系列化造林技术，首次利用天然灌草植被，人工适当增加针阔叶树种，形成疏林灌草复层结构的水保林，提出了一系列人工水土保持林营造技术。

1996～2005年，进行了沙漠化发生规律及其综合防治模式研究，首次完成了中国荒漠化生物－气候分区，编绘了第一幅"中国荒漠化气候分区图"，筛选出11种耐寒、耐盐、抗旱的优良抗逆性乔灌木种质材料。

1996～2015年，高寒沙区沙障材料、种质资源和造林技术取得多项技术突破。引种青杨、柠条、小叶锦鸡儿、沙地柏等种质资源，首次突破3000米海拔极限。发明水泥板覆盖流动沙丘诱导赖草沙障形成，起到固沙、保水和保温的效果。构建起青藏高原高寒区沙化土地、退化草地的植被恢复技术体系与示范基地。

2000～2017年，开展干热河谷树种选择、育苗、造林、抚育等多项技术试验和研究，引种植物36种，并筛选出印棟、印度黄檀、木豆、塔拉、小桐子、塞内加尔金合欢、甜酸角、史密思桉等多用途和高价值树种，造林成活率和保存率达90%以上。

2003～2008年，在滇东富源、黔中普定和桂西凌云开展了石漠化区不同气候带植被演潜规律与人工植被恢复相关造林技术试验与示范，筛选出一批优良造林树种，提出育苗、造林、树种配置模式等配套技术。

2003～2012年，开展了中国荒漠植物资源调查与图鉴编撰工作，调查了我国主要沙漠及其周边地区的植物种质资源，编撰出版了《中国荒漠植物图鉴》，建立了中国荒漠植物调查监测与资源信息共享平台。

2004～2015年，研究了低覆盖度防风治沙的原理与模式，首次发现覆盖度在15%～25%能够固定流沙机理并总结形成了低覆盖度治沙原理，研发了一系列治沙的新技术和新模式。2004～2015年，研究了低覆盖度防风治沙的原理与模式，首次发现覆盖度在15%～25%能够固定流沙机理和低覆盖度固沙林格局演变的水文机理；总结形成了低覆盖度治沙原理，研发了一系列治沙的新技术和新模式，基本上解决了防沙治沙中中幼龄林衰败死亡的问题，支撑修订了《国家造林技术规程》(GB\T-15776-2016)，把旱区部分的造林密度降低了40%～60%，造林成本降低了30%～60%。

2010～2017年，研究了干热河谷植被退化、土壤荒漠化和生态恶化的主要影响因子与过程，提出"树种选择、容器育苗、提前预整地、适当密植和雨季初期造林"的干热河谷综合配套造林技术。

2016～2018年，开发了利用无人机和人工智能技术快速获取荒漠地区稀疏植被类型、盖度和植物结构的新技术，在我国半干旱区、干旱区和极端干旱区依托典型台站开展了应用，为荒漠生态系统野外观测和质量监测提供技术支撑。

第十四章　防护林研究

第一节　发展历程

1953 年，中林所时期，组织有关人员赴河南省豫东平原开展农田防护林调查研究。

1959 年，在睢杞林场建立以农田防护林为主体的速生丰产林试验示范基地，后逐渐发展到内蒙古、山西、东北西部等地区。

1964 年，与中国科学院联合在吉林省白城首次召开了全国农田防护林学术交流大会。

1976 年，中国农林科学院时期，主持召开了全国平原绿化科技协作会议。

1978 ~ 1982 年，林业部以华北，中原为重点，连续召开了 5 次全国平原绿化会议并委托院开展技术培训工作。

1979 年，为进一步加强研究防护林，林业所在原造林室的基础上，组建了防护林林研究室。

1980 年，林业所在江苏苏州召开"全国平原绿化学术讨论会"，全面介绍了在华北和长三角地区的农田防护林研究成果。

1986 年，中国林科院热林所成立了红树林研究小组。

1988 年林业所在原防护林研究室防护林组和原用材林研究室泡桐组的基础上，组建农用林研究室。

1998 年，提出开展"森林生态网络体系"的研究工作，组织全国协作。

1999 ~ 2001 年，分别在合肥、扬州、南宁召开会议，交流进展。

2008 年，原农用林研究室更名为复合农林业研究室。

2009 年，中国林科院亚林所成立了林业生态工程研究室沿海生态研究组。

2012 年，中国林科院建立了林业生态工程国际合作创新团队。

2013 年，国家林业局华东沿海防护林生态系统国家定位观测研究站正式挂牌成立。

2014 年，中国林科院沿海防护林研究中心挂牌成立。

第二节　主要成就

一、农田防护林及农林复合系统

1973 ~ 1978 年，开展了农桐间作效益的研究和泡桐群体结构多种模式等研究，为大面积推广农桐间作提供理论依据。

1976 ~ 1990 年，对农桐间作综合效能及优化模式进行研究，提出了一整套适合我国情况的农桐间作经济效益多目标综合评估法，对探明农作物产量的形成和时空变化机制提供依据。

1986～1990年，开展了对黄淮海平原中低产地区综合防护林体系配套技术及生态经济效益的研究，揭示了以农田防护林为主体的农林复合系统结构与功能等科学理论问题，建立了"空间上有层次、时间上有序"的生态经济型综合防护林体系试验示范样板，提出以耕代抚、科学施肥、节水灌溉、修枝抚育等定量节约经营技术，集成示范了黄淮海平原农区农田防护林体系综合配套技术。

1991～1995年，对平原农区农林复合生态系统结构与功能进行研究，解决了不同类型区农林复合模式种群间的配置技术、物种间的营养关系及模式的更替技术与潜在生态位的开发等。

1996～2000年，开展了黄淮海平原农区生态经济型防护林结构优化与开发利用技术研究，提出了以银杏为主体的生态经济型防护林结构配置模式、传统型农田防护林带进行更新和改造技术与太行山低山丘陵区复合农林业配套技术。

2001～2010年，研究提出了以抗旱耐旱植物材料评价与选引、高效集水与整地造林配套技术、种子基质块造林技术、旱地果园水分诊断与管理技术为关键技术的华北干旱石质旱地造林技术体系。

2006～2014年，研究揭示了华北平原及低丘山区农林复合系统种间水分关系，为农田防护林系统及果农复合系统可持续经营与管理提供理论依据，并丰富了复合农林业水分生态等理论内容。

二、沿海防护林

1987～1990年，开展了海南岛清澜港红树林发展动态研究，首次揭示了红树林树种及群落分布动态和土壤理化性状变化动态规律；阐明了主要树种分布格局与生境中微地型变化的关系和各树种生长的潮间带的适宜浸水深度，为滩涂不同立地造林选择适宜树种，确定树种配置方式提供了理论依据。

1991～1995年，进行红树林主要树种造林和经营技术研究，研发了海桑和无瓣海桑种子浇淋淡水发芽技术，攻克了红树类短命种子和胚轴贮藏技术，创建了隐胎生胚轴催芽点播技术，提出了乔灌两层混交林营造技术。

2001～2014年，对红树林快速恢复与重建技术进行研究，开展了互花米草生态控制、红树林菌肥接种壮苗、半红树植物育苗造林、困难滩涂恢复与重建模式、消浪效应及其功能评价等试验研究与造林恢复实践，系统地提出了红树林恢复与重建关键技术及其评价指标体系，为华南沿海滩涂消浪防护林体系建设提供了重要理论依据和技术支持。

2006～2017年，系统开展了沿海防护林研究，探明了台风灾害的主要影响因子，划分了我国东南沿海和浙江沿海台风灾害风险等级，创新了沿海防护林防护林体系空间格局优化技术；突破了亚热带泥质海涂非红树林分布区消浪林建设技术难题，揭示了主要树种抗风、耐海水水淹机理，筛选了不同区域防护林适宜的树种组合及配置技术，研创了基于生物与工程措施相结合的亚热带泥质海岸防护林体系构建技术；量化了防护林带三维结构特征，发明了最佳的群落结构参数—冠层指数，构建了群落结构与防护功能的量化关系，创制了基于防护功能快速提升的防护林群落结构优化技术。

三、森林生态网络体系

首次提出森林生态网络体系建设理论，并成为中国可持续发展林业战略的部分内容；提出了实施林业生态工程中，要将城镇、河流、公路、铁路与林区做为一个整体进行科学布局。

1991～2002年，开展安徽省森林生态网络体系建设研究，确定了安徽林业发展的五大区域布局，提出了"一带、二山、三网、多点、弱区"的建设战略重点，明确了安徽林业发展和生态建设的基本定位。

1998～2002年，对中国森林生态网络体系建设进行研究，提出了中国森林生态网络体系建设理论与布局方案，构建了森林生态网络体系建设综合效益评价指标体系。

四、其他防护林研究

1984～1990年，对防风固沙林体系优化模式的选定与实验示范区的建设进行了研究，提出防沙林带的阻沙效能与结构、高度、宽度、疏透度等6个参数间关系的3个预测方程和不同盖度林内起沙风速预测数学模型，提出了8种相应的高效防风固沙林优化模式。

2006～2015年，开展高寒沙地防护林生态服务功能研究，通过建立防护林生态服务功能评价指标体系，对不同类型防护林防风固沙、改善小气候、固碳、改良土壤等主导生态服务功能进行综合研究与评价，提出高寒沙区防护林优化配置技术及优化的防护林类型。

此外，提出以生物为主、工程措施相互结合的技术体系，建立融抑螺防病、经济、生态三效一体的人工林生态系统——抑螺防病林。

第十五章 木材科学与技术

第一节 发展历程

20 世纪 30 年代，北平静生生物调查所木材实验室开展木材解剖实验工作。

1939 年，中央工业试验所木材实验室进行木材物理力学实验工作。

1953 年，成立中林所，内设木材工业系和林产化学工业系，下有木材物理力学组，防腐组，胶合板组和鞣料组。

1956 年，木材工业研究室增设了木材构造组和干燥组。

1957 年，成立森林工业科学研究所，下设木材性质研究室、木材机械加工研究室。

1960 年，森工所扩展为木材工业研究所，下设有木材性质研究室，木材机械加工研究室，人造板研究室，木材改性研究室等。

1966 ~ 1978 年，木工所下放江西，组成科研小分队，到上海和北京有关木材加工厂，进行一些技术服务性和技改工作，并开展了扩大树种利用调研。

1980 年，中国林学会木材工业分会正式成立，挂靠中国林科院木工所。

1988 年，国家人造板与木竹制品质量监督检验中心依托木工所成立。

1978 ~ 2008 年，木工所恢复建制后，下设木材性质研究室、干燥研究室、防腐研究室、纤维板研究室、刨花板研究室、胶合板研究室、胶合剂和表面加工研究室、设备设计研究室、自动化设计研究室，科研工作重现欣欣向荣，科技创新水平不断提高。

1995 年，木材工业国家工程研究中心获国家发改委批复成立。

2004 年，竹子中心开始组建竹材科学与技术研究团队。

2006 年，中国林学会生物质材料科学分会正式成立，挂靠中国林科院木工所。

2006 年，成立国家林业局生物质材料工程技术研究中心。

2010 年，国家林业局林产品质量检验检测中心依托木工所成立。

2010 年，竹子中心设立竹子加工利用研究室，2014 年更名为竹木高效利用研究室。

2014 年，成立国家林业局竹家居工程技术研究中心。

2008 ~ 2017 年，整合中国林科院 5 家机构的研发力量，形成了"院木材科学与技术学科群"，下设木材科学、木基复合材料、木质重组材料、木质材料加工、制浆造纸、先进制造技术、木质纳米材料、木（竹）结构、化学资源化利用、木质林产品质量与标准化 10 个研究方向。2010 年，国家木竹产业技术创新战略联盟获科技部批复成立。

2010 年，联合木竹产业 25 家龙头企业和 7 家具有技术优势的科研机构和高等院校，牵头成立的国家木竹产业技术创新战略联盟获科技部批准。

第二节　主要成就

一、木材构造与性质

1963～1976年，开展我国热带及亚热带木材识别、材性和利用研究，采用"木材志"的方式编制成书，涵盖我国热带及亚热带用材树种470种，隶281属，90科，为我国重要用材树种木材加工利用提供了科学依据。

1980～1990年，开展我国裸子植物的木材超微构造研究，对我国裸子植物所有属的代表种（100种，隶属4纲8目11科42属）木材超微构造进行了全面研究，为木材的识别及植物系统发育、分类提供了科学依据。

1980～1990年，开展我国木材渗透性及其可控原理和途径研究，首创木材显微渗透技术和木材高压液体渗透技术，实现木材微区和解剖分子渗透，将木材渗透性测定从宏观水平提高到微观水平，对我国木材加工处理技术发展有重要理论指导作用。

1985～1987年，开展我国主要树种木材物理力学性质研究，对342个树种的物理、力学性能进行了全面测试，为木结构设计提供了基本数据，也为优良造林树种选择和木材加工利用提供了科学依据。开展我国主要人工林树种木材性质研究，对幼龄材与成熟材在解剖性质、超微构造、化学组成、物理性质、力学性质等方面的特点和规律进行了全面研究，为我国主要人工林树种加工利用提供了科学依据。

1996～2002年，开展人工林木材性质及其生物形成与功能性改良研究，将人工林木材性质及其生物形成机理与木材功能性改良有机结合，揭示了人工林木材性质的特点和规律，为人工林培育与木材性质研究与加工利用提供了科学依据。

2007～2018年，重点开拓DNA条形码识别树种、木竹材性光谱速测及品质鉴别、活立木结构材层析成像等技术与设备研究，对合理利用木材、规范我国木材市场发挥了重要作用。

二、木材干燥

1958～1994年，开展我国重要木材干燥基准研究，研制63种我国重要木材的干燥基准，编制我国木材窑干基准系列，采用多段结构，干燥时间比旧基准缩短20%以上，经济效益显著。

1984～1987年，开展微电子技术在木材干燥中的应用研究，采用特制应变式称重传感器进行动态连续检测，并在国内率先应用含水率连续干燥基准，实现干燥过程最佳控制，比常规干燥周期缩短16%，减少能耗18%。

1991～1995年，开展短周期工业材木材干燥技术应用研究，系统地研究了短周期工业材木材干燥特性和干燥基准，在保证干燥质量、减少木材降等、节约能耗和缩短干燥周期方面提供了技术支撑。

其他成果：木材高频干燥技术、木材真空干燥技术、木材柔性真空管道干燥技术、非常用木材锯解与干燥技术等。

三、木材功能性改良

1974～1977年，开展"塑合木"研究，突破"塑合木"辐照引发聚合和热化学引发聚合制造技术，由桦木、桤木及人工林速生杨木制备"塑合木"，应用于纺织器材、乐器、模具、军工产品等，并拓展了人工林速生杨木在建材方面的利用。

1975～1978年，开展木麻黄木材、防虫防腐与利用研究，突破以硼酚合剂热冷槽处理为主的防虫防腐技术，提高了木麻黄木材、橡胶木材的使用寿命和利用价值，产品广泛应用于建材领域。

1987～1989年，开展建筑用材防腐技术在古建筑上的应用研究，首次发现布达拉宫、塔尔寺、天安门古建筑木结构发生的虫害和腐朽、害虫种类及其生活史，针对不同部位木结构特点和虫害、腐朽规律，实施修缮工程，实现了长效防治。

2003～2018年，开展人工林杨树木材改性技术研究与示范，以及无毒抗流失硼基木材防腐剂制造技术研究，创新木材增强－阻燃一体化、单板压缩贴面、实木层状压缩等技术，显著提高了人工林杨木产品附加值，有效提升了室外防腐木材的环保性能。

2004～2018年，开展了竹材深层改色技术研究，突破了竹材渗透性差、染色难度大等技术难题，研发得到纹理多变、色泽美观的竹层积材、染色竹丝板、染色薄竹、仿黑檀层积材、异色重组竹等环保型竹木装饰材料，同时在染色废水处理、产品耐热耐老化、产品多样性开发等方便取得了一系列的突破。

2010～2018年，开展了竹木材耐光老化技术研究，成功制备出紫外光屏蔽性好（≥99%）、可见光透过率高（≥90%）的有机紫外屏蔽材料，延长了户外竹木材使用寿命。

2014～2017年，采用先进的面状发热材料作为发热单元，与竹材、木材、纤维板等复合制造得到竹木电热复合材料，丰富了我国南方冬季采暖方式。

四、人造板与胶粘剂

1955～1958年，开展航空用高级耐候性胶合板研究，突破酚醛树脂和胶膜生产技术，开发航空胶合板用锯制单板和胶合新工艺，创制系列高级耐候性胶合板，最小厚度达到1.0毫米。

1964～1977年，开展林区小径木、枝桠材制造包装纸研究，将林区直径为8～14厘米的小规格材就地分类切片，分别以高得率制浆法制造牛皮箱板、以半化学浆法制造瓦楞纸，并建成日产70吨纸板加工厂。

1974～1977年，创制纸质装饰塑料贴面板用三聚氰胺树脂改性剂，增加树脂流动性、塑性和稳定性，升级塑料贴面板制备设备，实现连续化生产，产品性能达到国际同类产品水平。

1974～1986年，突破湿法软质纤维板废水封闭循环回用技术，在降低浆料中木材溶出物量的同时，改善纤维形态与提高纤维得率，实现了废水封闭循环，解决了废水气味问题。

1982～1984年，开展木材胶粘剂用脲醛树脂标准研究，提出了反映树脂内在质量的技术指标，适用于尿素与甲醛为主要原料缩聚而成的各种木材胶粘剂用脲醛树脂，填补了国内空白。

1982～1987年，突破刨花板贴面用低压短周期浸渍树脂及其贴面技术，改善树脂增塑性和流动性，以脲醛树脂代替三聚氰胺树脂，具有加工工艺简单、用料少、耗能低、产品性能好等优点。

1983～1986 年，创制单板封边用湿粘性胶纸带，采用淀粉水解产物糊精和丙烯酸共聚作胶粘剂，提高整幅单板产量和面板率，减少修补量，实现对进口同类产品的替代。

1998～2009 年，开展了系列秸秆人造板的研制工作，开发出了麦秸中密度纤维板、烟秆包装轮盘、葵花秸秆人造板、棉秆人造板、无甲醛竹材集成材、高频法竹木复合轻质结构用板材、竹木复合集装箱底板和竹木复合结构装饰木质板等制造技术。

2008～2017 年，开展抑烟型阻燃中（高）密度纤维板生产技术研究，创制了高效环保阻燃剂与抑烟剂，开发了阻燃中密度、高密度纤维板以及阻燃地板等产品，具有物理力学性能好、阻燃、产烟量低等优点，取得良好的社会和经济效益。

五、木基复合材料

木塑复合材料：自 1993 年以来，开展了以木纤维、木单板、木刨花等不同形态木质原料与热塑性树脂复合制备新型复合材料的研究，集成创新了基于无纺织气流铺装与模压技术的木纤维／合成纤维复合工程材料制造技术，创制了木塑复合刨花板、无甲醛胶合板、无甲醛地板、植物纤维模压制品、热固型和热塑型木纤维／麻纤维／合成纤维三元复合工程材料及制品等一批国家重点新产品。

木基功能材料："十五"以来开展了以热、光、声、电、磁等功能特性的木质功能材料制备技术研究，研发出阻燃人造板、电磁屏蔽胶合板、电热木质复合材料和木质阻尼隔声材料、木基复合吸声材料等新型木质功能材料，获得了导电功能木质复合板材、电磁屏蔽功能胶合板、浸渍胶膜纸饰面胶合板和细木工板（生态板）、陶瓷化单板层积胶合板、抗静电木质复合板、电热实木复合地板、木质隔声门、木基复合吸声板等核心专利技术。

2004～2011 年，开展高性能竹基纤维复合材料制造关键技术研究，突破了竹材单板化制造等关键技术，创制四大系列高性能竹基纤维复合材料，对我国竹产业转型升级起到了显著推进作用。

2008～2015 年，开展以速生林木材资源为原材料的新型重组木制造技术研究，创制了结构用、装饰装潢用、户外用等三大类高性能重组木，为人工林速生材的高值化利用开辟了新途径。

2006～2018 年，开展微波膨化木制备及其应用技术研究，实现了实体木材可控膨化和木质材料内部功能化网络的构建，为人工林木材替代珍贵树种实体木材开辟了新途径。

2013～2018 年，开展木质纳米纤维素制备、表征及应用研究，突破了纳米纤维素绿色定向制备关键技术，创制了木质纳米纤维素阻燃与隔热气凝胶、超疏水、储能、吸附及发光等多种纳米功能材料。

六、木竹结构材

1979～1984 年，开展速生杨木、柳、榆等农村木结构防腐、防虫、防火研究，为农村民居建设提供指导。

1981～1992 年，首次在国内开展石膏刨花板、水泥刨花板、粉煤灰刨花板和结构刨花板制造技术及其轻型木结构应用技术研究，为现代木结构在我国广泛应用做出了开拓性贡献。

2002 ～ 2010 年，首次开展了我国人工林规格材强度性能研究，创制人工林杉木等级规格材等 3 大类 8 种新材料，建成国内最大的木结构实验室，构建了我国结构用木材标准体系，促进了我国木结构建筑行业的发展。

2002 ～ 2018 年，开展国产木竹材在轻型和梁柱式木结构中应用关键技术研究，发明了承重建筑构件用竹材人造板层积材、建筑墙板用竹木复合板和圆竹预制房屋关键构件等制造技术，创制木框架与覆面材料、木结构复合墙体，为我国木材工业向结构应用型产品转型提供了技术支撑。

七、木材工业装备与自动化

1985 ～ 1987 年，创制快速装卸贴面压机机组，实现低压短周期贴面与快速闭合升压，机组规模适宜，成本较低，满足国内刨花板厂贴面要求，实现对进口设备的替代。

2001 ～ 2006 年，开展人造板及其制品环境指标检测技术体系研究，监测与控制人造板及其制品产业链全过程的环境指标，推动我国人造板及其制品行业的产业调整和技术升级，保护生态环境安全。

其他成果：胶粘剂制造过程自动化、带图象的微机辅助国产木材识别系统、大幅面人造板连续压机控制系统、微机化板坯密度检控仪、自适应模糊控制实验压机技术、人造板热压机工艺过程监测技术等。

第十六章　林产化学加工工程

第一节　发展历程

1960年，成立中国林科院林产化学工业研究所，下设木材水解研究室、木材热解研究室、植物鞣料研究室、植物硬质胶研究室、设备设计研究室、松脂松香研究组。

1962年，将植物鞣料研究室与植物硬质胶研究室合并，成立植物提炼物研究室。

1979年，设立松香研究室、栲胶研究室、造纸研究室、木材水解研究室、林化分析研究室、木材热解研究室、林化资源研究室、胶粘剂研究室、设备研究室、情报研究室，共10个研究室；获林产化学加工工程硕士学位授权点。

1983年，设立松香研究室、栲胶研究室、资源研究室、紫胶加工利用研究室、木材水解研究室、木材热解研究室、设备设计研究室、木材胶黏剂研究室，共8个研究室。

1985年，资源研究室改名为林化资源开发研究室；设立林化产品质量监督检验站。

1987年，获林产化学加工工程博士学位授权点。

1987年，恢复制浆造纸和环保研究室。

1988年，设立精细化工研究室。

1990年，中国林科院批复成立林产化学工业设计所。

1992年，批复建设林业部林产化学工业中间试验基地。

1993年，撤销精细化工研究室；国家科委批复成立国家林产化学工程技术研究中心。

1995年，栲胶研究室更名为天然单宁研究室，林化资源开发研究室更名为树木生物活性物质利用研究室，木材热解研究室更名为碳质吸附材料研究室；获批成立林业部林产化学工程重点实验室；设立林产化学加工工程博士后流动站。

1997年，设立松脂化学利用研究室、植物资源利用研究室、制浆造纸及环保研究室、设备设计研究室、活性炭开发研究室、胶黏剂开发研究室。

1998年，成立中国林科院制浆造纸研究开发中心。

2002年，获应用化学、森林环境与能源硕士学位授权点

2006年，获批成立国家林业局生物质能源工程研究中心；获制浆造纸工程二级学科硕士学位授权点。

2008年，国家发改委批复成立生物质化学利用国家工程实验室。

2008年，获批成立国家林业局生物质能源研究所；设立国家油茶科学中心加工利用实验室。

2009年，江苏省科技厅批准建设江苏省生物质能源与材料重点实验室。

2010年，设立松脂化学利用研究室、植物提取物研究室、制浆造纸研究室、活性炭材料研究室、

生物基高分子材料研究室、油脂化学利用研究室、过程与装备研究室、生物质能源研究室。

2011年，国家林业局林化产品质量监督站更名为国家林业局林化产品质量检验检测中心（南京）。

2015年，国家标准委批复成立全国林化产品标准化技术委员会。

2016年，批复成立国家林业局活性炭工程技术研究中心。

2017年，设立松脂化学研究室、油脂化学研究室、植物提取物化学研究室、制浆造纸与环保科学研究室、活性炭材料研究室、生物质材料化学研究室、过程与装备研究室、生物质能源化学研究室。

2018年，科技部批准认定林业生物质高效转化利用示范型国际合作基地；获轻工技术与工程一级学科硕士学位授权点。

第二节 主要成就

一、萜类及松脂应用化学

1968～1970年，进行了聚合松香的研制，采用以硫酸为催化剂、汽油为溶剂，在30℃下反应4～5小时的工艺路线，操作简单，可在常温常压下进行，设备无特殊要求，原料立足于国内，投资也少，适于中小型松香厂生产。

1974～1976年，开展了歧化松香悬浮床工艺的研究，选择悬浮床生产歧化松香工艺试验，反应速度快，产品质量高，性质稳定，解决了固定床工艺产品质量不稳定，催化剂不能回收的问题。

1974～1977年，进行了亚硫酸造纸废液酒槽浓缩液化学采脂的研究，发现亚硫酸造纸废液采脂对低产脂力树的增产效果显著，特别在采脂淡季能获得较大幅度增产，因而可适当提早和延迟采脂季节，增加松脂年产量。

1975～1976年，开展了松香制光学树脂胶研究，经过反复试验，创新采用聚合工艺解决了结晶问题，通过原料精制、异构及聚合、降温及洗涤、浓缩及蒸馏等工艺过程制成性能优良的光学树脂胶。

1975～1978年，对防止松香结晶的理论和工艺进行研究，掌握了不同比旋值松香晶体成长、消熔与温度的关系；应用异构规律，调整工艺，改进设备，掌握异构进程，采取相应措施，基本上达到了防止松香结晶的目的。

1976～1980年，研究了氢化松香及其连续化生产工艺，创新采用间歇氢化工艺，将熔融松香直接氢化，得到基本符合国外同类产品质量指标的氢化松香，实现了氢化松香连续化生产。

1977～1979年，开展了松香胺及其衍生物的研制与应用，实现了相关产品的国产化，研发的松香胺产品可作为光学活性拆分剂用于相关化合物的分离。

1988～1992年，进行了以松香衍生物为单体制造高分子材料——松香聚酯多元醇的研究，从理论上设计出了可用于硬质聚氨酯泡沫材料的松香聚酯多元醇的分子结构，通过控制反应条件和物料配比成功地合成出了这一新材料，并在工业规模生产和应用上获得成功。

1992～1996年，开展了色松香、松节油增粘树脂系列产品开发研究，采用加压脂化工艺，设计新型脂化压力釜，得到浅色松香树脂；采用辅催化剂，水洗助剂，控制反应温度等特殊工艺条件，并得到浅色松节油树脂。

1996～2006年，进行了松香松节油结构稳定化及深加工利用技术研究与开发，发明了黄色松香的无色化、稳定化方法，独创无溶剂、无水条件下固体碱制备环氧树脂新技术，发明了松节油系列高级香料的一体化及乙炔化合成新技术。

2006～2018年，进行了松香合成精细化学品及改性高分子材料的研究与开发，开发了松香基表面活性剂、松香电子化学品、松香树脂乳液、水性松香树脂及松香改性聚氨酯等一系列松香深加工产品。开展了海松酸型树脂酸系列成分的分离纯化、异构反应与UV光固化反应及其机理、UV光固化产物鉴定及其制备等研究，为海松酸型树脂酸的精细化利用提供了一定基础。

二、制浆造纸及环境保护

1985～1987年，研发了制浆废水综合回收处理技术，将流失浆回收与废水悬浮物降低，自动产酸与强碱性废液中和等回收技术与治理措施相结合，研究发展了简易、廉价、适应性强的综合回收处理技术。

1991～2015年，进行了低等级木材高得率制浆清洁生产关键技术研发，研制了多级差速揉搓挤压浸渍机、新型软化漂白双功效反应仓等核心制浆装备，集成了适应低质纤维原料的成套高得率制浆清洁生产技术。

1996～2017年，进行了低质纤维原料化学机械浆节能清洁生产技术及核心装备研发，创制了低质纤维原料均质浸渍技术及逆向挤压浸渍设备，开发了农林剩余物高得率清洁制浆技术。

1998～2007年，系统深入研究了速生材CTMP、BCTMP、APMP、P-RC APMP现代工艺基础理论。首次剖析了黑杨APMP纸浆光诱导返黄的主要机理，首次研究了杉木机械浆高白度漂白机理及提高漂白白度增限的方法，首次使用硼氢化钠漂白高白度麦草化学机械浆，首次利用电镜-X射线能谱研究了白腐菌降解扬木木质素的顺序，并研究了不同菌株的白腐菌降解木质素的机理。开发了高效低能耗造纸工业废水处理技术，并在多家造纸企业推广应用。

2008～2018年，开发厌氧-好氧-催化氧化深度处理制浆造纸废水处理技术，该技术已成功应用于多家制浆造纸企业，显著降低了废水的处理成本，处理后的废水达到国家排放标准，指标稳定、清澈透明。

三、植物资源提取物化学与利用

1962～1966年，开展了紫胶生产工艺与设备的技术改革研究，用热滤法净制紫胶，分离去除紫胶中混杂的机械杂质，对比分析了直接蒸汽法、间接蒸汽法的工艺条件以及产品质量，提出了中间试验的工艺和设备。

1973～1976年，进行了栲胶平转型连续浸提工艺和设备的研究，研制出第一套年产750吨栲胶平转型连续浸提设备，使栲胶生产实现机械连续化。

1974～1978年，开展了原胶直接制脱色紫胶的研究，在密闭设备中加热脱色，利用设备内酒精蒸汽压力压滤，并选用薄膜蒸发器连续蒸胶，实现了原胶直接制备脱色片胶。

1975～1977年，开展了食用紫胶色素生产性试验，从原胶溶解工艺开始反复进行了试验，用

10 吨原胶提制色素 75.8 公斤，平均每吨 7.6 公斤，最高的达 8.9 公斤，回收技术和收率都超过了国外最高水平，且产品质量符合要求。

1983 ～ 1986 年，对 CT−2 络合剂进行研制与应用，采用橡　刺和花香果合理调配，通过科学加工工艺技术制成与单宁酸质量相近的产品；根据原料的特性扬长避短，首次解决了橡椀单宁不能全部代替单宁酸用于沉锗的难题。

1980 ～ 1990 年，松针作为畜禽饲料添加剂进行了研制与应用，率先开发了松针维生素粉、松针叶绿素 − 胡萝卜素软膏、松针生物活性物质饲料添加剂等 3 种产品，在国内形成了一个新型的松针加工产业。

1984 ～ 1988 年，展开了对竹山肚倍资源综合开发利用的研究，首创没食子酸"一步结晶法"脱色制纯新工艺，建成单宁酸车间和没食子酸车间，利用五倍子粉直接制备三甲氧基苯甲酸甲酯和复合电解氧化法制备三甲氧基苯甲醛。

1985 ～ 1990 年，开展了杨树皮类脂的开发与利用研究，包括生产设备、生产工艺、工业装置设计、产品检测方法，以及在医药、化妆品、饲料工业上的应用技术，产品质量达到国外同类产品质量标准。

1993 ～ 1997 年，进行了五倍子单宁深加工技术研究，突破了染料单宁酸新产品开发、焦性没食子酸生产新工艺、3，4，5—三甲氧基苯甲醛新工艺、没食子酸生产废水（废渣、废炭）回收处理等关键技术。

2002 ～ 2018 年，开展了松针精深加工和高效利用关键技术创新与产业化应用，进行了抗氧化、清除自由基、抗菌、抗流感、抗肿瘤、增强免疫力、抗胃溃疡、保肝护肝、防治老年痴呆症、清除体内重金属、促进作物生长和抑制植物病原菌等药理试验，开发了食品级、医药级和高附加值的林源产品。

2000 ～ 2018 年，开展了银杏叶提取物减压分级提取、膜分离、树脂脱酚酸和低温干燥成型集成技术研究，解决了产品中活性成分含量低和比例失调及脱银杏酸的问题，集成了银杏叶聚戊烯醇皂化、冷冻和分子蒸馏分离技术，解决聚戊烯醇与其它脂溶物的分离、中试设计和工艺技术；研发了银杏叶聚戊烯醇化学修饰及制剂加工应用技术；解决聚戊烯醇制剂稳定性、药代动力学、安全性和药效性问题。

2008 ～ 2014 年，开展了漆树活性提取物高效加工关键技术研究与应用，创制了漆树脱敏和活性提取物、生漆精制和漆酚缩醛衍生物制备等技术，开发出生漆基单宁复合涂料新产品和漆蜡精细品。

2014 ～ 2018 年，开发橄榄油加工新工艺和废弃物循环利用技术、油橄榄叶活性物的定向分离及制备关键技术及油橄榄叶生物饲料利用技术技术，分离和制备油橄榄活性提取物，建立 HPLC 特征图谱，阐明了油橄榄多酚富集规律，创制了酶法生物转化橄榄多酚技术，开发了高纯度橄榄苦苷和羟基酪醇等抗氧化剂、羟基酪醇脂质体等产品。

四、生物质／高分子复合新材料

1975 ～ 1977 年，开展了醋酸乙烯——羟甲基丙烯酰胺共聚乳液的研制，在热或催化剂作用下进行共聚，使产品具有内交联性质，使胶层具有耐水、耐热、耐蠕变等优良性能。

1975～1982年，研究了自身交联型醋酸乙烯共聚及丙烯醋酸共聚乳液胶，研制出新的乳液胶种，生产成本低，质量稳定，胶合性能良好，使用中对人体皮肤无损害，可广泛用于木材加工、纺织、轻工、电器和印刷等方面。

1990年，在国内率先进行低甲醛释放量刨花板用脲醛胶的研究，1998年研制成国内第一个E1级胶合板用UF胶，2006年开发出"低成本E_0级胶合板用UMF胶"。2012年开发了双组份豆粕胶粘剂，用于制备无醛纤维板、刨花板和地板等人造板。

1995～2005年，开展高固体含量聚丙烯酸酯乳液研究，开发系列聚丙烯酸酯乳液胶并在玻璃纤维、纺织品、木材饰面等加工领域进行推广应用。

2002～2012年，开展复合乳液研究，合成聚氨酯－丙烯酸酯、松香－丙烯酸酯、纤维素－丙烯酸酯、二氧化硅－丙烯酸酯等系列新型纳米复合乳液。开展生物质替代研究，开发了木质素酚醛树脂胶黏剂及泡沫材料、生物质可降解复合材料等系列生物基高分子新材料。

2012～2018年，重点开展生物基高分子材料的绿色化、高性能化、功能化研究，先后研制开发出新型聚合物乳液、环保型胶黏剂、水性环氧树脂及聚氨酯、自交联硬质聚氨酯泡沫材料、全降解复合材料、轻质阻燃材料、抗菌材料、吸附材料等系列新材料。突破木质素分子量均一化技术，高选择性催化加成技术，发泡树脂的黏度和活性控制技术。使用自主知识产权建立了国内外首条木质素酚醛泡沫连续化生产线。

五、活性炭制备及应用

1983～1985年，开展了氯化锌法木质活性炭生产废水净化处理及回收利用研究推广，弄清了氯化锌法木质活性碳生产过程产生的废水污染散发源、散发量、组成及含量，通过控制反应过程中各项工艺参数，实现了氯化锌的回收及循环利用。

1994～2007年，研究了活性炭微结构及其表面基团定向制备应用技术，采用流态化技术进行了木屑热解研究，并利用流态化技术制备出载体活性炭；设计出叠杯式活性炭活化炉，移动床管式炉；以果壳、木（竹）屑等农林废弃物为原料，采用物理和化学法制造出性能优异的活性炭新品种；研制出木焦油抗聚剂，并从木醋液中制取出醋酸和甲醇；独创和突破了活性炭超微孔隙结构定向调控、表面功能化基团选择性修饰、木质原料低分子化自成型造粒等关键技术。

2000～2010年，开展了柠檬酸专用活性炭开发研究，通过选择催化剂以及合适的活化工艺条件，成功研发出2-10nm孔径容积占比达50%以上的活性炭生产工艺；进行了竹质高性能活性炭生产工艺与设备研究，首次开展直接利用竹质原料制备竹炭、活性炭和竹醋液，并研制温度、时间、蒸汽压力的自动控制和连续化制备装置，拓宽了竹材利用新途径。

六、生物质能源开发与利用

1986～2010年，开展了农林剩余物多途径热解气化联产炭材料关键技术开发，突破了提高燃气品质的农林剩余物热解气化、农林剩余物热解及炭材料联产等技术，创制了农林剩余物热解气化新型装备。

1996～2006年，开展了锥形流化床生物质热解气化技术研究与应用，以生物质为原料，采用先进的锥形流化床气化技术生出可燃气体，将所得到的燃气直接送到锅炉生产蒸汽或热水，解决了秸秆气化过程中易架桥、灰渣易烧结、煤气热值偏低的问题。

2004～2012年，研究了农林生物质定向转化制备液体燃料多联产关键技术，揭示了木质纤维和植物油脂定向转化过程的可控机制，突破了降解产物定向调控、生产过程连续化、多联产高值化利用等工程化关键技术。

2009～2018年，开展了废弃油脂碱性催化裂解制备航空及车用液体燃料关键技术，首创搅拌流化床连续化裂解关键装备，揭示了油脂结构可控转化为烃类燃油产品的过程机理，突破了生物油脂规模化高值利用关键技术。

七、过程与设备

1982～1992年，开展了林业剩余物气化关键技术与装备开发，研制上吸式气化炉和下吸式气化炉气化反应器，在黑龙江、福建等地开展林区采暖、林区居民生活炊事和废弃木料替代燃煤烧锅炉应用研究，达到预期成效，处于国内领先技术水平。

1986～2000年，研制了高速离心雾化机，技术核心在于创制出三支点导向轴承，不同于普通轴系的二支点结构，在穿越临界转速而剧烈振动的瞬间，第3支点与轴接触而发生阻尼，使轴的固有频率发生改变，从而破坏原共振状态，使轴安全渡过临界区。该设备解决了干燥行业中高含固、高粘度物料均匀雾化问题。

1990～1997年，开展了氢化松香技术工程化推广应用，研究设计15～22MPa高压加氢反应器及成套装备，并在湖南、广西等地以当地的松脂、松香为原料，采用先进的连续化高压加氢技术，生产出色泽浅、抗氧化性好、脆性小的氢化松香产品，出口日本、欧美国家和地区。

1996～2000年，研制了溶液循环喷淋蒸发器，创制出定时在线除垢核心技术，实现了蒸发器的易结垢料液在线除垢，有效解决了处理量大、粘度高、易结垢料液蒸发浓缩技术难题。

2006～2011年，自主研究设计了连续酯交换管道式反应器试验装置，并通过放大设计系统设备，进行酯交换法制备生物柴油应用试验，与间歇式生产技术相比，不仅缩短了反应时间，而且显著提高劳动生产率，降低单位能耗和生产成本。

1996～2011年，研究流化床生物质气化技术，研制开发了锥形流化床反应器，并开展工程化研究与应用，在国内安徽、辽宁、黑龙江、贵州等地建立了示范装置，成套技术装备还出口到东南亚以及非洲国家。

2009～2018年，研究外热式生物质连续热解技术，研制开发了回转炉反应器，解决了系统装置的动态连接密封问题，并开展工程化研究与应用，在山东青岛建立了示范装置，为农业、林业各类生物质剩余物的资源化、能源化利用提供新技术。

此外，首次提出了喷雾干燥的蒸发强度估算公式，并且回归了相关的计算公式。研究开发了高速离心喷雾干燥机；首次提出了空间蒸发的概念，避免了热敏性物料沸腾蒸发过程中的变性或分解等问题，研发了溶液循环喷淋蒸发成套装备。

八、油脂化学与利用

2009～2011年，进行了管道式连续催化甲酯化制备生物柴油新技术研究，采用共溶剂技术，缩短反应时间，利用自主设计的具有促进混合的特殊构件的管道式连续反应器，实现了酯交换反应的连续性，使用自主研发的绿色固体酸碱催化剂，减少了由催化剂带来的环境污染。

2011～2013年，进行了环氧脂肪酸酯类增塑剂制备与应用技术开发，优化原料预处理及连续化酯交换反应工艺，创新采用相转移催化剂耦合技术，开发清洁环氧化工艺。

2010～2015年，进行了松香改性木本油脂基环氧固化剂制备技术与产业化开发，创新开发了油脂改性的高韧性的环氧树脂及环保型胺类水性固化剂；采用绿色环保工艺，进一步开发了环氧结构胶、环氧沥青铺装材料等新产品，并已进入市场应用。

2012～2016年，以木本工业油脂及萜烯等为原料，突破可控加成、高效环氧化、定向开环、功能基团嵌入等绿色高效技术，创制了多种功能性乙烯基酯树脂活性单体，单体绿色环保，交联共聚物具有刚柔性可控、耐候性突出等优点。

2014～2016年，研究了栎类淀粉与秸秆生物质炼制生物柴油集成技术研究，创制了气液两相低压甲酯化新技术，具有环保、高效、低耗等特点，油脂转化率达到95%以上，中试生物柴油符合BD100生物柴油国家标准、调和燃料符合生物柴油调和燃料（B5）国家标准。

2012～2017年，以木本工业油脂及废弃油脂等为原料，突破皂化反应和复分解反应工艺耦合的节能、增效、环保技术，创制了新型油脂基PVC热稳定剂，创制的PVC热稳定剂具有热稳定性优良、初期着色性好且兼有助增塑功能等特点。

2014～2017年，利用"自上而下"的技术，从木质纤维中分离纳米纤维素作为一维纳米结构单元，以组装技术构筑高比表面积的三维气凝胶材料。开发绿色改性技术，实现疏水性油脂分子对纳米纤维素的表面改性，拓宽了纤维素的应用领域。

2014～2017年，构建了含氮、磷和氯等阻燃元素的木本油脂基阻燃增塑剂体系，揭示了阻燃机理。将具有阻燃作用的元素和基团反应到了植物油及其衍生物的化学结构中，得到了一系列具有阻燃作用的木本油脂基阻燃增塑剂。

2015～2018年，开展了桐油基复合材料微观结构与材料导电、力学性能的构效关系研究，开发了以桐油为原料制备出柔韧环氧树脂，并通过利用碳纳米管等导电粒子的卓越电学性能成功合成出具有优异导电性能的环氧树脂复合材料。

2010～2018年，以植物油、腰果酚等为原料，突破了碳碳官能化改性、物理共混及纳米复合等技术，创制了高性能或特殊性能的植物油基不饱和聚酯树脂、光固化树脂及纳米复合材料，解决了该类生物基材料主要性能差、收缩率高等问题。

第十七章　林业机械

第一节　发展历程

1958 年，林业部在北京筹建林业部林业机械化研究所。

1959 年 1 月，下放到黑龙江省，但有部分科技人员留在北京。

1959 年 8 月，中国林科院从已迁到黑龙江省的林业机械化所中，抽调 15 名科研人员到北京，与留在北京没有下放的部分科技人员成立院机械研究室。1960 年 2 月，更名为中国林科院林业机械研究所。

1963 年 6 月，林业部决定将院林业机械研究所与林业部机械局林业机械设计室合并，成立林业部林业机械研究设计所。1965 年底，抽调 80 余人成立林业部东北林业机械研究设计所（黑龙江省伊春市）。

1970 年 10 月，北京林机所（中华人民共和国林业部林业机械研究设计所）正式被撤消，此前该所已发展到在职职工 210 人。

1979 年 3 月，国务院同意在北京恢复北京林业机械研究所。1980 年，定名为林业部北京林业机械研究所。

1978 年 4 月，东北林机所归中国林科院领导（伊春市带岭）；1980 年 3 月，又归林业部机械局领导。1980 年 4 月，经国家农委批准，东北林机所由伊春市（带岭）搬迁哈尔滨，同年 8 月，更名为林业部哈尔滨林业机械研究所。

1982 年 6 月，中国林学会林业机械分会正式成立，挂靠哈尔滨林机所。

1982 年 11 月，经林业部研究决定，同意成立林业部"人造板机械标准化技术委员会"，并挂靠北京林机所。

1988 年 5 月，林业部批准依托北京林机所成立"全国人造板设备和木工机械情报中心"。

1999 年，随着林业部改为国家林业局，两所更名为国家林业局北京林业机械研究所和国家林业局哈尔滨林业机械研究所。

2001 年 6 月，两所管理体制变更为中国林科院管理，同年 10 月，被明确为副司局级科研事业单位。

2003 年 8 月，哈尔滨林机所成立国家林业局重点开放性实验室——林业机电工程实验室。

2010 年 6 月，中国林业装备产业技术创新战略联盟成立，秘书处设在北京林机所。

2012 年，哈尔滨林机所成立国家林业局林业装备工程技术研究中心。

2014 年 6 月，国家林业局研究决定，依托国家林业局哈尔滨林业机械研究所成立中国林科院寒温带林业研究中心，该中心与哈尔滨林机所一个机构、两块牌子。寒温带林业研究中心的成立，使哈尔滨林机所实现了从"单一性研究所"向"综合性多学科研究机构"的转变。

第二节 主要成就

一、营林与采运机械

1959 年，研制出 ST—2 型单索循环式架空索道，并在湖南江华林区安马林场安装，通过鉴定正式移交生产部门使用。这是我国第一条自行设计并安装的动力索道。

1964 年，开发了林区运输木材车辆回空技术，在福建省南平县溪口伐木场进行验证，解决了当时的机车牵引回空问题。

1965 年年底，先后研制成功：山地四大件（手扶拖拉机选型、油茶林垦复、油茶吸果机和山地半机械化整地）、苗床复砂机、浇水车、肩挎式动力割灌机，7 吨和 14 吨森铁台车、纵向钢索传送带和工马力汽油机等 20 余部机械。

1974 ~ 1975 年，开展了了林业喷灌机械研究，设计制造了 70—1 型降雨机，PT—12、PT—14、PT—20 三种摇臂旋转式喷头，SP20 型升降式喷洒器，3ZX 型水环轮自吸泵等林业苗圃喷灌设备，提高了林业喷灌效率。

1974 ~ 1976 年，研制了 ZC—1.25 型苗圃筑床机，由机架、传动装置、步道犁、旋耕器、整形器和机罩等部件组成，可同时完成起步道、旋耕碎土、筑床三道工序；拖拉机手一个人操作，每小时筑床 6.5 亩，相当于 250 名人工劳动。

1976 ~ 1977 年，设计制造了 KDZ 大苗植树机，整机结构简单，重量轻，机动性好，可实现连续作业，同时开出灌溉沟，生产效率 80 ~ 100 亩／台·班，比人工提高工效 20 ~ 30 倍。

1972 ~ 1976 年，设计制造了枝桠剥皮机、联合削片机和木片半挂运输车等采伐剩余物综合利用装备，LB 滚筒剥皮机，可代替 200 人手工剥皮；LX—650 型移动式联合削片机，可同时完成削片、筛选和风送装车的联合作业；MB—22 型木片半挂运输车，可自动倾卸，结构简单，维修方便。

1975 ~ 1976 年，研制了 ZW5 和 ZB5 型整地挖坑机，采用新型行星摆线针齿传动和圆弧齿圆柱蜗杆传动，重量轻、体积小、运转平稳，便于和国内各种不同类型的油锯动力配套使用，改装方便，实现了一机多用。

1979 ~ 2000 年，营林机械方面很多成果填补了该领域的空白，使育苗、造林、抚育等主要工序基本上有了相应的机械。苗圃机械从整地、筑床、播种、移栽、喷灌到起苗、包装已基本配套，通过鉴定的有 20 个品种。

1980 ~ 1982 年，研究开发了 ZLM—50 型木材（5 吨）装载机，采用铰接转向式车架，转弯半径小，便于在狭窄场地工作；传动系统有液力变矩器，可增大扭矩，使整机有较大牵引力；采用液压换挡变速箱，换挡省力方便。

1984 ~ 1985 年，研制成功 3QY—260 型缓冲式圆盘整地机，拖拉机悬挂或牵引作业，一次可整出两条 60 厘米宽、15 厘米深的造林带，造林带宽度、深度可根据不同树种的要求进行调整。

2006 ~ 2017 年，开展了边坡绿化喷播技术与装备研究，成功研发了湿法、干法喷播机，结束了国内无干法喷播绿化专用设备的历史，适合高速公路护坡、水电站建设迹地、废弃矿山等大工程量的边坡绿化。

2008～2016年，开展了棕榈藤采割技术研究，研制出了新型采割机械，实现了采收藤条的机械化，大大提高了采藤效率，降低了采藤成本和作业劳动强度，促进了棕榈藤生产业的发展。

2011年研制开发了5KF-60型垦复机，采用履带式行走机构，爬坡能力可达30°，采用前悬挂卧式旋耕刀轴，实现垦复除草和松土作业，提高土壤肥力，促进林果根系透气性和养分。研制开发了3WG-40型挖坑机，适用于平原、丘陵、沙地和道路两旁等植树造林的挖坑作业。研制开发了32J-15型、32J-30型自行式轻型绞盘机，主要用于主伐及抚育伐原条或原木的小集中作业，也可用于采伐剩余物的小集中作业。研制开发了雷击火天气云况监测系统，基于雷达回波VIL相关因子建立的雷击火天气综合指标判别系统，识别率为86.3%。研制开发了小火箭引雷防雷系统，引导闪电到指定地点释放，防止雷击林火。防护半径3～5 km，成功率>30%。

2012年研制开发了1ZC-50型林木种子去翅精选机，适用于樟子松，落叶松等种子的去翅、精选作业，是林木种子生产过程的主要设备，去翅率高，种子损伤率低。

2012～2014年，研制出了2RZ-J200型林木容器育苗全自动装播生产线，采用操作智能化设计，在大幅度降低生产线购置成本的同时克服了国外此类机械在实用性方面的缺点，能做到自动装填、自动播种、自动覆土、自动浇水等全自动一体化作业。配套开发的新型林木育苗穴盘有效解决了现有林木育苗容器易出现窝根、种植时有缓苗过程、不便于机械化栽植、不便于搬运等问题。

2014年，研制开发了2RBW-1500型无纺布育苗杯制作机，利用无纺布为原材料，经过超声波成型焊接，将无纺布制成锥状育苗杯，具有可降解、透气性和保水性好、成本低等特点。

2015年，研制开发了BYJ-800型油茶苗木嫁接机，能适应标准化生产工艺作业模式，实现砧、穗木苗的自动传递、切削、对中插接、固定等系列工序。研制开发了3GS-50型树穴松土机，适用适用于恶劣土质、砂石山地的树穴松土作业，可以有效地解决树穴孔壁过于平滑、土质坚实、影响树苗根系生长的问题。研制开发了3GF-50型灌木仿形平茬机，适用于沙丘地带沙生灌木及丘陵地带林地灌木的平茬作业，平茬机械手采用三关节设计，很好解决了平茬仿形技术难题。

2015～2018年，开展了自走式沙生灌木联合收割机研制，具有平茬、粉碎、碎料收集／自卸等功能，适用于沙棘、沙柳等沙生灌木林平茬复壮，为沙生灌木林产业化利用提供相应采伐机械。

2016年，完成了对苗圃系列技术装备的进一步改进熟化，包括自行式苗木移植机（换床机）、苗圃精细筑床机、振动式起苗机、垄作起苗器、床作起苗器、步道沟除草松土机、推式精少量播种机等。自行式苗木移植机（换床机）彻底解决了移植密度无法满足林区育苗技术规程要求的难题。苗圃精细筑床机解决了我国现有旧机型消耗功率大、床体土壤分布不合理、旋耕部件缠草现象严重、悬挂架下拉杆挡土等问题，实现了土壤精细作业。

2017年，研制开发了FD-4000型防火开带机，具有地面仿形、缓解冲击、翻越一定高度障碍物和独特圆盘翻土功能，解决了人工火烧建造防火隔离带的高风险问题，提高森林防火机械化和现代化水平。

2018年，研制开发1GT-1500油茶果脱壳分选机，提出多通道精细化油茶果脱壳分选方法和缓冲碾压、助推间隙渐变复合脱壳技术，实现了油茶鲜果的自动化机械脱壳分选，脱净率≥98%，碎籽率≤3%，处理能力≥1500kg/h，工作效率是人工作业的50倍以上。

二、木工、人造板机械

1984～1990年，完成了年产3万立方米刨花板生产线的主机设计任务，在参考进口样机的基础上，研制了单层热压机、气流铺装机、钢带运输机、纵横锯边机及干燥机的设计工作，这是我国第一套国产化年产3万立方米刨花板主机设备，有效地促进了我国人造板机械设备技术水平的提升和产品的系列化。

1986～1988年，设计制造了BQ1813无卡轴旋切机，独特的旋刀振动结构，减少了旋切阻力，提高了单板表面粗糙度；新颖的外圆驱动结构，可使旋切剩余木芯直径小至50mm，大大提高了木材利用率。

1987～2000年，研发了BQB3313系列纵横联合锯边机，突破了人造板在线高精度锯切技术，主要用于刨花板、石膏刨花板、定向刨花板等生产线。

1992～2014年，开展了调供胶技术与设备研究，成功研发JL－glue系列计算机控制调供胶系统，集成架组、智能控制单元及拌胶设备等部分组成，处于国内领先水平十余年，适用于刨花板、MDF/HDF、OSB、麻屑板、竹材板等不同的生产线。

1994～2010年，开展木工数控镂铣技术与设备开发应用，先后研制了数控加工中心、四轴数控镂铣机和经济性数控镂铣机，将计算机数控（CNC）技术与木材加工设备结合，解决了木材高速镂铣工艺与机理等问题。

1996～2005年，突破了高精度、大径级热磨机的技术瓶颈，研发了BW1111/15型热磨机，采用全自动过程控制系统，对纤维的质量全面控制。

2005～2010年，完成了竹质OSB削片技术与设备研究，成功研发竹质OSB削片机，解决了竹质OSB备料工段难题。

2006～2010年，开展了承载型竹基复合材料制造关键技术与装备开发应用研究，首次提出"竹材原态重组"理念，开发出了竹材原态重组材料、竹质OSB、大规格竹篾积成材制造技术及关键设备，首次规模化、系统化开发承载型竹基复合材料加工机械，促进了竹材加工技术装备升级。

2006～2015年，开展了木材加工高速电主轴制造技术与应用研究，攻克了高速电主轴空冷结构、热态性能实时监测、实况载荷下机械性能等关键技术，国内首次开发了木材加工高速电主轴制造关键技术与设备，显著提高了木材高效精深加工质量和生产效率。

2007～2014年，进行了竹材原态重组材料制造关键技术与设备开发应用研究，开发出竹材原态多方重组材料制造技术及关键设备，创建了竹材对剖联丝重组材料制造技术。

2008～2014年，开展木结构锯材应力分等装备技术开发与应用，研制出落叶松结构材应力分等机和锯材强度标定设备，突破锯材在线连续快速分级、喷码归类等关键技术，有效促进木结构锯材无损质量检测设备工业化应用。

2009～2017年，开展了板材外观质量在线检测技术与应用研究，应用机器视觉技术、图像处理技术、在线检测技术等，实现对锯材、单板、中密度纤维板表面缺陷的实时检测和外观质量的在线评价，降低劳动强度，提高生产效率，促进了板材产业装备的升级。

2011～2014年，开展了四头电动主轴及制造技术的研究，通过解决电主轴动平衡、压缩空气冷却等影响电动主轴高速运转的技术关键问题，实现了工作时间内温度稳定和转速范围内的无级变速，能够满足连续工作要求。

2016～2018年，研制出竹材定断、破竹、粗铣于一体的竹材备料工段连续生产线，将机器人引入竹业领域，研制出破竹机器人，竹笋探测机器人等，有力促进竹产业转型升级。

第十八章　林业经济与管理

第一节　发展历程

1956 年，森林工业部森工所设立经济研究组。

1960 年，经济研究组扩建为林业经济研究所（简称林经所）。

1964 年，成立林业科学技术情报研究所（简称情报所）。

1983 年，林业部在情报所的基础上成立了"林业部科技情报中心"。

1984 年，中国林学会情报专业委员会依托情报所成立。

1989 年，成立院调研室。

1993 年，情报所正式更名为"中国林科院林业科技信息研究所"，简称"科信所"。

1995 年，林经所改编为"林业部林业经济研究中心"。

1997 年，成立"中国林科院世界林业研究所"，与科信所一套机构两块牌子。

1997 年，成立中国林科院社会林业研究发展中心，1999 年成立国家林业局社会林业研究发展中心。

2002 年，院调研室合并到院办公室。

2006 年，国家林业局林业发展战略研究中心依托中国林科院成立。

2007 年，成立中国林科院科信所森林认证研究与推广中心。

2008 年，中国林科院世界林业研究所改称为"中国林科院世界林业研究中心"。

2008 年，中国林科院林权改革研究中心依托科信所成立。

2009 年，国家林业局林产品国际贸易研究中心依托科信所成立。

2009 年，中国林业经济学会世界林业专业委员会依托科信所成立。

2011 年，成立中国林科院科信所气候变化林业政策研究中心。

2011 年，成立中国林科院科信所林业资产评估研究中心。

2011 年，中国林科院中林绿色碳资产管理中心依托科信所成立。

2012 年，国家林业局知识产权研究中心依托科信所成立。

2013 年，国家林业局森林认证研究中心依托科信所和森环森保所等成立。

2013 年，科信所成立了林业宏观战略与规划、林业经济理论与政策、林产品市场与贸易、森林资源与环境经济、森林可持续管理与经营、林业史与生态文化、林业科技信息与知识产权管理、国际森林问题与世界林业等 8 个研究室。

第二节 主要成就

1985～1987年，研究预测2000年中国森林发展与环境效益，对指导林业部门宏观管理、扭转森林资源下降、逐步转向供需平衡、改善我国国土生态环境质量、确定分阶段实施目标有重要参考价值。

1986～1989年，开展了世界林业研究，采用高层次分析、归纳、推理、演绎的方法，对世界林业进行了全面、系统的研究，分析比较了100个不同类型国家的林业发展规律、特点、经验和发展趋势。

1988～1990年，研究编制了《林业科学技术中长期发展纲要》，系统提出了我国林业和林业科技发展的六大观点，确立了林业发展战略和目标，通过动态预测、系统分析和专家咨询提出了7项重点科技任务。

1993～1995年，进行了科技进步对林业经济增长作用分析与定量测算研究，强调了技术进步对林业经济增长的作用中技术创新与技术扩散的关系，首次对林业科技进步贡献率和林业科技成果转化率进行了测算，前者为21.2%，后者为35%。

1996～2000年，开展了资源核算及纳入国民经济核算体系试点研究，将森林分为林地、林分、森林环境资源三个部分分别进行核算，为森林资源纳入国民经济核算体系奠定了理论基础。

1999～2018年，在森林认证标准和技术文件编制、森林认证制度建设、实践推广和能力建设等方面开展了系统研究工作，为中国国家森林认证体系（CFCC）的建立与发展提供了技术和政策支持。

2000～2018年，开展了森林资源价值评估与绿色GDP核算研究，揭示了森林资源价值评估中资产与生产、存量与流量的关系，提出了相应的价值评估框架与指标方法体系，开展了多个不同尺度的案例研究，为森林生态服务市场和生态补偿政策提供了理论支撑与决策参考。

2001～2004年，开展了社会林业工程创新体系的建立与实施研究，建立了中国社会林业工程与省域社会林业工程评价指标体系，提出325个社会林业工程典型模式和省域175个典型综合技术模式，为社会林业的实施创立了一种新模式。

2008～2018年，开展了林权制度改革及综合监测评价技术体系研究，建立了集体林改区资源、生态和社会经济效益综合监测技术体系，开展了国有林场改革试点监测评价、林业扶贫效果监测评估，首次开发了集地理信息系统、遥感、PDA、数据库技术于一体的林改区资源管理信息系统。

2008～2018年，开展了气候变化林业政策研究，揭示了气候变化对林业发展的影响与损益，针对森林碳信用的不确定性、非永久性以及泄露等特点，提出了REDD+政策与融资机制；参与编制国家适应气候变化战略、及林业适应气候变化行动方案（2016～2020）。

2009～2013年，开展多功能林业发展模式与监测评价体系研究，提出了"主导协同经营"的多功能林业理论框架体系、多功能林业发展的三种国家模式和七大区域模式，提出了多功能林业监测评价方法，从宏观、中观、微观三个层面构建了多功能林业政策保障体系。

2010～2018年，开展了林业碳汇项目审定核查方法学以及相关技术标准研究，取得了国家发展改革委自愿减排交易项目的造林再造林项目的审定与核证机构备案资格，成功开展了20余项林业碳汇项目审定核证。

2011～2018年，开展了120多个国家国别林业研究，从森林资源、林产品生产与贸易、管理机构与制度、法律法规、经营理念、生态保护、林业教育与科研等方面系统总结概述了各国林业发展概况，成为行业内外了解当代世界林业的重要文献。

2012～2018年，开展林业战略与规划研究，为林业发展"十三五"规划、生态文明建设规划纲要、"一带一路"林业合作规划、国家生态安全战略等重大战略与规划的编制提供了重要支撑；构建了林业重大规划评估与方法体系，完成了多个规划的中、后期评估，为规划的实施、调整和绩效评价提供了重要依据。

2012～2016年，开展了国际林产品贸易中的碳转移计量、监测及中国林业碳汇产权研究，首次优选出国际林产品贸易中碳计量的方法——储量变化法，并研建了林产品贸易中碳转移计量与核查的技术规范及监测评价标准体系。

2012～2018年，开展了森林可持续经营管理创新实践模式研究，集成了主要树种和典型林分森林质量精准提升及经营方案编制技术，提出了不同经营目标导向的多目标森林经营技术体系，在河北木兰林管局和山西中条林局建立了2个示范基地、近80个典型林分类型示范片区，推广应用面积达140万亩。

2012～2018年，开展了林业经济理论与政策研究，提出了林业县域经济发展模式与战略、林业防灾救灾政策体系、森林保险制度方案、林业多元化融资体系、国有森林资源有偿使用制度方案、林业产业基金管理机制等，研究成果在相关政策制定中得到应用。

2012～2018年，开展了打击非法采伐及木材贸易研究，提出了突破国际贸易壁垒的中国木材合法性认定标准体系、中国木材合法性供应链管理与尽职调查体系和技术指南，作为国家林业局对外合作和贸易谈判的技术支持力量，参与了中国与美国、欧盟、澳大利亚、日本、印度尼西亚等国有关打击非法采伐及相关贸易的合作和谈判。

2013～2018年，开展了林业产业监测预警系统设计与评价、木材市场及价格研究、木家具和木地板生态足迹核算模型研究等，开展林产品贸易与投资数据平台建设，提出了全国重点林产品市场监测预警系统建设方案，开展了林业重点产业竞争力和发展潜力预测。

2013～2018年，开展了林业PMI指数体系研究与应用，发布了林业PMI指数测试版指数——"FPI 30指数"和"FPI地板指数"，填补了行业空白，产生了广泛的社会影响。

2015～2018年，开展了林业科技进步贡献率研究，建立了符合我国林业特点的方法体系，测算了"十一五"、"十二五"期间我国林业科技进步贡献率，提出近期（2020年）、中期（2035年）和远期（2050年）我国林业科技进步贡献率目标值，研究成果被国家林业局相关战略与规划采纳。

2015～2018年，开展了森林文化价值评估方法研究，提出了"人与森林共生时间"的概念和以"文年"（culture-year）为计量单位的评价方法体系，并从全国、省（自治区、直辖市）和森林公园等不同尺度，对进行了实证研究，解决了森林的文化价值难以量化的难题。

2010～2018年，建立了以共享为核心的管理制度和数据质量保证体系，解决了不同类型结构数据库的建库技术、网上数据库的分级分类管理和全文检索等关键技术，建成了国家级林业图书文献信息资源采集、数据库建设和数字化加工基地、林业行业云数据中心和林业移动图书馆以及林业专业知识服务系统。

2010～2018年，开展了林业专利情报分析研究、林业重点领域专利预警分析研究，开展了林业知识产权相关政策研究以及林业知识产权管理和保护系列培训宣传，构建了林业知识产权公共信息服务平台，为增强知识产权预警能力、政策制定和技术创新提供信息支撑。

第十九章　经济林学

第一节　发展历程

1960 年，成立南京林业研究所。建立油茶研究队，同年建立油茶试验站。林研所下设木本粮油研究室。

1965 年，设立油桐研究队，开展油桐研究。

20 世纪 80 年代以后，亚林所设立经济林研究室。

1998 年，在泡桐中心加挂了"中国林科院经济林研究开发中心"牌子。

2006 年开始，设立经济林培育与利用研究方向。

2008 年，国家林业局依托中国林科院成立国家油茶科学中心和国家林业局油茶工程技术研究中心，并批复依托亚林所成立我国第一个经济林产品质检中心——国家林业局经济林产品质量检验检测中心（杭州）。

2010 年，亚林所经济林室组建经济林产品加工利用研究组。

2014 年，国家标准委批复依托亚林所成立全国经济林产品表转化技术委员会。

2017 年，成立经济林种质创新与利用国家林业局重点实验室和国家林业局榛子工程技术研究中心。

第二节　主要成就

一、核桃研究

1978 ~ 1989 年，开展了北方早实核桃 16 个新品种的选育，将全国 9 个省（市）选育的 35 个最优株系集中在分属不同自然条件的四个试区同时进行了无性系鉴定和区域试验，获得了参试株系遗传特性优异程度的比较资料，并进行大面积生产扩试；利用 15 年生左右的砧木高接参试株系三年既达原砧木树冠大小，缩短了育种用期 5 年左右。采用了低温贮藏穗条，适时嫁接夏砧木放水等关键技术措施，并实行了先搞一个点，再进行现场技术培训的方法，保证了备试区的嫁接成活率存 90% 左右。

1990 ~ 2009 年，对核桃增产潜势技术创新体系进行了研究，建立了核桃坚果品质优质化指标体系，实现了核桃砧木嫁接当年播种、当年嫁接和当年成苗，建立了核桃主产区优质高效栽培技术体系和优异种质遗传评价和基因源的鉴定体系。

1986 ~ 2011 年，对薄壳山核桃良种选育与规模化扩繁技术展开了研究，选出了 8 个适生于浙江省的优良新品种，形成高产、优质穗条生产技术，研发了浙江山核桃异砧嫁接技术。

2012～2018 年，突破山核桃属异砧嫁接技术，完善薄壳山核桃容器嫁接苗培育技术体系，提出材果多模式经营技术。

此外，还修订完成了"UPOV 核桃 DUS 测试指南"国际标准，制定了《核桃丰产与坚果品质》和《植物新品种特异性、一致性、稳定性测试指南 – 核桃属》国家标准，制定了《核桃标准综合体》《核桃优良品种丰产栽培管理技术规程》《核桃优良品种育苗技术规程》等行业标准。

二、油茶研究

1976～1990 年，展开了对南方 19 个油茶高产新品种选育的研究，选育出我国经 3 轮选鉴的 19 个高产新品种，建立了油茶基因库 4 处，建立了油茶基因库 4 处。

1980～2007 年，进行了油茶高产品种选育与丰产栽培技术及推广的研究，选育出 49 个高产、稳产、高抗油茶新品种，提出了油茶低产林改造模式与技术。

1995 年，选育出 19 个高产、稳产、高出籽率和含油率、抗病虫害能力强的优良无性系，命名为"长林系列"，9 个审定为国家级良种，10 个审定为省级良种。2016 年选育出了 4 个油茶杂交子代获江西省林木良种审定委员会认定，分别是：亚林 ZJ01 号、亚林 ZJ02 号、亚林 ZJ03 号、亚林 ZJ04 号。

2010～2018 年，突破了油茶育苗基质配方并最终实现工厂化育苗，年生产优质种苗 200 万株，技术辐射江西、湖南、湖北、福建、广西、广东、河南等 40 余个市县，为促进林业科技创新、助力脱贫攻坚提供理论指导与技术支撑。

三、油橄榄研究

1981～1986 年，开展油橄榄引种中试研究，在湖北武昌和陕西城固开展了 2000 亩油橄榄丰产示范试验，取得了油橄榄良种主要树型及对营养的需求、树体生理、适地条件、授粉树的选配等研究成果。

1985～1994 年，进行了油橄榄丰产、稳产栽培技术研究，提出了综合配套栽培技术，提出了白龙江低山河谷区、金沙江干热河谷区（冬季冷凉地带）和长江三峡低山河谷区等地区为我国油橄榄栽培适生区。开展了油橄榄系列产品标准研究，确立了以成熟果的干果含油率 40% 为分界线的Ⅰ、Ⅱ类油用品种，总结出其相应变化规律及数量关系，从理论上解决了如何判断不同类别、不同成熟度鲜果混合后含油率高低问题，将复杂的分析化学测定法转换为物理测定法，创造出快速分级方法。

2001～2011 年，开展了油橄榄良种及苗木繁育技术引进、优良种质资源收集保存、品种区域化与丰产栽培技术研究，收集和引进油橄榄品种 60 多个，并开展品种区域化试验、丰产栽培技术等相关研究，建立了油橄榄种质资源圃和试验示范基地与配套丰产栽培技术体系。

四、杜仲研究

1987 年起开展杜仲无性系的测定工作，选育出'华仲 1 号～5 号'等 5 个我国历史上首批杜仲良种，填补了我国杜仲良种的空白。

2000 年起，首次以杜仲果实的利用为育种方向，以提高杜仲果实产胶量和 α－亚麻酸含量等为育种目标，筛选出优良无性系 87 个，选育出'华仲 6 号～10 号''华仲 16 号～18 号'等 13 个果用杜仲良种；以高产优质雄花为目标，筛选出优良无性系 27 个，选育出'华仲 11 号''华仲 21 号''华仲 22 号'等 3 个雄花用杜仲良种，对我国杜仲胶新材料和现代中药产业发展起到积极的推动作用。

1990 ～ 2018 年，开展了杜仲优化栽培模式和技术创新研究，相继提出杜仲果园化栽培、杜仲雄花园栽培、杜仲叶用林栽培等栽培模式，大幅提高了杜仲产果量、雄花产量、产胶量和综合效益，为杜仲的产业化发展奠定了坚实基础。

2010 ～ 2018 年，重点突破新型杜仲资源培育和产业开发技术，选育出一批高产杜仲橡胶（药、雄花）良种，研发了杜仲亚麻酸油、杜仲雄花、杜仲叶资源综合利用技术，完成杜仲基因组测序，为我国杜仲产业健康及可持续发展提供了有力支撑。

五、经济林产品加工利用

2006 ～ 2010 年，摸清了油茶籽采后处理方式对茶油品质的影响规律，提出了生产中急需的合理采收和采后处理技术；研发了既保证质量安全，又最大限度保留油脂中活性成分的茶油特色加工技术，开发了浓香型、清香型茶油和核桃油产品；首次阐明了苯并（a）芘、黄曲霉素、塑化剂等有害物质在茶油加工过程中形成及消长规律，提出了关键控制点；解决了茶皂素提取中渗透性差、提取率低、溶耗高的难题，显著提高了提取效率。

2011 ～ 2018 年，开展了竹笋、油茶籽、香榧等食用林产品及其产地土壤质量评估研究，明确产品合格率为 98.9%；为油茶籽油、香榧油、蓝莓等多家生产企业提供近 500 批次样品的内含物分析与评估，为产品品质提升与生产工艺改进提供技术支撑；加强精准施肥、减量施药、科学管理等配套关键技术研究，为生产合作社、生产基地、企业等提供 380 次测土施肥技术支撑，并提出了 2 种组合减量施药方案，3 个科学管理新技术规程；研发了木本油料中黄曲霉毒素、产地土壤中新型持久性污染物（POPs）的 LC-MS/MS、GC-MS/MS 检测方法，准确率达到 99%，检测限达到国家 GB2763-2016 要求。

六、其他经济林研究

1988 ～ 1994 年，开展了对甜柿引种及其早实优质高产栽培技术的研究，筛选出甜柿优良适生品种，并提出早实丰产栽培技术和杂交 F1 代早实栽培技术，解决甜柿嫁接繁殖的砧穗亲和性，并选择 2 个以上优良甜柿砧木。

1994 ～ 2004 年，对锥栗优良新品种选育进行了研究，建立了第一个锥栗种质资源圃，选育出风味品质特别好的 5 个锥栗优良无性系新品种，揭示了锥栗基因型与环境的互作效应，阐明了锥栗主要性状的遗传变异规律。

1995 ～ 2000 年，经过对干热河谷地区刺云实速生丰产试验示范及加工技术的研究，引进、筛选出了适合在干热、干暖河谷推广的窄荚塔拉和宽荚塔拉，提出在干热和干暖河谷营造塔拉商品林和公益林的成套技术。

1985 年至今，先后收集保存了全国 27 个省（自治区、直辖市），以及日本、美国等地的杜仲、仁用杏、柿属植物等经济林树种种质资源，累计收集资源 4300 余份，建立起国内外最大的经济林种质资源库。2012 年至今，初步构建起不同育种目标的杜仲、仁用杏、柿属植物育种群体。

1991～2005 年，对各地早期建立的油桐高产无性系进行总结评价，揭示了良种组合筛选和配比对产量构成的重要性，选育出 5 个油桐优良无性系。2007～2012 年，筛选出了油桐产量性状紧密相关的分子标记，筛选出了 5 个高产油桐品系。2012～2018 年，鉴定出三年桐枯萎病致病菌株，明确了三年桐致病机理和千年桐抗病分子机制，并筛选出抗病油桐品种。

2000～2018 年，在西南干旱河谷区和高寒山区开展塔拉、印楝、辣木、余甘子、甜角、木豆等和玛卡、云南红豆杉、滇重楼等特色生物资源的引种驯化、良种选育、高效培育技术的研究，选育出良种（新品种）11 个，提出规模化高效栽培技术，营建了大面积的试验、示范林。

2006 年起，开展高产优质榛子新品种选育、重要榛属植物资源种质创新与培育、榛子提质增效等研究，研发了加工型和高抗寒型平欧杂种榛新品种筛选、平欧杂种榛组培微繁育苗与丰产栽培等关键技术，引进了榛子特异性状育种材料及微繁技术，有效促进榛子产业发展。

2009～2018 年，建立了我国第一个山苍子种质资源库，筛选出了高产高柠檬醛含量的山苍子种源和无性系，以及抑菌率高效的家系，建立了组织培养、转基因技术体系和嫁接育苗技术体系，阐明了山苍子花芽分化、精油合成的分子机制。

2013～2018 年，开展了仁用杏产业发展高效生产关键技术研究，建立了仁用杏抗（避）倒春寒栽培与组培苗快繁技术体系；提出了仁用杏叶片无损营养诊断方法及其精准施肥技术；构建了仁用杏低产林改造与标准化集约化高效栽培技术模式。

此外，1978 年，开展了文冠果的研究。"六五""七五"以来，一直开展枣早实丰产技术、老龄树低产改造技术研究。1994 年开始了板栗、枣、核桃、榛子等林果贮藏保鲜研究，"九五"期间，以金丝小枣为试材，通过修剪等栽培措施恢复老龄树的结果能力。2000 年以来，开展了冬枣资源调查、新品种选育和产业提升关键栽培技术与榛子研究。

第二十章 湿地生态学

第一节 发展历程

2004 年，国家林业局在中国林科院设立国家林业局湿地研究中心（中国林科院湿地研究中心），挂靠在中国林科院林业研究所。

2007 年，国家林业局设立中国湿地生态系统定位研究网络中心，依托在中国林科院湿地研究中心。

2009 年，中国林科院湿地研究所成立，专门从事湿地科学基础理论与应用技术研究，当时下设湿地恢复、湿地生态过程与效应、湿地生物多样性和湿地资源管理四个学科方向。

2011 年，与北京市园林绿化局共建成立北京湿地中心，同时增加湿地植物生态和湿地景观与规划设计 2 个学科方向。

2012 年，增加湿地生态与水文过程学科方向。

2013 年，获批成立湿地生态功能与恢复北京市重点实验室，同时，增加湿地动物生态和湿地与气候变化 2 个学科方向。

第二节 主要成就

一、湿地生态系统定位监测

中国林科院先后协助国家林业局完成了全国湿地生态系统定位观测研究网络布局，先后在四川若尔盖、青海三江源、海南东寨港、北京汉石桥、河北衡水湖、浙江杭州湾、广东湛江建立了 7 个部级湿地生态站，涵盖了沼泽、湖泊、河流和滨海等主要自然湿地类型。从 2005 年第一个湿地生态站建设开始，湿地生态站在观测、研究、管理、标准化、数据共享等方面取得了一定的进展，部分站点已经成为集科学试验、野外观测、科普宣传于一体的野外科学基地，并在长期生态数据积累、生态工程效益监测、生态系统服务功能评估等方面取得突破，对于推动国家生态保护、建设与社会可持续发展中发挥了重要作用。

二、湿地恢复技术研究

集成创新了系列湿地恢复技术，成果被国《湿地公约》作为案例向世界各缔约国推荐介绍。评价了不同类型湿地生态系统的退化阶段和状态，研究了影响不同类型湿地生态系统退化的关键因子；

利用生物学、水文学、恢复生态学等基本理论，研究了不同类型退化湿地的恢复机制。提出一整套湿地生境的恢复技术以及净化污染湿地的处理湿地构建技术等，在太湖流域湿地生物链薄弱环节确定、环湖植被带污染物吸收、迁移和转化途径等关键技术上取得了重大突破，为恢复太湖流域典型区退化湿地生态系统结构和功能，扭转太湖流域典型区湿地生态质量逐步下降以及生态功能日益退化的整体趋势，为改善太湖流域生态环境、维护太湖流域生态安全提供理论和技术支撑。出版了《湿地恢复手册理论原则与案例》，为中国制定湿地保护和恢复政策提供参考。

2005 ~ 2010 年，开展了杭州湾典型湿地资源监测与恢复技术研究，提出了杭州湾湿地生态保护对策和生态恢复技术，初步构建了杭州湾湿地环境与生物多样性数据库和信息管理系统。

三、湿地生态系统服务功能评价

综合构建了一套完整的基于环境经济学的湿地价值的计算方法，评估了国家尺度湖沼和滨海湿地的生态系统服务价值，探讨了湖沼和滨海湿地主导服务功能变化及其驱动机制。在此过程中，解决了湿地评价中的两大科学难点：通过对湿地生态系统服务机制的分析识别，提出了湿地生态系统服务价值重复性剔除技术，使评价结果精度显著提高；构建了整合分析（Meta Analysis）和小波变换尺度转换模型，解决了湿地生态系统服务价值空间尺度转换的问题。

四、湿地生物多样性研究

建立了中华秋沙鸭、新疆北鲵、瑶山鳄蜥、海南臭蛙、务川臭蛙、四川山鹧鸪等湿地物种种群数量和空间分布数据库。研发了鸟类调查与监测软件"鸟调通"，成功解决了鸟类调查中长期存在的定位难、填写难、保存难等问题。研发了珍稀水禽栖息地实时预警三维 GIS 平台，实现对水鸟栖息地的实时评估和及时预警。对珍稀物种大鸨的遗传进化和种群历史动态进行了研究，发现大鸨种群数量随着农业文明的兴起而下降，遗传结构受栖息地破碎化影响出现分化；研究了食性与越冬地食物可获得性时空变化的关系，为大鸨越冬地关键区域划分和保护提供了科学依据。从气候变化角度认识到繁殖期适宜气候空间不足对丹顶鹤种群发展的制约，一定程度上破解了导致该物种濒危的主要原因，并通过栖息地的变化预测提出了应对全球气候变化的措施。同期还对棕点湍蛙、海南臭蛙等湿地物种的濒危机制进行了研究。研究了大鸨、丹顶鹤、白鹤、棕点湍蛙、海南臭蛙等物种的濒危机制。开展了滨海湿地、盐碱湿地内物种的适应性进化特征研究，提出了相应的物种救护及栖息地恢复对策，并对重要湿地物种种质资源保存、就地保护、种群恢复与重建的技术和途径进行了探索。

五、湿地与环境变化研究

研究了湿地气候变化与植物物候、生产力的相互关系及其驱动机制，明确了不同类型湿地的碳源汇功能，阐明了长期气候变化、极端气候事件、人类活动、还湿工程对湿地生态系统碳源／汇功能的影响机制，构建了适用于极端气候的高寒湿地和温性草地生态系统碳循环模型；阐明了再生水补水恢复湿地后水质演化规律，建立我国华北地区再生水补水恢复湿地技术体系；揭示了红树林中浮游植物群落结构与水质要素之间的关系机制。为我国湿地的保护、恢复和管理提供了数据支撑和决策支持。

六、湿地政策与湿地科普宣教

推动了北京湿地保护立法工作的进程，并承担了"北京市湿地保护条例解读"、"北京市湿地保护修复工作方案"和"北京市湿地保护修复配套制度"等政策研究工作，为推动北京生态制度完善做出重要贡献。2011 ~ 2016 年，契合国家科普创新和生态建设的重大需求，通过凝练湿地科学前沿创新研究成果，开展跨媒体的、线上线下相结合的科普传播，创作了《认识湿地》《湿地北京》系列科普作品，在提升全民湿地保护意识上发挥了重要作用。

第二十一章 城市林业

第一节　发展历程

1989 年，中国林科院首次将城市林业概念引入国内，开始系统研究城市森林。

1994 年，中国林科院林业所设立城市林业研究室。

1994 年，中国林学会成立城市森林分会，挂靠中国林科院林业所，由城市林业研究室负责日常工作。

2001 年，城市林业获得博士学位授予权。

2003 年，创办《中国城市林业》学术期刊，国内目前唯一一份全面介绍中国城市林业理论与实践的学术期刊。

2006 年，城市林业被确定为国家林业局重点学科，属于城市规划与设计（含风景园林规划与设计）。

2012 年，国家林业局成立国家林业局城市森林研究中心，挂靠在中国林科院林业所，专门从事城市森林科学研究、规划和设计。

2001 ~ 2018 年，先后出版了《中国城市森林》《中国城乡乔木》《绿竹神气》《上海现代城市森林发展》《绿色江苏现代林业发展研究》《城市森林与居民健康》《北京城市景观生态与绿色空间研究》《中国城市森林建设理念与实践》《中国森林城市建设的宏观视角和战略思维》《跨界与融合是森林康养发展的必由之路》《生态文明，美丽中国与森林生态系统建设》等城市森林、生态文化方面的论著。

第二节　主要成就

一、城市森林与居民健康研究

研究城市植源性污染发生规律，摸清了城市花粉污染发生的变化特征，为指导易感人群规避致敏污染发生高峰期、高峰时段提供了科学依据；研究城市森林对 PM2.5 等空气颗粒物调控功能，初步掌握了城市森林内 PM2.5 等空气颗粒物的时空变化规律及林分结构调控技术；研究城市城市森林有机挥发物（BVOCs）释放规律，分析了侧柏、白皮松、香樟等 10 多个常见树种，以及北京、无锡、福建等城市典型城郊森林群落的有机挥发物成分、时空变化规律和生理功效，为保健型城市森林群落营造提供了理论依据；开展了森林游憩环境健康状况评价，构建了森林空气保健指数 AHI 和评价方法，并采用 POMS 心境量表法分析了森林游憩后人体的心理状况。

二、城市森林与景观生态研究

针对我国城市化快速发展和生态环境问题日益突出的现实，运用景观生态学、城市规划学、地理信息系统等多种学科，通过在北京、上海、广州、南京、厦门等 30 多个城市的森林城市规划实践，把城市森林布局与完善城市生态系统、减轻城市污染、降低城市热岛、满足居民休闲游憩等多种功能需求结合起来，总结形成了适合中国国情和城市市情的城市森林优化布局技术，相关理论与研究成果在森林城市规划布局实践中得到广泛应用，加大了基础研究工作的动力和相关理论探索深度。

三、城市森林与人居环境

首次提出乡村人居林的概念与内涵，在福建、浙江、广东、山东、吉林等地选择典型乡村，分别对庭院林、道路林、水岸林、风水林（围村林）和游憩林五个组分开展专项研究，提出乡村人居林培育技术体系、城市森林可持续经营技术，阐明森林植物系统与城市环境、人类活动的相互关系。利用影像数据和 3S 技术，在分析污染分布、城市植被、热岛演变、森林景观等因素时空变化关系的基础上，研究市域、建成区、乡镇人居林优化布局技术。2005 年引进和消化吸收国外有机覆盖物（Mulch）生产应用技术，并在北京、南京、杭州等地的野外监测试验和控制试验研究，Mulch 对于保水增肥、减轻粉尘污染、促进林木健康生长具有重要作用，是未来中国城市森林养护管理中极具推广价值的实用技术。

四、城市森林与森林美学

结合珠三角、长三角等地区进行城市生态风景林改造研究与实践，提出了多项城市生态风景林培育技术规程和实用工程技术指南。通过采用林学与色彩学、景观生态学、心理物理学的交叉分析，不断探讨森林色彩构成特征与公众视觉敏感性之间的响应关系，从而建立森林色彩美景构建导向模型，为生态风景林定向改造和构建提供技术参考。2013 ~ 2018 年，完成长三角地区美丽城镇森林系统调研、基调景观分类与特征分析，探明森林色彩随 HSB 变化的单因素观赏效应、透视效应及格局效应，揭示枫香叶色变化的生理机制及其与遗传、环境因子的关系，为林木材料选择、环境耦合及色彩配置提供理论依据；实现森林静态景观参数化视觉模拟，用于森林美学评价，为森林构景因子的提取与深化研究开辟了新的途径。

五、城市森林与文化传承

近年来开展了包括村镇文化林理论研究与构建技术、文化林树种选择与配置、生态文化科普教育体系、村落生态文化保护与传承等内容的一系列研究。目前已初步构建了文化林理论体系，并以该理论为基础，在广东、山东、福建、四川等地开展城乡文化林特征调查和规划设计研究。针对我国美丽城镇建设中地带性生态景观面临的问题，提出了乡愁生态景观的概念和特征，并在此基础上，进行了城乡乡愁生态景观规划研究，以期为我国建设具有中国地域特色和文化特征的生态家园提供借鉴。适时开展了环境科普教育体系理论研究，有利于更好地进行公园自然环境教育规划设计实践。

六、城市森林发展战略研究

2002 年主持制定了《中国城市林业发展战略》，首次在国家层面明确了我国城市林业发展的战略目标、战略布局和战略重点，成为推动我国城市林业事业发展的纲领性文件。2012 年，制定了首个《国家森林城市评价标准》，并以林业行业标准的形式正式发布实施，为国家森林城市创建提供了指导。2018 年，主持完成《国家森林城市建设总体规划（2018 ~ 2025 年）》编制，是第一个以城市区域为主的全国林业生态建设规划，对推动全国森林城市建设具有重要的指导意义。从 2002 年开始，先后为安徽、江苏、浙江等 6 省，以及北京、上海、广州、扬州、富阳等城市制定了林业发展战略与规划研究，指导了从省域到市县范围的林业科学发展。

七、城市森林技术服务

2012 年编制的《西安森林城市建设总体规划》被国家林业局确定为基于充分专题调查研究和理论分析编制的"省会级森林城市规划范本"；2014 年编制的《承德森林城市建设总体规划》被国家林业局确定为"地市级森林城市规划范本"。2016 年完成《北京平原造林工程成效综合评价研究》，对平原造林工程的效益进行了评估和科学评价，并提出了进一步提升的建议。2017 年主持编制《福州市滨海新城森林城市建设总体规划》，率先实现森林城市规划与城市规划同步，将森林城市建设理念融入到滨海新城规划之中，为国内首创。北京平原造林评价和福州森林城市建设于 2018 年作为典型案例写入联合国粮农组织出版的《森林与可持续城市》著作中。2017 年主持编制《雄安新区森林城市专项规划》，综合运用林学、景观生态学、遥感地理系统等手段规划分析雄安新区生态本底状况，对标国际标准，凸显中国特色。雄安新区森林城市规划把城市森林作为城市绿色基础设施，是我国新城规划建设的创新之举，也是实现新区蓝绿交织、清新明亮生态环境的强力保证。

第三篇　研究机构

第二十二章 研究所（中心）

一、林业研究所（简称林业所）

林业所位于北京，成立于 1953 年，是以森林培育、林木遗传育种、森林生态系统管理、林业生态工程等为主的综合性公益型研究机构，主要承担林业建设中全局性、关键性的应用技术和应用基础研究，面向林学、生态学、生物学 3 个一级学科、12 个二级学科、2 个专业学位类别、32 个研究方向开展研究工作。林业所现有在职职工 162 人，其中工程院院士 1 人、新世纪百千万人才工程国家级人选 2 人、省部级百千万人才 8 人、享受国务院特殊津贴 6 人；研究员 29 人，具有博士学位 119 人；有 14 个学位授予专业，其中硕士 5 个、博士 9 个。拥有部级开放性实验室 1 个，生态定位研究站 3 个。建所以来共取得科研成果 378 项，其中 156 项获成果奖励，其中国家科技进步特等奖 1 项，一等奖 3 项。

二、亚热带林业研究所（简称亚林所）

亚林所位于杭州市富阳区，成立于 1964 年，1978 年改为现名，是面向中国亚热带地区，融科学研究、科技推广和人才培养为一体的区域性公益型林业科研机构。学科研究以应用基础和应用研究为主，研究领域涵盖森林木遗传育种、经济林培育、竹林培育、园林植物与观赏园艺、林业生态与环境保护及林业生物工程研究等学科领域 20 个研究方向。自建所以来，累计完成国家、省部、国际合作及其他各类研究项目 1100 多项，获得科研成果 600 余项，其中主持成果获得国家级奖励 12 项、部省级奖励 80 项。现有在职职工 170 人，在职正高级职称 19 人、副高级职称 58 人；国家和省部级有突出贡献中青年专家 3 人，国家优青项目获得 1 人，享受国务院特殊津贴 20 人。

三、热带林业研究所（简称热林所）

热林所位于广州市，前身为中国林科院 1962 年在海南乐东县成立的热带林业试验场。1963 年中国林科院将热带林业试验场改为热带林业研究站，1970 年下放广东省，改名为广东省热带林业研究所，1978 年中国林科院收回并更名为中国林科院热带林业研究所。1981 年迁至广州现址，原所址保留为试验站。热林所是面向我国热带和南亚热带的区域性公益型林业研究机构，主要任务是：研究热带和南亚热带地区森林与环境相互关系、人工林良种选育和高效培育、森林资源保护与可持续利用等。建所 50 多年来，已取得上百项科研成果，曾连续 6 年获得国家科技进步一、二等奖和省部级科技进步一等奖。近年来，又先后获得了广东省科技奖一等奖、梁希科技奖二等奖和广东省农业技术推广奖一等奖等奖励。现有在职职工 122 人，其中研究员 18 人，副研究员和高级工程师 37 人。

四、森林生态环境与保护研究所（简称森环森保所）

森环森保所位于北京院本部，于 2005 年由原森林生态环境研究所（成立于 1994 年）和森林保护研究所（成立于 1994 年）合并而成，是我国森林生态环境与保护研究领域的国家核心研究基地、监测评估网络中心和科技咨询与服务中心。研究所拥有以生态学、林学、生物学三个一级学科为主体的学科群，拥有 3 个国家林业局重点开放性实验室和 4 个生物标本馆与微生物资源库。建所以来，累计获得国家、省部级以上奖励 45 项。全所现有在职职工 117 人，正高级职称 29 人，副高级职称 43 人，中科院院士 1 人，入选国家百千万人才工程 2 人，入选国家林业局百千万人才工程 4 人。

五、资源信息研究所（简称资源所）

资源所位于北京院本部，成立于 1988 年，是我国唯一从事林业信息技术研究的机构。在森林生长模型、遥感林业应用研究等具有优势。目前在职职工人数 76 人，有中国科学院院士 2 名，首席专家 14 名、资深专家 3 名。到目前为止，共取得科研成果近 300 项，获部级以上奖励 42 项次，其中国家级科技进步奖 10 项次、部级科技进步奖 23 项次、梁希科技进步奖 8 项。国家林业局重点开放性实验室"林业遥感与信息技术实验室""森林经营与生长模拟实验室"和中国林科院重点实验室"图像处理与信息系统实验室"设在该所。国家林业科学数据平台、国家林业局森林经营工程技术研究中心、国家林业局生态定位观测网络中心数据室、科技部国家遥感中心林业资源与生态环境部、中国林学会林业计算机应用分会（二级分会）等机构挂靠该所。

六、资源昆虫研究所（简称资昆所）

资昆所位于云南省昆明市，成立于 1955 年，1988 年更为现名。该所是国家级区域性社会公益型研究机构，主要从事资源昆虫学，干热河谷区植被恢复与生态重建、特种经济植物引种驯化等研究。其中，资源昆虫学研究居于国内领先水平，是中国资源昆虫学的研究中心。依托该所建有国家林业局特色森林资源工程技术研究中心、国家林业局资源昆虫培育与利用重点实验室、国家林业局林化产品质量检验检测中心（昆明）。设有国家林业局干热河谷荒漠化生态定位站（云南元谋），国家林业局云南普洱森林生态系统定位研究站（云南普洱），热区试验站、南亚热带试验站和滇中高原试验站，拥有 340 公顷实验基地。建所以来，承担科研项目 800 多项，取得 180 余项成果，获国家、省部级奖励 49 项。全所现有在职职工 111 人，正高级职称 15 人，副高级职称 44 人。

七、木材工业研究所（简称木工所）

木工所位于北京院本部，成立于 1957 年，1960 年更为现名。该所为国际林业研究组织联盟团体会员，是国家级木材科学与技术研究机构。现有在职人员 144 人，其中研究员 20 人。拥有亚洲位列前茅的木材标本馆；木材工业国家工程研究中心、国家木竹产业技术创新战略联盟、国家林业局重组材工程技术研究中心、国家林业局木材科学与技术重点实验室和国家人造板质量监督检测中心；中国林学会木材工业分会等 24 个学会、协会挂靠该所。该所主要学科为木材科学与技术和木基复合材料科学与工程 2 个二级学科，下设 14 个研究方向。设有林业工程博士后流动站、木材科学与技术和木基复合材料科学与工程 2 个博士学位授权点。全所共获科技成果 248 项，其中获省部级奖以上的 155 项，授权专利 315 件，制、修订标准 265 部，出版学术专著 91 部。

八、林产化学工业研究所（简称林化所）

林化所坐落于南京市锁金五村 16 号，1960 年 7 月 2 日建所。主要研究领域包括生物质能源、生物质化学品、生物质新材料、生物质活性成份利用、木材制浆造纸为主的林纸一体化、松脂化学利用与深加工、活性炭化学与工程、植物单宁及森林资源化学利用、林产化学工程设备研究设计等学科方向。在职职工 198 人，其中中国工程院院士 2 人，国际木材科学院院士 4 人，研究员 24 人。50 多年来，共承担国家、部、省级课题 943 项，成果鉴定（验收）641 项，获国家级奖励 31 项，省部级奖励 89 项；专利授权 447 项；成果推广到全国 27 个省市地区 200 多个企业；共承担国际合作 61 项，与国际上 20 多个国家 50 多个机构建立了技术交流与合作联系。附设及挂靠机构有：生物质化学利用国家工程实验室、国家林产化学工程技术研究中心、林业生物质高效转化利用示范型国际合作基地、国家林业局生物质能源研究所、国家林业局生物质能源工程技术研究中心等。

九、林业科技信息研究所（简称科信所）

科信所位于北京院本部，成立于 1964 年，1993 年更为现名，是林业行业唯一的国家一级科技查新单位，拥有发改委认定的森林碳汇核查资质。现有在职职工 125 人，其中科技人员 120 人。在林业宏观战略与规划、林业重大改革与政策、林产品市场与贸易、森林资源与环境经济、林业可持续管理与森林认证、林业史与生态文化等领域具有较强优势。国家林业局林产品国际贸易研究中心、森林认证研究中心、林业知识产权研究中心挂靠该所。研建的"中国林业信息网"是林业系统权威性行业网站，建成了 80 多个林业数据库和 20 多个国内外林业数字化资源库。中国林科院图书馆由该所负责管理运行，目前拥有馆藏图书文献 40 余万册，是亚洲最大的林业专业图书馆。建所至今，公开发表论文 1136 篇，出版专著 118 部，获软件著作权 10 余项，获得省部级奖励 20 余项。

十、国家林业和草原局北京林业机械研究所（简称北京林机所）

北京林机所位于北京市，主要从事林业技术装备的自主创新研究、新产品开发、成果转化、标准化研究等工作。目前在职职工 29 人。累计完成科研成果 200 余项，获得国家级科技进步奖 2 项、省部级科技奖励 10 项，国家专利 211 件，成果转化率达 80% 以上。近 10 年来，为竹木加工企业提供各类设备 100 余台套。全国人造板机械标准化技术委员会秘书处、中国林业机械协会人造板机械专业委员会秘书处、中国林业机械协会竹工机械专业委员会秘书处、中国林科院竹工机械研发中心及中国林业装备产业技术创新战略联盟秘书处、中国林科院"林业装备与信息化"博（硕）士点设在本所。

十一、国家林业和草原局哈尔滨林业机械研究所（简称哈尔滨林机所）

哈尔滨林机所位于黑龙江省哈尔滨市。1958 年在北京成立，是国内成立最早的社会公益性林业机械科研机构。2014 年经国家林业局批准，成立了"中国林科院寒温带林业研究中心"，与所一个机构两块牌子。主要从事林业技术装备、寒温带林业等学科的基础、应用、开发研究。主要研究方向有种苗工程装备、营林机械化、林业装备自动化、森林工程装备和森林火灾防控研究，以及林木遗传育种、森林培育和森林生态等研究方向。挂靠有国家林业局重点开放性实验室、工程技术中心、质检中心、标委会秘书处等 13 个全国性行业机构，承担质检、标准等社会化服务，出版有《林业机械与木工设备》和《温带林业研究》等科技期刊。目前在职职工 97 人。建所以来，共承担科研课题 300 多项，其中获省部级奖以上成果 60 多项、制修订标准 100 余项、授权专利 70 多项。

十二、林业新技术研究所（简称新技术所）

新技术所位于北京院本部，成立于 2005 年 11 月，是我院为适应新时期国家林业发展对科技的需求，适应全院深化科技体制改革的需要而成立的非营利性科研机构。主要开展木材科学、林产化学、林业技术装备、湿地科学、加工机械设计与理论、植物生理生态学以及森林病原整合生物学等领域的基础、应用基础研究。目前在职职工 169 人。建所以来，取得了较为丰富的科研成果，已完成科研项目 148 项，发表论文 861 篇（其中 SCI 收录 58 篇、EI 收录 40 篇），其中，以新技术所为第一单位发表论文 169 篇（SCI 收录 30 篇、EI 收录 16 篇）；在国际会议上宣读论文 5 篇，获得国家授权专利 68 项（其中发明专利 17 项），制定国家标准和行业标准 13 项，获得软件著作权 30 个，认定科研成果 3 项，获省部级以上奖励 2 项，获国家林业新品种 1 项。

十三、热带林业实验中心（简称热林中心）

热林中心位于广西凭祥市，成立于 1979 年，是国家林业科学实验基地、科技创新基地和科普教育基地。1990 年更为现名。主要任务是开展热带南亚热带林业科学实验，组装配套林业科技成果，为林业经营和生态建设提供示范和科技支撑。研究领域涵盖珍贵优良树种引种驯化、良种选育、栽培，森林资源现代化经营管理等方面。目前在职职工 353 人。先后承担各类课题 180 项，取得科研成果 55 项，获得各级各类科技进步奖 34 项，其中国家科技进步一等奖 1 项，二等奖 2 项。发表论文 590 篇，出版专著 36 部，制定国家林业行业标准 5 项，获发明专利 3 项，实用新型专利 11 项。营建有石山树木园和夏石引种树木园，收集保存树种 1696 种。南亚热带森林植物种质资源保存库保存种质资源 2896 份。总结出 8 个林业示范样板、6 类珍贵树种造林模式、5 个石漠化综合治理模式，广泛应用于我国南方林业生产和生态建设。试验林、示范林 8000 公顷，向社会推广应用珍贵优良阔叶树种 30 种。先后获得"全国文明单位""全国林业科技先进集体""全国绿化模范单位""全国生态建设突出贡献奖先进集体"等 20 多项荣誉称号。

十四、亚热带林业实验中心（简称亚林中心）

亚林中心位于江西省分宜县，成立于 1979 年，1990 年更为现名，是我国中、北亚热带林业科研中试基地。主要任务是组装、配套科技成果，营造试验林和示范林，开展以油茶、杉、松、竹、阔等为主的种质资源收集与保存、良种繁育、培育技术研究及生态系统定位监测研究等，是我国中、北亚热带林业科研成果转化为现实生产力的科研示范基地。亚林中心下辖四个实验林场，一个树木园。目前在职职工 236 人。先后承担和参与了国家科技攻关（支撑）计划、国家自然科学基金等项目 188 项，取得科技成果 84 项，获得各级成果奖励 57 项。建有国家级"大岗山森林生态定位站"、国家林业局"植物新品种测试中心华东分中心"、"亚热带林木种质资源库"、"国家油茶科学中心繁育与栽培实验室"和"江西省林木良种创制工程中心"等科研公共平台，以及"中国井冈山干部学院亚林中心教学点"和"全国科普教育基地"，现已成为我国中、北亚热带地区永久的、可靠的、稳定的林业科研试验基地，为区域林业发展作出了积极贡献。

十五、沙漠林业实验中心（简称沙林中心）

沙林中心位于内蒙古自治区磴口县，成立于 1979 年，1990 年更为现名，是西北干旱半干旱地区现代化综合科学实验基地。主要任务是：研究解决干旱沙区林业建设中有关科学技术问题，揭示以林业为主体的区域开发过程中环境质量变化规律，以及人为活动与荒漠之间相互关系等问题，为干旱沙区林业生态建设工程提供科学依据。目前在职职工 166 人。先后承担科研项目（课题）200 项，获国家、省部级奖励 12 项（次），专利 12 项；先后荣获"全国绿化先进单位"、"全国防沙治沙先进集体"、"三北防护林体系建设突出贡献单位"和"全国生态建设突出贡献先进集体"等荣誉称号。中心辖区面积 3.13 万公顷，在沙漠腹地建成全国最大的人工绿洲科学试验基地 0.96 万公顷，设有 4 个综合科学研究实验场；建有国家林业局"内蒙古磴口荒漠生态系统国家定位研究站"、沙棘国家林木种质资源库、沙旱生植物园、优良沙旱生乔灌木种苗基地、风沙流定位观测场、野外实验风洞、植物生理实验室等科研基础平台。

十六、华北林业实验中心（简称华林中心）

华林中心位于北京市，成立于 1995 年。是集林业科学研究、试验示范与推广、森林植物种质资源保存、林木新品种测试及科普宣教为一体的温带地区唯一永久性多功能国家级林业试验基地。面积 1800 公顷，林木覆被率 84.7%。建有北京九龙山（部级）自然保护区、国家林业局植物新品种测试中心华北分中心、林木种质资源保存库等机构，也是全国林业科普教育基地、北京市科协科普基地、北京市中小学生社会大课堂资源单位。拥有城郊森林生态和森林气象定位观测台、站 2 个，固定样地 30 余块。在森林培育、森林生态功能研究、北方珍贵林木研究、用材和灌木经济林研究、困难立地植被恢复、森林药用植物和菌类资源保护与利用、植物新品种测试等方面具有一定的优势。承担着国家重要的林业科学研究及示范推广任务。

十七、国家林业和草原局桉树研究开发中心（简称桉树中心）

桉树中心坐落在广东省湛江市，成立于 1978 年，1995 年委托中国林科院归口管理。现有职工 54 人，其中正高 5 人、副高 11 人、博士学位 14 人。国家自然科学基金委优秀青年科学基金项目资助 1 人、入选国家第三批"万人计划"青年拔尖人才 1 人。科学研究包含桉树遗传育种、栽培理论与技术、人工林生态与可持续经营、种苗繁育、植物生理与分子生物学、人工林健康、园林观赏植物等。十二五以来，先后承担国家级、省部级等各类研究项目 120 多项，鉴定成果 13 项，获奖 9 项；发表科技论文近 300 篇，其中 SCI 收录 47 篇；专著 7 部。平台有南方国家级林木种苗示范基地、桉树产业创新技术战略联盟、中国林学会桉树专业委员会、国家林业和草原局桉树工程技术研究中心、国家林业和草原局桉树良种基地、桉树人工林生态定位观测站等。桉树中心综合实力日益增强，已发展成为专业配套、特色鲜明、具有重要影响力的国家级林业科研机构之一。

十八、国家林业和草原局泡桐研究开发中心（简称泡桐中心）

泡桐中心位于河南省郑州市，于 1984 年经国家科委批准建立。1992 年委托中国林科院归口管理。1998 年经国家林业局批准加挂"中国林科院经济林研究开发中心"的牌子。主要面向全国开展泡桐、经济林技术开发及应用基础理论研究及成果推广应用工作。在职职工 71 人，其中研究员 10 人，副研究员（高级工程师）26 人，博士 20 人。拥有 10000 平方米的科研、实验用房，2200 亩的实验基地。建立以来，承担国家、省部、国际合作等项目 232 项，取得科研成果 20 余项，获科技成果 28 项，发表科技论文 491 篇，出版专著 29 部。

十九、国家林业和草原局竹子研究开发中心（简称竹子中心）

竹子中心是 1984 年经国家科学技术委员会批准，林业部与浙江省人民政府联合共建的国家级竹业研究机构。1995 年委托中国林科院归口管理。2011 年授牌成立"国家林业局国际林业科技培训中心"。中心以服务国家林业建设为宗旨，肩负着竹业研究、国际合作、科技开发三大任务，是我国唯一专门从事竹类应用基础研究、应用研究为主的具有法人资格的国家级综合性科研事业单位，也是重要的林业国际合作平台。现有在职职工 55 人，其中高级职称人员 16 人，45 周岁以下青年科研骨干 34 人，聘任客座流动专家 20 余人。主办国内唯一的竹子专业综合性学术期刊——《竹子学报》。开展了以竹子技术合作交流为主要内容的竹子援外工作，1993 年至今，已举办了 120 多期国际竹子培训班，培训了五大洲 106 个国家 3000 多名学员（包括 20 多名部长级官员）。同时，面向卢旺达等发展中国家持续开展国际援外技术合作，并与美国、德国、卢旺达等 30 多个国家开展竹业技术合作交流。

二十、湿地研究所（简称湿地所）

湿地所位于北京院本部，成立于 2009 年 11 月 30 日，是中国林科院直属的专门从事湿地研究的非法人非营利科研机构，挂靠在中国林科院林业新技术研究所。前身为中国林科院湿地研究中心，成立于 2004 年，成立初期挂靠在中国林科院林业研究所。湿地所是国内唯一专门从事湿地科学基础理论与应用技术研究的机构。围绕 9 个研究领域开展研究：湿地恢复、湿地生态过程与效应、湿地生态资源与环境效应、湿地植物生态、湿地动物生态、湿地生物多样性、湿地景观与规划设计、湿地与气候变化和湿地污染与防治。建有 3 个科技平台和 3 个湿地生态站。全所在职的 42 名研究人员，其中正高级 3 人，副高级 11 人，中级人员 28 人。先后承担科技部、国家自然科学基金委等科研项目 180 余项，获得省部级奖励 10 余项，发表文章 300 余篇，授权专利 40 余件（国际专利 4 项）。成果推广到全国 10 余个省市地区。

二十一、荒漠化研究所（简称荒漠化所）

荒漠化所位于北京院本部，成立于 2009 年，是我国从事荒漠化研究的机构。研究所拥有水土保持与荒漠化防治、荒漠生态学两个国家二级学科，专业领域包括生态学、自然地理学、水文学、水土保持、治沙、遥感等。拥有 1 个国际培训中心和 1 个重点实验室，挂靠机构 8 个，设有 3 个生态定位站。该所获得国家和省部级奖励 25 项。全所现有职工 52 人，正高级职称 10 人，副高级职称 13 人，入选国家百千万人才工程 2 人。

二十二、国家林业和草原局盐碱地研究中心（简称盐碱地中心）

盐碱地中心位于天津市滨海新区，于 2009 年 4 月 13 日由国家林业局批复成立。中心以盐碱地科学改良利用为目标，重点开展耐盐碱植物遗传改良与育种学、耐盐碱植物生理与分子生物学、耐盐碱植物培育与资源利用学、盐碱地土壤与植物营养学、盐碱地造林与生态学研究，服务于我国盐碱化地区经济、社会与资源环境可持续发展。中国林学会盐碱地分会挂靠盐碱地中心。中心批复编制 50 人，现有在职职工 13 人，其中研究员 2 人，副研究员（高级工程师）4 人。拥有 5000 平方米的科研、实验用房，1500 平方米现代化科研温室。建设 1000 亩的野外试验基地，耐盐碱植物种质资源库 2 个。建立以来，承担各类研究课题 20 余项，获得科研成果 5 项，植物新品种授权 6 个，国家专利 5 个，发表论文 60 余篇，出版专著 2 部。

第四篇　人物与成果

第二十三章　人　物

第一节　建院前林业研究所、森工研究所主要负责人

陈　嵘

1953 ～ 1966 年任中林所所长

唐　燿

1953 ～ 1956 年任中林所副所长

陶东岱

1953 ～ 1958 年任中林所副
所长；1978 ～ 1984 年任
中共中国林科院分党组副
书记、中国林科院副院长

李万新

1956 ～ 1958 年任森工所
所长；1978 ～ 1984 年任
中国林科院副院长

第二节　中国林科院历届院长、中共中国林科院历届
分党组（党委）书记

张克侠

1958 ~ 1969 年兼任中国
林科院院长、中共中国林
科院分党组（党委）书记

郑万钧

1978 ~ 1982 年任中国林科院院长

梁昌武

1978 ~ 1982 年兼任中共
中国林科院分党组书记

黄　枢

1982 ~ 1986 年任中国林科院院长

杨文英

1982 ～ 1986 年任中共中国
林科院党委书记

刘于鹤

1986 ～ 1992 年任中国林科
院院长、中共中国林科院
分党组书记

陈统爱

1992 ～ 1996 年任中国林科
院院长、中共中国林科院
分党组书记

江泽慧

1996 ～ 2006 年任中国林科
院院长、中共中国林科院
分党组书记

第三节　中国林科院获中国科学院、中国工程院院士名单

郑万钧

研究员，中国科学院院
士。中国著名林学家、
树木学家、林业教育家

吴中伦

研究员，中国科学院
院士。中国著名林学
家、森林生态学家、
森林地理学家

徐冠华

研究员，中国科学院
院士。森林经理学家

王涛

研究员，中国工程院
院士。森林培育学家

唐守正

研究员，中国科学院
院士。森林经理学家

蒋有绪

研究员，中国科学
院院士。生态学家

宋湛谦

研究员，中国工程院
院士。林产化学家

张守攻

研究员，中国工程院
院士。森林培育学家

蒋剑春

研究员，中国工程院
院士。林产化工学家

第二十四章 科技成果

中国林科院建立以来，在科研方面作了大量工作，取得很大成绩，据初步统计，截至 2017 年年底，共取得主要科技成果 6256 项。全院共取得重要科技奖项 701 项次（其中：获国家自然科学奖 2 项，国家技术发明奖 5 项，国家科技进步奖 85 项，获林业部科技进步奖 336 项）。1996 年，王涛院士主持的"ＡＢＴ生根粉系列的推广"成果获国家科技进步特等奖。现将获得国家科技进步特等奖、一等奖的项目作简介，并列表说明主要获奖科技成果概况。

第一节 主要获奖成果简介

一、ＡＢＴ生根粉系列的推广

【主要完成单位】 中国林科院
【主要完成人】 王 涛 陈国平 胡德琨 于龙生 齐德恩 金佩华 晋宗道
蔡世英 梁桂芝 李仕臣 倪 明 王贞培 农韧刚 高 鹏
张桐先 刘兆华 林睦就 白阳明 徐 慧 杜增宝 李中元
黄文思 黄辉铨 叶昌淳 黄亨履 高崇明 陈士良
【项目起止时间】 1989 ～ 1993 年
【获 奖 情 况】 1996 年国家科技进步特等奖
1994 年林业部科技进步特等奖

ＡＢＴ生根粉是复合型植物生长调节剂。通过强化调控植物内源激素含量，增进酚类化合物的合成和重要酶的活性，促进植物大分子的合成，诱导植物不定根或不定芽的形成，调节植物代谢作用。用于提高植物育苗，苗木移栽，造林，飞机播种的成活率，促进幼苗生长，提高苗木等级及增加农作物、蔬菜、特种经济植物的产量。

通过该成果的推广，形成了以成果推广任务带动应用基础研究、技术开发和技术推广为一体的成果转化系统工程。领导实施了 2012 项实验、推广项目。自力更生建立起研究、开发、示范、推广、生产、经销、人才培训、学术交流与国际合作的良性循环运转机制，组织起 1100 万人的示范、推广、经销、社会化服务体系。提出研究报告 3554 篇。在国际上建立起以亚太地区为核心发展中国家为骨干，吸收发达国家学者与公司参加的地跨五大洲的国际合作网络，应用植物达 1582 种（品种）推广面覆盖了全国 80% 的行政县、市，推广面积达 1000 万公顷，育苗 59.51 亿株，取得显著的社会效益、生态效益、经济效益。探索出一条自力更生，自我滚动具有中国特色的农林科技成果转化道路。

〔ABT 生根粉（膜）的推广、开发和应用获 1988 年国家科技进步二等奖、1987 年林业部科技进步一等奖。〕

二、杉木地理变异和种源区划

【主要完成单位】　中国林科院林业所等 10 个单位
【主要完成人】　洪菊生　杨宗武　陈建新　李晓储　吴士侠　曾志光　程致红
　　　　　　　　刘立德　谭忠良　林　协　章敬人　管经粟　赵世远　王泽有
　　　　　　　　彭镇华
【项目起止时间】　1976 年 10 月至 1985 年 12 月
【获 奖 情 况】　1989 年国家科技进步一等奖
　　　　　　　　1987 年林业部科技进步一等奖

明确了杉木水平分布和垂直分布范围，首次系统阐明了杉木分布区主要 42 个山系垂直分布的上限和下限，证实了杉木是存在地理变异的树种。产地温度和湿度是引起杉木地理变异的主导因子。杉木在其分布区多样复杂的生态环境作用下，经过长期自然和人为选择，已形成遗传表型性状不一，对生态环境要求各异的地理种群。根据所划地理种群，参考分布区气候，地貌、土壤、植被变异和区划，将杉木分布区的种源划分成 9 个种源区。提出优良种源区概念，评选出南岭山地为杉木优良种源区，初选出一批增产潜力大的优良种源，材积平均增长在 20% 以上，同时建立了一套比较完整的种源研究计算机软件。该成果已在制定《杉木种子区国家标准》中应用，并在面上推广造林 57 万公顷。

三、棕榈藤的研究

【主要完成单位】　中国林科院热林所、热林中心等 7 个单位
【主要完成人】　许煌灿　尹光天　蔡则谟　张伟良　范晋渝　弓明钦　陈青度
　　　　　　　　傅精钢　曾炳山　周再知　张方秋　张　国　李意德　陈康泰
　　　　　　　　刘元福
【项目起止时间】　1985 ～ 1993 年
【获 奖 情 况】　1996 年度国家科技进步一等奖
　　　　　　　　1994 年林业部科技进步一等奖

通过调查研究、广泛引种、室内测试、大田小区和中间试验、示范推广，对我国棕榈藤的种群资源、地理分布、资源利用、基因搜集保存、引种驯化、繁殖方法、丰产造林和经营技术、栽培区划及藤材性质进行多学科配套研究，查清了全国棕榈藤 3 属 40 种 21 变种的地理分布和区系特征，建立了我国最完善的标本库。收集保存国内外藤种 36 种 5 变种。揭示了各藤种生态生物学特征和生长规律，实现了微繁技术，首次系统测定了 27 种藤茎的微观结构及理化性质。提出了藤材质量科学分类指标，为综合利用开辟了途径。已在华南示范推广培育壮苗 500 万株，扩大造林 1200 公顷，示范点辐射推广面积超过 5000 公顷。

四、沙棘遗传改良系统研究

【主要完成单位】　中国林科院林业所等 4 个单位
【主要完成人】　黄　铨　赵汉章　佟金权　李忠义　吴永麟　徐永昶　李建雄
　　　　　　　李　敏　朱长进　江承敬　曹　满　王　愿　李毓祥　高成德
　　　　　　　董太祥
【项目起止时间】　1985 年 5 月至 1995 年 5 月
【获 奖 情 况】　1998 年国家科技进步一等奖
　　　　　　　1996 年林业部科技进步一等奖

采用标准地法研究性状变异，建立多功能育种园等创新技术，探明中国沙棘的种群结构与种群变异规律，划分了生态地理群和种质资源类型。在全国选出了 386 个优良单株，通过配合选择，选出 60 个优良家系与最佳单株，构成高世代育种群体，从中又精选出 24 个雌株、6 个雄株，用于建立第二代无性系种子园。经济型品种"乌兰沙林""橘黄大果""橘黄丰产""辽阜 1 号""辽阜 2 号"果实产量超出天然种的 10 ～ 25 倍，每公顷产量 1.5 ～ 2.25 万千克，且无刺、果大、柄长。建设沙棘基因库 8 座，种子园 22.6 公顷，生产种子 3000 千克，苗木 2000 万株。经济社会效益显著。

五、林木菌根化生物技术的研究

【主要完成单位】　中国林科院林业所、亚林所、热林所、森环所、亚林中心等 6 个单位
【主要完成人】　花晓梅　陈连庆　李文钿　弓明钦　韩瑞兴　王淑清　郑来友
　　　　　　　成小飞　栾庆书　刘国龙　裴致达　余良富　陈　羽　李　玉
　　　　　　　张玉东
【项目起止时间】　1990 年 8 月至 1995 年
【获 奖 情 况】　2001 年国家科技进步一等奖

在我国 18 省（自治区、直辖市）进行了湿地松、火炬松、马尾松、桉树和落叶松等我国主要工业用材树种菌根菌的调查、分离、收集。提出并采集外生菌根真菌 277 种。分离纯化和收集外生菌根菌纯培养 258 种（株），VA 菌根菌纯种 4 株。测定、筛选出高效优良菌根菌 9 种 15 株。实验证实典型外生菌根菌（Pt）与专性外生菌根树种（松树）形成内外生菌根等。创造了马尾松组培菌根合成技术，提出了马尾松无性扦插菌根化技术，桉树组培瓶内菌根化技术。突破了外生菌根菌（S1,Pt）人工发酵技术，提出了深层发酵最佳营养配方和最优条件组合。研制成功 10 种新型菌根制剂及菌根化育苗造林新工艺。该成果在我国 28 省（自治区、直辖市）推广应用。累计菌根化育苗超过 8 亿株，菌根化造林面积突破 33 万公顷，累计增收（节支）12.88 亿元。

第二节　中国林科院主要获奖科技成果一览表

序号	获奖年度	成果名称	奖励名称	等级	第一完成单位	第一完成人
1	1996	ABT 生根粉系列的推广	国家科技进步奖	特	林业所	王　涛
2	1989	杉木地理变异和种源区划	国家科技进步奖	1	林业所	洪菊生
3	1996	棕榈藤的研究	国家科技进步奖	1	热林所	许煌灿
4	1998	沙棘遗传改良系统研究	国家科技进步奖	1	林业所	黄　铨
5	2001	林木菌根化生物技术的研究	国家科技进步奖	1	林业所	花晓梅
6	1985	氢化松香及其连续化生产工艺的研究	国家科技进步奖	2	林化所	赵守普
7	1988	ABT 生根粉（膜）的推广、开发和应用	国家科技进步奖	2	林业所	王　涛
8	1989	黄淮海中低产地区综合防护林体系配置和结构研究	国家科技进步奖	2	林业所	赵宗哲
9	1990	马尾松种源变异及种源区划分的研究	国家科技进步奖	2	亚林所	陈建仁
10	1990	BQ1813 无卡轴旋切机的研制	国家科技进步奖	2	北林机	路　健
11	1991	竹山肚倍资源综合开发利用的研究	国家科技进步奖	2	林化所	张宗和
12	1991	北方早实核桃 16 个新品种的选育	国家科技进步奖	2	林业所	奚声柯
13	1993	林木菌根及应用技术	国家科技进步奖	2	林业所	郭秀珍
14	1995	用材林基地立地分类、评价及适地适树的研究	国家科技进步奖	2	林业所	张万儒
15	1996	桉属树种引种栽培的研究	国家科技进步奖	2	热林所	白嘉雨
16	1996	毛竹林养分循环规律及其应用的研究	国家科技进步奖	2	亚林所	傅懋毅
17	1997	我国南方人工用材林林业局（场）森林资源	国家科技进步奖	2	资源所	唐守正
18	1997	截根菌根化应用及其机理的研究	国家科技进步奖	2	林业所	花晓梅
19	1998	五个相思树种纸浆材种源和家系选择研究	国家科技进步奖	2	热林所	杨民权
20	1998	浅色松香、松节油增粘树脂系列产品开发研究	国家科技进步奖	2	林化所	宋湛谦
21	1999	中国主要人工林树种木材性质研究	国家科技进步奖	2	木工所	鲍甫成
22	1999	热带林生态系统结构、功能规律的研究	国家科技进步奖	2	热林所	曾庆波
23	1999	《中国森林昆虫》	国家科技进步奖	2	森环森保所	萧刚柔
24	2000	五倍子单宁深加工技术	国家科技进步奖	2	林化所	张宗和
25	2000	杉木建筑材优化栽培模式研究	国家科技进步奖	2	林业所	盛炜彤
26	2000	红树林主要树种造林和经营技术研究	国家科技进步奖	2	热林所	郑德璋
27	2002	主要针叶纸浆用材树种新品系选育、规模化繁殖及培育配套技术	国家科技进步奖	2	林业所	张守攻
28	2002	绿色植物生长调节剂（GGR）的研究、开发与应用	国家科技进步奖	2	林业所	王　涛
29	2003	中国森林生态网络体系建设研究	国家科技进步奖	2	林业所	彭镇华
30	2004	人工林木材性质及其生物形成与功能性改良的研究	国家科技进步奖	2	木工所	江泽慧
31	2005	林木种质资源收集、保存与利用	国家科技进步奖	2	林业所	顾万春
32	2006	杉木遗传改良及定向培育技术研究	国家科技进步奖	2	林业所	张建国
33	2006	沙漠化发生规律及其综合防治模式研究	国家科技进步奖	2	中国林科院	慈龙骏
34	2006	重大外来侵入性害虫——美国白蛾生物防治技术研究	国家科技进步奖	2	森环森保所	杨忠岐
35	2007	杨树工业用材林高产新品种定向选育和推广	国家科技进步奖	2	林业所	张绮纹
36	2008	社会林业工程创新体系的建立与实施	国家科技进步奖	2	中国林科院	王　涛
37	2008	松香松节油结构稳定化及深加工利用技术研究与开发	国家科技进步奖	2	林化所	宋湛谦
38	2008	油茶高产品种选育与丰产栽培技术及推广	国家科技进步奖	2	亚林所	姚小华
39	2009	森林资源遥感监测技术及业务化应用	国家科技进步奖	2	资源所	李增元
40	2009	活性炭微结构及其表面基团定向制备应用技术	国家科技进步奖	2	林化所	蒋剑春
41	2010	落叶松现代遗传改良与定向培育技术体系	国家科技进步奖	2	林业所	张守攻
42	2010	人造板及其制品环境指标的检测技术体系	国家科技进步奖	2	木工所	周玉成
43	2011	核桃增产潜势技术创新体系	国家科技进步奖	2	林业所	裴　东

（续）

序号	获奖年度	成果名称	奖励名称	等级	第一完成单位	第一完成人
44	2012	天然林保护与生态恢复技术	国家科技进步奖	2	森环森保所	刘世荣
45	2012	与森林资源调查相结合的森林生物量测算技术	国家科技进步奖	2	资源所	唐守正
46	2012	林木育苗新技术	国家科技进步奖	2	林业所	张建国
47	2013	紫胶资源高校培育与精加工技术体系创新集成	国家科技进步奖	2	资昆所	陈晓鸣
48	2013	农林剩余物多途径热解电气化联产炭材料关键技术开发	国家科技进步奖	2	林化所	蒋剑春
49	2013	森林资源综合检测技术体系	国家科技进步奖	2	资源所	鞠洪波
50	2014	杨树高产优质高效工业资源材新品种培育与应用	国家科技进步奖	2	林业所	苏晓华
51	2015	高性能竹基纤维复合材料制造关键技术与应用	国家科技进步奖	2	木工所	于文吉
52	2016	农林生物质定向转移化设备液体燃料多联产关键技术	国家科技进步奖	2	林化所	蒋剑春
53	2017	湿地北京	国家科技进步奖	2	湿地所	崔丽娟
54	1985	自身交联型醋酸乙烯共聚及丙烯醋酸共聚乳液胶	国家科技进步奖	3	林化所	吕时铎
55	1985	3MFC-4 型超低容量喷雾机	国家科技进步奖	3	木工所	张世田
56	1985	硬质纤维板废水封闭循环中间试验	国家科技进步奖	3	木工所	袁东岩
57	1985	胶粘剂检验方法 ZY224-238-83	国家科技进步奖	3	木工所	夏志远
58	1987	SD-1 单板封边用湿粘性胶纸带研制	国家科技进步奖	3	木工所	董景华
59	1987	橡椀烤胶生产新工艺的研究	国家科技进步奖	3	林化所	张宗和
60	1987	氯化锌法木质活性炭生产废水净化处理及回收利用研究推广	国家科技进步奖	3	林化所	刘光良
61	1987	柚木培育技术的研究	国家科技进步奖	3	热林所	卢俊培
62	1988	杨尺蠖核多角体病毒的应用研究	国家科技进步奖	3	林业所	王贵成
63	1989	干旱地区杨树深栽造林技术的研究与推广	国家科技进步奖	3	林业所	郑世锴
64	1989	用于森林资源调查的卫星数字图象处理系统	国家科技进步奖	3	资源所	徐冠华
65	1990	快速装卸贴面压机机组的研制	国家科技进步奖	3	木工所	吴树栋
66	1991	海南岛尖峰岭热带树木园研建	国家科技进步奖	3	热林所	王德祯
67	1991	三北防护林公共实验区遥感综合调查技术研究	国家科技进步奖	3	资源所	徐冠华
68	1991	刨花板成套设备主机的引进与研制	国家科技进步奖	3	北京林机所	仲斯选
69	1993	加勒比松、马占相思等 8 个树种的引种研究	国家科技进步奖	3	林业所	潘志刚
70	1995	泡桐良种 CO20C125 和毛 × 白33 号选育的研究	国家科技进步奖	3	林业所	熊耀国
71	1995	杨树丰产栽培的生理基础研究	国家科技进步奖	3	林业所	王世绩
72	1995	氢化松香酯类系列产品研制和应用研究	国家科技进步奖	3	林化所	宋湛谦
73	1995	中国竹子主要害虫的研究	国家科技进步奖	3	亚林所	徐天森
74	1995	中林 46 等 12 个杨树新品种杂交育种	国家科技进步奖	3	林业所	黄东森
75	1995	紫胶生产技术的研究与推广	国家科技进步奖	3	资昆所	侯开卫
76	1996	国外杨树引种及区域化试验的研究	国家科技进步奖	3	林业所	张绮纹
77	1996	马尾松造林区优良种源选择	国家科技进步奖	3	亚林所	荣文琛
78	1996	太行山人工水土保持林系列化造林技术	国家科技进步奖	3	林业所	李昌哲
79	1997	中国木材渗透性及其可控制原理和控制途径的研究	国家科技进步奖	3	木工所	鲍甫成
80	1997	西南林区等火灾监测评价	国家科技进步奖	3	资源所	赵宪文
81	1998	欧洲黑杨抗虫转基因的研究	国家科技进步奖	3	林业所	韩一凡
82	1998	南方 19 个油茶高产新品种选育	国家科技进步奖	3	亚林所	庄瑞林
83	1998	余甘子加工利用技术研究	国家科技进步奖	3	资昆所	刘凤书
84	1998	纸浆竹林集约栽培模式研究	国家科技进步奖	3	亚林所	马乃训
85	1998	《中国森林土壤》	国家科技进步奖	3	林业所	张万儒
86	1982	《中国植物志第七卷——裸子植物门》	国家自然科学奖	2	中国林科院	郑万钧
87	1995	中国裸子植物木材超微结构的研究	国家自然科学奖	4	木工所	周崟
88	1988	小黑杨杂交育种	国家发明奖	2	林业所	黄东森
89	1990	新杂交种——群众杨	国家发明奖	2	林业所	徐纬英

（续）

序号	获奖年度	成果名称	奖励名称	等级	第一完成单位	第一完成人
90	1990	植物扦插生根培养装置	国家发明奖	3	林业所	王涛
91	1991	新杂交种——北京杨	国家发明奖	3	林业所	徐纬英
92	1993	马尾松花粉的采集及储存技术	国家发明奖	4	亚林所	陈炳章
93	1978	杨树良种选育	全国科学大会奖		林业所	徐纬英
94	1978	塑合木材的研究	全国科学大会奖		木工所	朱惠方
95	1978	干法纤维板生产工艺和设备的研究与设计	全国科学大会奖		木工所	钱英琳
96	1978	南方丘陵栽杉的研究	全国科学大会奖		林业所	刘忠
97	1978	农桐间作综合效益的研究	全国科学大会奖		林业所	竺兆华
98	1978	毛竹枯梢原因及其防治的研究	全国科学大会奖		亚林所	张锡津
99	1978	纸质装饰塑料贴面板树脂及工艺的研究	全国科学大会奖		木工所	吕时铎
100	1978	航空胶合板生产技术	全国科学大会奖		木工所	孟宪树
101	1978	用小径木、枝桠材制造包装纸板的研究	全国科学大会奖		木工所	王培元
102	1978	栲胶平转型连续浸提工艺和设备的研究	全国科学大会奖		林化所	张宗和
103	1978	聚合松香的研制	全国科学大会奖		林化所	宋湛谦
104	1978	松香制光学树脂胶研究	全国科学大会奖		林化所	谢明德
105	1978	歧化松香悬浮床工艺的研究	全国科学大会奖		林化所	刘宪章
106	1978	食用紫胶色素生产性试验	全国科学大会奖		林化所	王定选
107	1978	乙基化脲醛树脂的生产和使用	全国科学大会奖		林化所	王定选
108	1978	紫胶生产工艺与设备的技术改革	全国科学大会奖		林化所	华仲麟
109	1978	防止松香结晶的理论、工艺研究	全国科学大会奖		林化所	粟子安
110	1978	紫胶虫采种期测报技术	全国科学大会奖		资昆所	欧炳荣
111	1978	林业灌溉机械的研究	全国科学大会奖		哈尔滨林机所	胡家骐
112	1978	苗圃筑床机的研制	全国科学大会奖		哈尔滨林机所	刘俊生
113	1978	KDZ大苗植树机	全国科学大会奖		哈尔滨林机所	苏忠明
114	1978	Z4JM-2.5型木材装载机设计	全国科学大会奖		哈尔滨林机所	毕静波
115	1978	采伐剩余物综合利用机械的研究	全国科学大会奖		哈尔滨林机所	栾柯
116	1980	《中国植物志第七卷——裸子植物门》	林业部科技成果奖	1	中国林科院	郑万钧
117	1980	《中国主要树种造林技术》专著	林业部科技成果奖	1	中国林科院	郑万钧
118	1980	中国热带及亚热带木材识别、材性和利用	林业部科技成果奖	1	木工所	成俊卿
119	1982	氢化松香及其连续化生产工艺的研究	林业部科技成果奖	1	林化所	赵守普
120	1980	亚硫酸造纸废液酒槽浓缩液化学采脂的研究	林业部科技成果奖	2	林化所	翟其骅
121	1980	原胶直接制脱色紫胶的研究	林业部科技成果奖	2	林化所	王定选
122	1982	杉木原条材积表的制定	林业部科技成果奖	2	林业所	田景明
123	1982	醋酸乙烯——羟甲基丙烯酰胺共聚乳液研制	林业部科技成果奖	2	林化所	吕时铎
124	1982	松香色级玻璃标准的制定	林业部科技成果奖	2	林化所	粟子安
125	1984	LH-02型氧化活性炭和JH-1型电镀液净化器的研制及在电镀工业上的应用	林业部科技成果奖	2	林化所	韩振先
126	1980	木麻黄木材在建筑中应用的研究	林业部科技成果奖	3	热林所	施振华
127	1980	连续辊压薄页纸贴面板水性配套材料的研制	林业部科技成果奖	3	木工所	韩桐恩
128	1982	ZF-32型种子光照发芽器	林业部科技成果奖	3	林业所	陶章安
129	1982	河北山地油松飞机播种造林技术的研究	林业部科技成果奖	3	林业所	徐连魁
130	1982	林木种子检验方法的制定	林业部科技成果奖	3	林业所	陶章安
131	1982	油茶芽苗砧嫁接技术的研究	林业部科技成果奖	3	亚林所	韩宁林
132	1982	无表层纸装饰新工艺	林业部科技成果奖	3	木工所	夏志远
133	1982	水泥刨花板的研究	林业部科技成果奖	3	木工所	张维钧
134	1982	湿法硬质纤维板长网污水循环回用试验	林业部科技成果奖	3	木工所	袁东岩

（续）

序号	获奖年度	成果名称	奖励名称	等级	第一完成单位	第一完成人
135	1982	3MFC-4 型超低容量喷雾机的研究	林业部科技成果奖	3	木工所	张世田
136	1982	制浆废水化学絮凝处理及在印染废水中的推广应用	林业部科技成果奖	3	林化所	刘光良
137	1982	马尾松松针和生物活性物质的研究	林业部科技成果奖	3	林化所	周维纯
138	1984	湿法硬质纤维板料浓度,PH 值,浆池液位自动检测和调节系统	林业部科技成果奖	3	木工所	王培元
139	1984	胶粘剂制造过程自动化	林业部科技成果奖	3	木工所	黄震嘉
140	1984	胶粘剂检验方法	林业部科技成果奖	3	木工所	夏志远
141	1984	刨花板纸质装饰贴面新工艺及树脂的研究	林业部科技成果奖	3	木工所	刘瑞凤
142	1984	813 稀释剂的研制应用与试生产	林业部科技成果奖	3	林化所	张　健
143	1984	TRB 混凝土减水剂的研制和应用	林业部科技成果奖	3	林化所	张宗和
144	1984	接触型乳液胶粘剂～丙烯酸脂～醋酸乙烯共聚乳液的研究	林业部科技成果奖	3	林化所	吕时铎
145	1984	赤松和黑松叶粉生产工艺及设备的研究	林业部科技成果奖	3	林化所	周维纯
146	1984	EF 植物生长促进剂的提取和应用	林业部科技成果奖	3	林化所	宋永芳
147	1984	提高糠醛质量及制订国家糠醛标准的研究	林业部科技成果奖	3	林化所	何源禄
148	1984	电缆松香的研制	林业部科技成果奖	3	林化所	粟子安
149	1984	藤类栽培技术研究	林业部科技成果奖	3	热林所	许煌灿
150	1984	坡垒种子主要贮藏条件及其生理生活依据	林业部科技成果奖	3	热林所	宋学文
151	1984	桧柏扦插繁殖特性的研究	林业部科技成果奖	3	林业所	王　涛
152	1984	甘肃小陇山次生林综合培育研究	林业部科技成果奖	3	林业所	史建民
153	1984	河北省深县农田林网防护效应的研究	林业部科技成果奖	3	林业所	宋兆民
154	1984	杉木产区区划、宜林地选择及立地评价	林业部科技成果奖	3	林业所	吴中伦
155	1984	DDS-100 型刀式浆料浓度自动检测器及浆料浓度自动调节系统	林业部科技成果奖	3	木工所	王培元
156	1984	MZL-I 型转子式浆料浓度自动检测器	林业部科技成果奖	3	木工所	王培元
157	1984	紫胶白虫茧蜂的人工繁殖	林业部科技成果奖	3	资昆所	赖永祺
158	1994	ABT 生根粉系列的推广	林业部科技进步奖	特	林业所	王　涛
159	1987	ABT 生根粉（膜）推广、开发、应用	林业部科技进步奖	1	林业所	王　涛
160	1987	杉木地理变异和种源区划研究	林业部科技进步奖	1	林业所	洪菊生
161	1989	海南岛尖峰岭热带林生态系统的研究	林业部科技进步奖	1	热林所	蒋有绪
162	1989	三北防护林遥感综合调查公共实验区	林业部科技进步奖	1	资源所	徐冠华
163	1989	竹山肚倍资源综合开发利用的研究	林业部科技进步奖	1	林化所	张宗和
164	1990	微电子技术在木材干燥中的应用研究	林业部科技进步奖	1	木工所	刘耀麟
165	1990	《中国森林土壤》	林业部科技进步奖	1	林业所	张万儒
166	1990	北方早实核桃 16 个新品种的选育	林业部科技进步奖	1	林业所	奚声珂
167	1991	黄淮海平原中低产区综合防护林体系配套技术及生态经济效益研究	林业部科技进步奖	1	林业所	宋兆民
168	1991	中林 46 等 12 个杨树新品种杂交育种研究	林业部科技进步奖	1	林业所	黄东森
169	1991	大范围绿化工程对荒漠环境质量作用的研究	林业部科技进步奖	1	林业所	高尚武
170	1991	加勒比松、马占相思等 8 个树种的引种研究	林业部科技进步奖	1	林业所	潘志刚
171	1991	华北石质山风沙防护林区遥感综合调查研究	林业部科技进步奖	1	资源所	赵宪文
172	1992	泡桐良种 CO20C125 和毛×白 33 号选育的研究	林业部科技进步奖	1	林业所	熊耀国
173	1992	杨树丰产栽培的生理基础研究	林业部科技进步奖	1	林业所	王沙生
174	1992	林业科学技术中长期发展纲要的研制	林业部科技进步奖	1	中国林科院	黄鹤羽
175	1993	中国林业发展道路的研究	林业部科技进步奖	1	林经所	雍文涛
176	1994	杉木人工林地力衰退及防治技术研究	林业部科技进步奖	1	林业所	盛炜彤
177	1994	棕榈藤的研究	林业部科技进步奖	1	热林所	许煌灿
178	1995	杉木造林优良种源选择及推广	林业部科技进步奖	1	林业所	洪菊生
179	1995	竹林丰产及综合利用技术开发	林业部科技进步奖	1	亚林所	萧江华
180	1995	我国南方人工用材林林业局（场）森林资源现代化经营管理技术	林业部科技进步奖	1	资源所	唐守正

（续）

序号	获奖年度	成果名称	奖励名称	等级	第一完成单位	第一完成人
181	1995	中国木材渗透性及其可控制原理和途径的研究	林业部科技进步奖	1	木工所	鲍甫成
182	1996	沙棘遗传改良系统研究	林业部科技进步奖	1	林业所	黄　铨
183	1996	截根菌根化应用及其机理研究	林业部科技进步奖	1	林业所	花晓梅
184	1997	五个相思树种纸浆材种源和家系选择研究	林业部科技进步奖	1	热林所	杨民权
185	1997	浅色松香松节油增粘树脂系列产品开发	林业部科技进步奖	1	林化所	宋湛谦
186	1998	中国主要人工林树种木材性质研究	林业部科技进步奖	1	木工所	鲍甫成
187	1998	热带林生态系统结构、功能规律的研究	林业部科技进步奖	1	热林所	曾庆波
188	1999	平原农区农林复合生态系统结构与功能研究	国家林业局科技进步奖	1	林业所	宋兆民
189	1999	五倍子单宁深加工技术	国家林业局科技进步奖	1	林化所	张宗和
190	1984	ZLM—50 型木材（5吨）装载机	林业部科技进步奖	2	哈尔滨林机所	毕静波
191	1986	柚木培育技术的研究	林业部科技进步奖	2	热林所	卢俊培
192	1986	橡惋栲胶生产新工艺的研究	林业部科技进步奖	2	林化所	张宗和
193	1986	氯化锌法木质活性炭生产废水处理及回收利用的研究和应用	林业部科技进步奖	2	林化所	刘光良
194	1986	SD-1 单板封边用湿粘性胶纸带研制	林业部科技进步奖	2	木工所	董景华
195	1986	3QY—260 型缓冲式圆盘整地机	林业部科技进步奖	2	哈尔滨林机所	汪志文
196	1987	杨尺蠖核型多角体病毒应用研究	林业部科技进步奖	2	林业所	王贵成
197	1987	黄淮海平原中低产地区综合防护林体系	林业部科技进步奖	2	林业所	赵宗哲
198	1987	油松地理变异和种源区划研究	林业部科技进步奖	2	林业所	徐化成
199	1987	松针叶束嫁接技术	林业部科技进步奖	2	亚林所	陈孝英
200	1987	CT-2 络合剂的研制与应用	林业部科技进步奖	2	林化所	李丙菊
201	1987	主要造林树种苗木国家标准 GB6000—85	林业部科技进步奖	2	热林所	吴菊英
202	1988	用于森林资源调查的卫星数字图象处理系统	林业部科技进步奖	2	资源所	徐冠华
203	1988	马尾松种源变异及种源区划的研究	林业部科技进步奖	2	亚林所	陈建仁
204	1988	刨花板贴面用低压短周期浸渍树脂及其贴面研究	林业部科技进步奖	2	木工所	韩桐恩
205	1988	2000 年中国森林发展与环境效益预测的研究	林业部科技进步奖	2	林业所	蒋有绪
206	1988	干旱地区杨树深栽造林技术的研究与推广	林业部科技进步奖	2	林业所	郑世锴
207	1988	制浆废水综合回收处理	林业部科技进步奖	2	林化所	刘光良
208	1988	五倍子（国家标准）	林业部科技进步奖	2	资昆所	夏定久
209	1989	泡桐属植物的种类分布及综合特性的研究	林业部科技进步奖	2	林业所	竺肇华
210	1989	浙皱－7号等三个千年桐无性系的选育及高产无性系示范推广	林业部科技进步奖	2	亚林所	王劲凤
211	1989	快速装卸贴面压机机组的研制	林业部科技进步奖	2	木工所	吴树栋
212	1990	海南岛热带尖峰岭树木园的研建	林业部科技进步奖	2	热林所	王德祯
213	1990	BQ1813 无卡轴旋切机的研制	林业部科技进步奖	2	北京林机所	路　健
214	1991	杨树杂交胚胎学的研究	林业部科技进步奖	2	林业所	李文钿
215	1991	农桐间作综合效能及优化模式的研究	林业部科技进步奖	2	林业所	竺肇华
216	1991	二三代类型区马尾松毛虫综合管理技术研究	林业部科技进步奖	2	林业所	陈昌洁
217	1991	多元统计分析方法在林业中的应用及IBM－PC系列程序集研究	林业部科技进步奖	2	资源所	唐守正
218	1991	紫胶原胶生产配套技术的推广	林业部科技进步奖	2	资昆所	侯开卫
219	1992	中国主要树种木材物理力学性质的研究	林业部科技进步奖	2	木工所	李源哲
220	1992	湿地松、火炬松种源试验	林业部科技进步奖	2	林业所	潘志刚
221	1992	意大利 214 杨树地施肥效应系统的研究	林业部科技进步奖	2	林业所	刘寿波
222	1992	优良薪材树种薪材林栽培经营技术的研究	林业部科技进步奖	2	林业所	高尚武
223	1992	用材林基地立地分类、评价及适地适树的研究	林业部科技进步奖	2	林业所	张万儒
224	1992	林木菌根及应用技术	林业部科技进步奖	2	林业所	郭秀珍
225	1992	杉木速生丰产林优化密度控制技术	林业部科技进步奖	2	林业所	刘景芳
226	1993	太行山立地分类评价及适地适树研究	林业部科技进步奖	2	林业所	杨继镐
227	1993	盐渍化砂地适生树种选择及抗逆性造林试验	林业部科技进步奖	2	林业所	周士威
228	1993	防风固沙林体系优化模式的选定与试验示范区的建设	林业部科技进步奖	2	林业所	刘健华

（续）

序号	获奖年度	成果名称	奖励名称	等级	第一完成单位	第一完成人
229	1993	杉木速生丰产标准	林业部科技进步奖	2	林业所	盛炜彤
230	1993	国外杨树引种及区域化试验的研究	林业部科技进步奖	2	林业所	张绮纹
231	1993	外生菌根真菌（Pt）松树育苗中的应用	林业部科技进步奖	2	林业所	花晓梅
232	1993	林业化学除草技术的研究	林业部科技进步奖	2	林业所	陈国海
233	1993	氢化松香酯类系列产品研制和应用研究	林业部科技进步奖	2	林化所	宋湛谦
234	1993	沙棘油提取新工艺扩试	林业部科技进步奖	2	林化所	陈友地
235	1993	中国裸子植物木材超微结构的研究	林业部科技进步奖	2	木工所	周　崟
236	1993	中国林业产业政策及其区域比较研究	林业部科技进步奖	2	林经所	金锡洙
237	1994	欧洲黑杨抗虫转基因的研究	林业部科技进步奖	2	林业所	韩一凡
238	1994	毛乌素沙地立地分类评价、适地适树研究	林业部科技进步奖	2	林业所	朱灵益
239	1994	沙棘果实的综合利用和加工系列产品技术	林业部科技进步奖	2	林业所	王守宗
240	1994	中国竹子主要害虫的研究	林业部科技进步奖	2	亚林所	徐天森
241	1994	马尾松造林区优良种源选择	林业部科技进步奖	2	亚林所	荣文琛
242	1994	南方19个油茶高产新品种的选育	林业部科技进步奖	2	亚林所	庄瑞林
243	1994	广西国营林场资源经营管理辅助决策信息系统	林业部科技进步奖	2	资源所	鞠洪波
244	1994	高速离心雾化机的研制与应用	林业部科技进步奖	2	林化所	唐金鑫
245	1994	以松香衍生物为单体制造高分子材料－－松香聚酯多元醇研究	林业部科技进步奖	2	林化所	张跃冬
246	1994	世界林业研究	林业部科技进步奖	2	科信所	关百钧
247	1995	毛竹林养分循环规律及其应用的研究	林业部科技进步奖	2	亚林所	傅懋毅
248	1995	太行山水土保持林系列化造林技术	林业部科技进步奖	2	林业所	李昌哲
249	1995	桉属树种引种栽培的研究	林业部科技进步奖	2	热林所	白嘉雨
250	1995	改造利用野生倍林提高角倍产量技术	林业部科技进步奖	2	资昆所	赖永祺
251	1995	建筑用材防腐技术在古建筑上的应用－－布达拉宫塔尔寺及天安门古建维修工程	林业部科技进步奖	2	木工所	纪成操
252	1995	森林资源核算及纳入国民经济核算体系研究	林业部科技进步奖	2	林经所	孔繁文
253	1996	甜柿引种及其早实优质高产栽培技术研究	林业部科技进步奖	2	亚林所	王劲风
254	1996	西南林区等火灾监测评价	林业部科技进步奖	2	资源所	赵宪文
255	1996	松毛虫细胞质多角体病毒杀虫剂中试	林业部科技进步奖	2	森环森保所	陈昌洁
256	1996	中国重要木材干燥基准的研制	林业部科技进步奖	2	木工所	何定华
257	1996	科技进步对林业经济增长作用分析与定量测算研究	林业部科技进步奖	2	中国林科院	黄鹤羽
258	1997	纸浆竹林集约栽培模式研究	林业部科技进步奖	2	亚林所	马乃训
259	1997	余甘子加工利用技术研究	林业部科技进步奖	2	资昆所	刘凤书
260	1997	细菌（Bt）杀虫剂的研制及应用技术研究	林业部科技进步奖	2	亚林所	李玉萍
261	1998	杉木建筑材优化栽培模式研究	林业部科技进步奖	2	林业所	盛炜彤
262	1998	一字竹笋象综合防治技术研究	林业部科技进步奖	2	亚林所	王浩杰
263	1998	《中国森林昆虫》	林业部科技进步奖	2	森环森保所	萧刚柔
264	1999	中国小蠹虫寄生蜂	国家林业局科技进步奖	2	森环森保所	杨忠岐
265	1999	重要针阔叶树种种质资源库建立与保存技术研究	国家林业局科技进步奖	2	林业所	顾万春
266	1999	TDS植物生长调节剂提高板栗结果率技术	国家林业局科技进步奖	2	亚林所	苏梦云
267	1999	三北防护林体系和植被变化监测系列技术	国家林业局科技进步奖	2	资源所	张玉贵
268	1999	红树林主要树种造林和经营技术研究	国家林业局科技进步奖	2	热林所	郑德璋
269	1999	二元立木生物量模型及其相容的一元自适应模型系列	国家林业局科技进步奖	2	资源所	唐守正
270	1985	紫胶虫寄主树良种选育	林业部科技进步奖	3	资昆所	吕福基
271	1986	浙江地区杉木种子园亲本选择及育种程序的研究	林业部科技进步奖	3	亚林所	陈益泰
272	1986	五种危害竹子螟蛾及其综合防治的研究	林业部科技进步奖	3	亚林所	徐天森
273	1986	泡桐壮苗培育成套技术研究	林业部科技进步奖	3	林业所	陆新育
274	1986	安吉竹种园	林业部科技进步奖	3	亚林所	马乃训
275	1986	化学除莠代替劈草炼山（中试）	林业部科技进步奖	3	林业所	陈国海

（续）

序号	获奖年度	成果名称	奖励名称	等级	第一完成单位	第一完成人
276	1986	湖南珠州杉木造林整地对水土保持和幼林生产的影响定位研究	林业部科技进步奖	3	林业所	张先仪
277	1986	泡桐丛枝病的研究与防治	林业部科技进步奖	3	林业所	金开璇
278	1986	非洲桃花心木引种及栽培技术的研究	林业部科技进步奖	3	热林所	陈庆章
279	1986	佛罗里达平菇研究与推广栽培试验	林业部科技进步奖	3	林化所	陆锡娟
280	1986	合成革用增粘剂（木浆纤维素粉）的研究与应用	林业部科技进步奖	3	林化所	侯永发
281	1986	改性松针软膏的研制和应用（中试）	林业部科技进步奖	3	林化所	周维纯
282	1986	食品添加剂紫胶（虫胶）（国家标准）	林业部科技进步奖	3	林化所	吴统芳
283	1986	交联型丙烯酸（Ｎ５－２）乳胶的研制与应用	林业部科技进步奖	3	林化所	郑国芬
284	1986	合成樟脑（国家标准）	林业部科技进步奖	3	林化所	刘先章
285	1986	国外林业发展战略调研文集	林业部科技进步奖	3	科信所	魏宝麟
286	1986	全国用材林资源发展趋势的研究	林业部科技进步奖	3	资源所	唐守正
287	1986	人造板机械技术检验通则	林业部科技进步奖	3	北京林机所	赵金有
288	1986	木材胶粘剂用脲醛树脂标准的研究	林业部科技进步奖	3	木工所	夏志远
289	1986	4ZX—25 型选择式植树机	林业部科技进步奖	3	哈尔滨林机所	金太显
290	1986	对我国森林保险的研究	林业部科技进步奖	3	林经所	孔繁文
291	1986	关于我国林价问题及序列林价的研究	林业部科技进步奖	3	林经所	孔繁文
292	1987	湿地松、火炬松引种调查研究	林业部科技进步奖	3	林业所	潘志刚
293	1987	杉木种子园施肥研究	林业部科技进步奖	3	亚林所	迟　健
294	1987	海南地区抗锈病、抗旱的柚木地理种源选择	林业部科技进步奖	3	热林所	邝炳朝
295	1987	热压机标准（国家标准）	林业部科技进步奖	3	木工所	林珍玉
296	1987	工业没食子酸和单宁酸（标准）	林业部科技进步奖	3	林化所	顾人侠
297	1987	我国林业发展问题的综合研究	林业部科技进步奖	3	中国林科院	侯治溥
298	1987	微型计算机在贮木场管理中的应用	林业部科技进步奖	3	资源所	王介一
299	1987	国有林区林业企业经济责任制问题	林业部科技进步奖	3	林经所	陈国明
300	1988	微机远程通讯系统	林业部科技进步奖	3	资源所	易浩若
301	1988	森林采伐调查设计软件	林业部科技进步奖	3	资源所	刘　杰
302	1988	竹荪室外生料畦栽技术	林业部科技进步奖	3	亚林所	陈连庆
303	1988	毛竹伐桩内施（化）肥方法及其效益	林业部科技进步奖	3	亚林所	石全太
304	1988	中国胶合板用材树种及其性质	林业部科技进步奖	3	木工所	周　崟
305	1988	湿法软质纤维板废水封闭循环回用技术	林业部科技进步奖	3	木工所	袁东岩
306	1988	DY614×16/22 单层热压机	林业部科技进步奖	3	木工所	林珍玉
307	1988	白榆地理变异和种源区划	林业部科技进步奖	3	林业所	田志和
308	1988	林业技术改造问题研究	林业部科技进步奖	3	科信所	魏宝麟
309	1989	紫胶虫种胶（国标）制订	林业部科技进步奖	3	资昆所	陈玉德
310	1989	紫胶虫原胶（国标）制订	林业部科技进步奖	3	资昆所	侯开卫
311	1989	多种遥感资料林火行为研究及阿木尔林业局蓄积损失估计	林业部科技进步奖	3	资源所	赵宪文
312	1989	牡丹江林管局经济信息系统总体设计方案	林业部科技进步奖	3	资源所	侯作春
313	1989	吉林省林业生产调度微机信息管理系统	林业部科技进步奖	3	资源所	车学俭
314	1989	米老排中间试验与组装配套技术的研究	林业部科技进步奖	3	热林中心	黄镜光
315	1989	林业汉语主题词表	林业部科技进步奖	3	科信所	孙本久
316	1989	70–80 年代初国外林业技术水平文集	林业部科技进步奖	3	科信所	魏宝麟
317	1989	营林产值理论和方法的应用与分析	林业部科技进步奖	3	林经所	孔繁文
318	1989	东北、内蒙古林区采伐剩余物资源和木片生产技术经济研究	林业部科技进步奖	3	林经所	苏才天
319	1990	核桃丰产与坚果品质国家标准的制定	林业部科技进步奖	3	林业所	张毅萍
320	1990	以昆虫病原微生物为主的马尾松毛虫综合防治技术研究	林业部科技进步奖	3	林业所	陈昌洁
321	1990	林业工业企业普查信息系统软件的开发	林业部科技进步奖	3	资源所	王振琴
322	1990	油茶丰产林国家标准的制定	林业部科技进步奖	3	亚林所	林少韩

序号	获奖年度	成果名称	奖励名称	等级	第一完成单位	第一完成人
323	1990	点蝙蛾与疖蝙蛾生物学特性及防治研究	林业部科技进步奖	3	亚林所	赵锦年
324	1990	竹卵园蟥的研究	林业部科技进步奖	3	亚林所	徐天森
325	1990	油茶无性系早实丰产配套技术的研究	林业部科技进步奖	3	亚林所	韩宁林
326	1990	热带优良速生薪材树种选择及薪材林培育技术研究	林业部科技进步奖	3	热林所	郑海水
327	1990	中密度纤维板生产工艺研究	林业部科技进步奖	3	木工所	钱瑛琳
328	1990	快中子次级准直器木质构件的研制	林业部科技进步奖	3	木工所	史广兴
329	1990	用乙二醇季戊四醇代替甘油制造松香树脂	林业部科技进步奖	3	林化所	高德华
330	1990	AE-36 可发泡自交联丙烯酸乳液的研制	林业部科技进步奖	3	林化所	朱永年
331	1990	粉状松针膏添加剂研制与应用	林业部科技进步奖	3	林化所	周维纯
332	1990	广西龙胜各族自治县经济社会综合发展规划	林业部科技进步奖	3	林经所	王幼臣
333	1991	杨树人工速生丰产用材林行标的制定	林业部科技进步奖	3	林业所	赵天锡
334	1991	毛白杨优良无性系 38,39,90,9803,001 号的选育	林业部科技进步奖	3	林业所	顾万春
335	1991	杨树水分生理及其应用研究	林业部科技进步奖	3	林业所	刘奉觉
336	1991	白榆优良种源选择	林业部科技进步奖	3	林业所	马常耕
337	1991	华北树种资源的研究 --＜华北树木志＞	林业部科技进步奖	3	林业所	宋朝枢
338	1991	浙、湘、赣毛竹低产林改造技术推广	林业部科技进步奖	3	亚林所	萧江华
339	1991	带图象的微机辅助国产木材识别系统的研制	林业部科技进步奖	3	木工所	杨家驹
340	1991	3MF-2B 型背负式多用喷雾机的研制	林业部科技进步奖	3	木工所	张世田
341	1991	间苯二酚苯酚甲醛树脂的研制及其在胶合木缧上的应用	林业部科技进步奖	3	木工所	罗文士
342	1991	高剪切多用途丙烯酸系列乳液压敏胶的研究	林业部科技进步奖	3	林化所	赵临五
343	1991	食品添加剂松香甘油酯和氰化松香甘油酯国标的制定	林业部科技进步奖	3	林化所	宋湛谦
344	1991	中国林业科技实力评价与发展战略研究	林业部科技进步奖	3	科信所	魏宝麟
345	1991	世界林业事实数据库的研建	林业部科技进步奖	3	科信所	朱石麟
346	1991	用 WS 文本文件进行刊物编辑建库和 SAB 微机通用情报数据库管理系统的研建	林业部科技进步奖	3	科信所	王忠明
347	1991	引进人造板和林化机械设备调研	林业部科技进步奖	3	北京林机所	舒懋琦
348	1991	超滤法处理湿法纤维板热压废水技术	林业部科技进步奖	3	木工所	王　正
349	1991	国家标准《热固性树脂装饰层压板》制定	林业部科技进步奖	3	木工所	韩桐恩
350	1991	CJ—40 营林集材机	林业部科技进步奖	3	哈尔滨林机所	王　忠
351	1991	BY9 型液压起重臂	林业部科技进步奖	3	哈尔滨林机所	宋景禄
352	1991	BBP123Q 小径原木剥皮机	林业部科技进步奖	3	哈尔滨林机所	赵立岗
353	1991	BY13 型液压起重臂	林业部科技进步奖	3	哈尔滨林机所	宋景禄
354	1992	"三北"防护林生态效应综合研究	林业部科技进步奖	3	资源所	虞献平
355	1992	华山松种源选择的研究	林业部科技进步奖	3	林业所	马常耕
356	1992	中国主要木材超微结构观察研究	林业部科技进步奖	3	森环森保所	腰希申
357	1992	肚倍高产稳产技术研究	林业部科技进步奖	3	资昆所	夏定久
358	1992	高耐磨静电植绒用丙烯酸酯乳液胶粘剂	林业部科技进步奖	3	林化所	吕时铎
359	1992	石梓栽培技术的研究	林业部科技进步奖	3	热林所	李炎香
360	1992	木材缺陷（国家标准）修订	林业部科技进步奖	3	木工所	周光化
361	1992	我国主要树种的木材天然耐腐和抗蛀的研究	林业部科技进步奖	3	木工所	周　明
362	1992	桉树种源引种研究	林业部科技进步奖	3	桉树中心	祁述雄
363	1992	桉树速生丰产技术研究	林业部科技进步奖	3	桉树中心	祁述雄
364	1992	3QY—200 型缓冲式圆盘整地机	林业部科技进步奖	3	哈尔滨林机所	周洪英
365	1992	工厂苗栽植机（工）具的研究	林业部科技进步奖	3	哈尔滨林机所	金太显
366	1992	林业机械标准体系表标准	林业部科技进步奖	3	哈尔滨林机所	吴英良
367	1993	林木种子贮藏标准	林业部科技进步奖	3	林业所	陶章安
368	1993	稀土在育苗和经济林上的应用研究	林业部科技进步奖	3	林业所	连友钦
369	1993	油橄榄系列产品标准	林业部科技进步奖	3	林业所	薛益民

（续）

序号	获奖年度	成果名称	奖励名称	等级	第一完成单位	第一完成人
370	1993	核桃早实丰产优化技术	林业部科技进步奖	3	林业所	张毅萍
371	1993	毛竹林大小年改制技术和施肥制度研究	林业部科技进步奖	3	亚林所	洪顺山
372	1993	新防腐剂 TWP 橡胶木防腐试验	林业部科技进步奖	3	热林所	施振华
373	1993	210＃松香改性酚醛树脂新工艺	林业部科技进步奖	3	林化所	高德华
374	1993	合成革 MCC 微孔剂的研制和应用	林业部科技进步奖	3	林化所	侯永发
375	1993	泡桐剩余物刨花板生产新工艺	林业部科技进步奖	3	木工所	齐维君
376	1993	中国林产品进口贸易问题研究－－改革开放以来我国技术贸易的发展和改进建议	林业部科技进步奖	3	科信所	林凤鸣
377	1994	太行山水土保持林效益研究	林业部科技进步奖	3	林业所	李昌哲
378	1994	黄泛平原林地资源调查	林业部科技进步奖	3	林业所	刘寿坡
379	1994	杉木人工林经营数表的编制	林业部科技进步奖	3	林业所	刘景芳
380	1994	森林土壤标准物质研究	林业部科技进步奖	3	林业所	杨光滢
381	1994	美洲黑杨 W01 等 4 个无性系选育	林业部科技进步奖	3	林业所	赵汉章
382	1994	亚热带杉木、马尾松人工林水文功能的研究	林业部科技进步奖	3	森环森保所	马雪华
383	1994	中国主要竹材微观及超微观结构的研究	林业部科技进步奖	3	森环森保所	腰希申
384	1994	中林 115 等 3 个抗溃疡病新品种选育	林业部科技进步奖	3	森环森保所	向玉英
385	1994	以抗虫品种为主综合防治光肩星天牛技术的研究	林业部科技进步奖	3	森环森保所	秦锡祥
386	1994	我国根结线虫种类调查及酯酶在其分类中的作用	林业部科技进步奖	3	森环森保所	杨宝君
387	1994	海南岛蝴蝶的区系组成及其生态分布的研究	林业部科技进步奖	3	热林所	顾茂彬
388	1994	杨树良种无性系木材性质及营林措施对杨树材质的影响	林业部科技进步奖	3	木工所	柴修武
389	1994	杨树皮类脂提取工艺和工业利用研究	林业部科技进步奖	3	林化所	周维纯
390	1995	日本落叶松扦插育苗配套技术研究	林业部科技进步奖	3	林业所	王笑山
391	1995	国内外茶花品种收集及其利用方法研究	林业部科技进步奖	3	亚林所	高继银
392	1995	整地施肥对淮北低产地杨树人工林综合效应研究	林业部科技进步奖	3	林业所	李贻铨
393	1995	华北次生林两维分类经营技术模式研究	林业部科技进步奖	3	林业所	李国猷
394	1995	黑荆树良种选育及高产栽培技术体系的研究	林业部科技进步奖	3	亚林所	高传璧
395	1995	大丰麋鹿对环境的适用利用栖息地变化趋势及管理研究	林业部科技进步奖	3	森环森保所	梁崇岐
396	1995	脂松香国家标准松香试验方法国家标准	林业部科技进步奖	3	林化所	刘先章
397	1995	WFR 木材及人造板系列阻燃技术	林业部科技进步奖	3	木工所	刘燕吉
398	1995	核工业乏燃料运输容器减震材料的研究	林业部科技进步奖	3	木工所	管宁
399	1995	依靠科技进步缓解森林资源危机对策研究	林业部科技进步奖	3	中国林科院	黄鹤羽
400	1995	自动调控一元立木材积表数学模型的研究	林业部科技进步奖	3	资源所	李希菲
401	1995	马尾松杉木间伐材指接技术研究	林业部科技进步奖	3	木工所	朱焕明
402	1995	国家标准《热带阔叶树材普通胶合板》的制订	林业部科技进步奖	3	木工所	曹忠荣
403	1995	泥炭营养块生产设备的研究设计	林业部科技进步奖	3	哈尔滨林机所	刘少刚
404	1995	JZ50 型集装机的研制	林业部科技进步奖	3	哈尔滨林机所	宋景禄
405	1996	中国林木育种区区划	林业部科技进步奖	3	林业所	顾万春
406	1996	杉木基因资源收集保存和利用研究	林业部科技进步奖	3	亚林中心	王华缄
407	1996	美洲黑杨南抗 1 号 2 号新品种选育	林业部科技进步奖	3	林业所	韩一凡
408	1996	杉木林下植物群落对土壤肥力的影响	林业部科技进步奖	3	林业所	盛炜彤
409	1996	中国东部沿海地区猛禽迁徙规律研究	林业部科技进步奖	3	林业所	李重和
410	1996	紫胶园生物群落的研究及推广	林业部科技进步奖	3	资昆所	刘化琴
411	1996	海南岛尖峰岭热带林动物区系及生态背景值的研究	林业部科技进步奖	3	热林所	黄全
412	1996	利用成虫取食习性防治三种杨树天牛的研及推广	林业部科技进步奖	3	森环森保所	高瑞桐
413	1996	苏云金芽孢杆菌制剂标准	林业部科技进步奖	3	亚林所	李玉萍
414	1996	装饰单板板贴面人造板（国家标准）的制定	林业部科技进步奖	3	木工所	王金林
415	1996	国外林业产业政策研究	林业部科技进步奖	3	科信所	林凤鸣

（续）

序号	获奖年度	成果名称	奖励名称	等级	第一完成单位	第一完成人
416	1996	我国木本粮油生产预测及发展的优化方案－－以核桃红枣为例	林业部科技进步奖	3	林业所	薛益民
417	1996	中国森林资源价值核算研究	林业部科技进步奖	3	科信所	侯元兆
418	1997	欧美杨胶合板材纸浆材新品种选育和遗传规律研究	林业部科技进步奖	3	林业所	韩一凡
419	1997	杨树抗虫转基因植株培育技术	林业部科技进步奖	3	林业所	王学聘
420	1997	火炬松湿地松建筑纸浆材多性状综合选择的研究	林业部科技进步奖	3	亚林所	刘绍息
421	1997	大青山石山树木园营建与林木引种驯化研究	林业部科技进步奖	3	热林中心	李干善
422	1997	三峡库区坡地植研究	林业部科技进步奖	3	林业所	黄雨霖
423	1997	东北天然林区立体林业经营技术－黑龙江省省带岭林区立体林业经营试验	林业部科技进步奖	3	林业所	蒋有绪
424	1997	航天遥感资料在森林二类调查中的应用研究	林业部科技进步奖	3	资源所	赵宪文
425	1997	中国竹类综合数据库	林业部科技进步奖	3	科信所	李卫东
426	1997	泡桐丛枝病脱毒和病原 MLO 检测技术的研究	林业部科技进步奖	3	森环森保所	张锡津
427	1997	我国森林土壤中苏云金芽孢杆菌生态分布的研究	林业部科技进步奖	3	森环森保所	戴莲韵
428	1997	LF－87 中密度纤维板用低毒脲醛树脂的研制和推广应用	林业部科技进步奖	3	木工所	孙振鸢
429	1997	氢化松香（国家标准）制订	林业部科技进步奖	3	林化所	宋湛谦
430	1997	木材工业胶粘剂用脲醛酚醛三聚氰胺甲醛树脂（国家标准）制订	林业部科技进步奖	3	木工所	李亚兰
431	1997	思茅林业行动计划	林业部科技进步奖	3	科信所	施昆山
432	1997	长瓣短柱茶种质异地保存优选和早实丰产研究	林业部科技进步奖	3	亚林所	翁月霞
433	1997	转子式刨花干燥机的研制	林业部科技进步奖	3	北京林机所	孙效先
434	1997	林业苗圃新型喷灌（微灌）系统的研究	林业部科技进步奖	3	哈尔滨林机所	汪志文
435	1998	YH－1 耐洗型喷胶棉用醋丙多元共聚乳液胶粘剂	林业部科技进步奖	3	林化所	储富祥
436	1998	翘鳞肉齿菌的生物学及防腐效应的研究	林业部科技进步奖	3	资昆所	冯　颖
437	1998	市场经济国家国有林发展模式比较研究	林业部科技进步奖	3	科信所	李智勇
438	1998	林木稳态矿质营养理论与技术研究及应用	林业部科技进步奖	3	林业所	贾慧君
439	1998	《杨树速生丰产用材林主要栽培品种苗木》标准	林业部科技进步奖	3	林业所	陈章水
440	1998	《木材学》	林业部科技进步奖	3	木工所	鲍甫成
441	1999	杉木、杨树人工林地力衰退原因机制及其维护地力措施研究	国家林业局科技进步奖	3	林业所	杨承栋
442	1999	速生用材树种合理施肥技术研究	国家林业局科技进步奖	3	林业所	李贻铨
443	1999	黄淮海平原兰考泡桐胶合板材林优化栽培模式研究	国家林业局科技进步奖	3	泡桐中心	李宗然
444	1999	太行山主要植被水土保持及水源涵养效益研究	国家林业局科技进步奖	3	林业所	石清峰
445	1999	专业科技查新科学化和规范化及系统管理研究	国家林业局科技进步奖	3	科信所	丁蕴一
446	1999	桉树纸浆材优化栽培模式研究	国家林业局科技进步奖	3	桉树中心	王观明
447	1999	太行山植被快速恢复技术及土壤水分环境研究	国家林业局科技进步奖	3	林业所	李昌哲
448	1999	我国森林生态系统水文生态功能规律研究	国家林业局科技进步奖	3	森环森保所	刘世荣
449	1999	我国松属松脂化学特征及与分类学关系的研究	国家林业局科技进步奖	3	林化所	宋湛谦
450	1999	杂交泡桐脱色及防变色技术的研究	国家林业局科技进步奖	3	泡桐中心	黄文豪
451	1999	杉木种子园丰产技术、投资结构及经济效益研究	国家林业局科技进步奖	3	亚林所	王赵民
452	1989	林木种子贮藏 GB7908－87（国家标准）制定	标准化科技进步奖	2	林业所	陶章安
453	1990	林木种子区（国家标准）制订	标准化科技进步奖	2	林业所	徐化成
454	1993	木材物理力学性质试验研究（国家标准）制订	标准化科技进步奖	2	木工所	李源哲
455	1988	五倍子（国家标准）制订	标准化科技进步奖	3	资昆所	夏定久
456	1989	森林土壤分析方法（国家标准）	标准化科技进步奖	3	林业所	张万儒
457	1992	《木质活性炭检验方法》国家标准制定	标准化科技进步奖	3	林化所	朱水兰
458	1994	刨花板（国家标准）制修、订	标准化科技进步奖	3	木工所	陈士英
459	1990	胶合板（国家标准）制订	标准化科技进步奖	4	木工所	曹忠荣
460	1993	脂松节油、松节油分析方法（国家标准）制订 12901－12902－91	标准化科技进步奖	4	林化所	刘宪章

（续）

序号	获奖年度	成果名称	奖励名称	等级	第一完成单位	第一完成人
461	1994	木材防腐术语（国家标准）制订	标准化科技进步奖	4	木工所	周光化
462	1996	木材胶粘剂及其树脂检验方法（国家标准）制订	标准化科技进步奖	4	木工所	夏志远
463	1983	工业糠醛（国家标准）	标准化科技成果奖	3	林化所	何源禄
464	1982	木材物理力学性质试验方法（国家标准）	标准化科技成果奖	4	木工所	李源哲
465	2006	国家标准《红木》的制订	中国标准创新贡献奖	3	木工所	杨家驹
466	2006	《室内装饰装修材料人造板及其制品中甲醛释放限量》的制订	中国标准创新贡献奖	3	木工所	王维新
467	2007	甲醛释放量检测用 1m3 气候箱	中国标准创新贡献奖	3	木工所	程　放
468	2007	胶合板（GB/T 9846.1～9846.8—2004）	中国标准创新贡献奖	3	木工所	曹忠荣
469	1978	LB 型滚筒式枝桠材剥皮机	黑龙江省科学大会奖		哈尔滨林机所	赵立岗
470	1978	BG 滚筒式枝丫材剥皮机	黑龙江省科学大会奖		哈尔滨林机所	赵立岗
471	1978	ZC—1.25 型筑床机	黑龙江省科学大会奖		哈尔滨林机所	刘俊生
472	1978	ZB5 ZW5 型整地挖坑机	黑龙江省科学大会奖		哈尔滨林机所	苏忠明
473	1978	3ZX 型水环轮自吸泵	黑龙江省科学大会奖		哈尔滨林机所	汪志文
474	1978	LX—LX—650 型联合削片机	黑龙江省科学大会奖		哈尔滨林机所	栾柯
475	1978	MB—22 型木片半挂运输车	黑龙江省科学大会奖		哈尔滨林机所	罗克信
476	1987	林用装卸桥大车同步运行与防风快速制动系统	黑龙江省科技进步奖	3	哈尔滨林机所	池兴楠
477	1979	木麻黄木材在建筑上的应用	广东省科学大会奖		热林所	胡慕任
478	1979	橡胶木材防虫防腐与利用的研究	广东省科学大会奖		热林所	施振华
479	1979	热带、亚热带珍贵树种引种驯化技术的研究	广东省科学大会奖		热林所	杨民权
480	2003	桉树纸浆用材树种良种选育及培育技术	广东省科学技术奖	2	桉树中心	杨民胜
481	1994	桉树外生菌根及其应用技术研究	广东省科技进步奖	3	热林所	弓明钦
482	1994	海南岛清澜港红树林发展动态研究	广东省科技进步奖	3	热林所	郑德璋
483	1995	水土流失严重地区相思类树种的引种筛选和营林技术的研究	广东省科技进步奖	3	热林所	杨民权
484	1996	贫瘠丘陵地短轮伐期能源、用材树种选择及培育技术研究	广东省科技进步奖	3	热林所	郑海水
485	1997	巨尾桉种质胶丸常温保存研究	广东省科技进步奖	3	热林所	曹月华
486	2000	木麻黄共生固氮及其应用研究	广东省科技进步奖	3	热林所	康丽华
487	1979	毛竹林丰产技术	浙江省科技成果奖	2	亚林所	石全太
488	1985	杉木种子园亲本选择及其育种程序	浙江省科技进步奖	2	亚林所	陈益泰
489	2005	锥栗优良新品种选育研究	浙江省科技进步奖	2	亚林所	龚榜初
490	1979	竹螟防治研究及天敌利用	浙江省科技成果奖	3	亚林所	徐天森
491	1980	油茶芽苗砧嫁接技术的研究	浙江省科技成果奖	3	亚林所	韩宁林
492	1985	安吉竹种园	浙江省科技进步奖	3	亚林所	马乃训
493	1986	油茶抗炭疽病机制的研究	浙江省科技进步奖	3	亚林所	王敬文
494	1986	浙江省马尾松种源测定	浙江省科技进步奖	3	亚林所	陈建仁
495	1986	浙江省湿地松、火炬松引种调查	浙江省科技进步奖	3	亚林所	刘昭息
496	1988	马尾松优树资源选择与嫁接技术研究	浙江省科技进步奖	3	亚林所	秦国峰
497	1996	杉木一代种子园丰产技术及遗传效益研究	浙江省科技进步奖	3	亚林所	王赵民
498	1996	火炬松纸浆材良种选育的研究	浙江省科技进步奖	3	亚林所	刘昭息
499	1997	马尾松造纸材定向选育及种子园丰产技术研究	浙江省科技进步奖	3	亚林所	秦国峰
500	1997	马尾松不同类型苗木培育技术的系列研究	浙江省科技进步奖	3	亚林所	秦国峰
501	1998	组培苗商品化开发和利用研究	浙江省科技进步奖	3	亚林所	阙国宁
502	2000	高产高效叶用银杏促成栽培研究	浙江省科技进步奖	3	亚林所	韩宁林
503	2002	樟树地理种源变异规律研究和绿化用优育种源研究	浙江省科技进步奖	3	亚林所	姚小华
504	2003	浙江省阔叶绿化树种选育和快繁技术研究	浙江省科技进步奖	3	亚林所	姜景民
505	2004	马尾松杂交育种及二代建园材料选择研究	浙江省科技进步奖	3	亚林所	金国庆
506	2007	木荷高效生物防火优良种源选择和应用	浙江省科技进步奖	3	亚林所	周志春

（续）

序号	获奖年度	成果名称	奖励名称	等级	第一完成单位	第一完成人
507	1978	云南省紫胶虫自然产区形成条件及其类型的研究	云南省科学大会奖		资昆所	张诗财
508	1991	紫胶生产技术的研究与推广	云南省科技进步奖	1	资昆所	侯开卫
509	2003	云南民族食用昆虫资源考察及利用前景评述	云南省科学技术奖	2	资昆所	冯　颖
510	2003	干热河谷地区刺云实速生丰产试验示范及加工技术研究	云南省科学技术奖	2	资昆所	夏定久
511	2006	紫胶虫遗传资源基因库建立及遗传试验	云南省科学技术奖	2	资昆所	陈晓鸣
512	1993	余甘子保健饮料的研制	云南省科技进步奖	3	资昆所	刘凤书
513	1993	改造利用野生倍林提高角倍产量技术	云南省科技进步奖	3	资昆所	赖永祺
514	1993	紫胶园树种配置技术的研究	云南省科技进步奖	3	资昆所	刘化琴
515	2008	金沙江流域退耕还林（竹）综合配套技术试验示范	云南省科技进步奖	3	资昆所	李　昆
516	2001	木本豆类马鹿花、木豆蛋白饲料资源开发	云南省科学技术奖	3	资昆所	吕福基
517	2001	松毛虫应用价值及其对松毛虫防治的作用	云南省科学技术奖	3	资昆所	何剑中
518	2003	澜沧江、珠江二大生态防护林工程马鹿花造林技术试验示范	云南省科学技术奖	3	资昆所	谷　勇
519	2003	木豆新品种及栽培技术引进	云南省科学技术奖	3	资昆所	李正红
520	2005	印棟引种及优质丰产栽培技术研究	云南省科学技术奖	3	资昆所	张燕平
521	2007	红河、珠江流域石质山地植被恢复模式的研究	云南省科学技术奖	3	资昆所	谷　勇
522	2003	柠檬酸专用活性炭开发研究	江苏省科技进步奖	2	林化所	蒋剑春
523	2002	高效低能耗造纸废水处理工业应用技术	江苏省科技进步奖	3	林化所	施英乔
524	2003	高固体含量多分散聚合物乳液开发技术研究	江苏省科技进步奖	3	林化所	储富祥
525	2005	户外电气绝缘环氧树脂高分子新材料技术研究与开发	江苏省科技进步奖	3	林化所	孔振武
526	1985	杨树与刺槐混交的研究	北京市科技成果奖	2	林业所	黄东森
527	1985	沙兰杨、I—214杨引种	北京市科技成果奖	2	林业所	黄东森
528	2002	以利用白蛾周氏啮小蜂为主的生物防治美国白蛾技术研究	北京市科技进步奖	2	森环森保所	杨忠岐
529	1978	平原造林技术研究	河南省科技成果奖		林业所	翟书德
530	1978	桐粮间作效益的研究	河南省科技成果奖		林业所	翟书德
531	1978	毛竹丰产和北移的研究	河南省科技成果奖		林业所	翟书德
532	1978	泡桐丛枝病的研究	河南省科技成果奖		林业所	金开璇
533	2002	太行山低山丘陵复合农林业配套技术研究	河南省科技进步奖	1	林业所	孟　平
534	1993	应用中医药防治泡桐丛枝病综合技术研究	河南省科技进步奖	2	泡桐中心	余　杰
535	2002	利用诱饵树对杨树天牛进行可持续控制技术研究	河南省科技进步奖	2	森环森保所	高瑞桐
536	2007	枣良种光雾工厂化快繁无土育苗技术研究与应用	河南省科技进步奖	2	泡桐中心	阎艳霞
537	1993	泡桐大袋蛾生物防治技术研究	河南省科技进步奖	3	泡桐中心	庞　辉
538	2005	安徽省森林生态网络体系建设研究	安徽省科学技术奖	2	中国林科院	彭镇华
539	2003	大岗山森林生态系统定位研究	江西省科技进步奖	2	亚林中心	王　兵
540	1993	杉木优良家系区域试验及其综合选择和永续利用	江西省科技进步奖	3	亚林中心	王华缄
541	1991	柚木在广西引种栽培	广西区科技进步奖	3	热林中心	黄镜光
542	1984	杨树"小老树"改造及丰产技术研究	山西省科技成果奖	1	林业所	黄东森
543	1995	海南省短轮伐期薪材、用材林树种选择及栽培技术研究	海南省科技进步奖	2	热林所	郑海水
544	1998	海南蝴蝶资源调查与开发利用研究	海南省科技进步奖	1	热林所	顾茂彬
545	1980	边境和林区防火道灭生性化学除草技术的研究	吉林省科技成果奖	4	林业所	陈国海
546	2009	落叶松遗传改良与定向培育技术体系	中国林科院科技奖	1	林业所	张守攻
547	2009	华南主要速生阔叶树种良种选育及高效培育技术	中国林科院科技奖	2	热林所	徐大平
548	2009	紫胶资源高效培育与加工利用关键技术研究与推广	中国林科院科技奖	2	资昆所	陈晓鸣
549	2009	人造板及其制品环境指标监测技术体系	中国林科院科技奖	2	木工所	周玉成
550	2009	低质木材节能减排制浆关键技术	中国林科院科技奖	2	林化所	房桂干
551	2010	核桃增产潜势技术创新体系	中国林科院科技奖	1	林业所	裴东

（续）

序号	获奖年度	成果名称	奖励名称	等级	第一完成单位	第一完成人
552	2010	承载型竹基复合材料制造关键技术与装备开发应用	中国林科院科技奖	2	北京林机所	傅万四
553	2010	库姆塔格沙漠综合科学考察	中国林科院科技奖	2	林业所	吴波
554	2010	生物质多途径热解气化关键技术开发与应用	中国林科院科技奖	2	林化所	蒋剑春
555	2010	林木育苗新技术	中国林科院科技奖	2	林业所	张建国
556	2010	高性能竹基复合材料制造技术	中国林科院科技奖	2	木工所	于文吉
557	2010	银杏叶活性提取物高效制备及应用开发	中国林科院科技奖	2	林化所	王成章
558	2011	杨树种质资源创新与利用及功能分子标记开发	中国林科院科技奖	1	林业所	苏晓华
559	2011	森林资源综合监测技术体系研究	中国林科院科技奖	1	资源所	鞠洪波
560	2011	天然林生态恢复的原理与技术研究	中国林科院科技奖	2	森环森保所	刘世荣
561	2011	环境安全型木塑复合人造板及工程材料制造技术	中国林科院科技奖	2	木工所	王正
562	2011	典型退化湿地功能恢复与评价技术体系	中国林科院科技奖	2	湿地所	崔丽娟
563	2012	松香改性木本油脂基环氧固化剂制备技术与产业化开发	中国林科院科技奖	2	林化所	夏建陵
564	2012	杜仲高效培育与综合利用关键技术研究与推广	中国林科院科技奖	2	泡桐中心	杜红岩
565	2012	人工林软质木材改性处理技术	中国林科院科技奖	2	木工所	刘君良
566	2012	县级森林火灾扑救应急指挥系统研发与应用	中国林科院科技奖	2	森环森保所	舒立福
567	2012	耐寒桉树种质资源改良及培育技术	中国林科院科技奖	2	桉树中心	谢耀坚
568	2012	玉兰属植物资源分类及新品种选育研究	中国林科院科技奖	2	泡桐中心	傅大立
569	2013	中国竹类资源调查及《中国竹类图志》的编撰	中国林科院科技奖	2	资昆所	易同培
570	2013	中国荒漠植物资源调查与图鉴编撰	中国林科院科技奖	2	林业所	褚建民
571	2013	红树林快速恢复与重建技术研究	中国林科院科技奖	2	热林所	廖宝文
572	2013	卡特兰属类系统分类、培育及整合利用	中国林科院科技奖	2	林业所	王雁
573	2013	重大林木蛀干害虫－栗山天牛无公害综合防治技术研究	中国林科院科技奖	2	森环森保所	杨忠岐
574	2013	昆虫标本全息多媒体管理信息系统及采集利用技术	中国林科院科技奖	2	森环森保所	张真
575	2014	小径材高得率制浆清洁生产关键技术及产业化	中国林科院科技奖	1	林化所	房桂干
576	2014	云杉属种质资源收集评价与繁殖利用	中国林科院科技奖	2	林业所	王军辉
577	2014	长江上游岷江流域森林植被生态水文过程的耦合与长期演变机制	中国林科院科技奖	2	森环森保所	刘世荣
578	2014	国外松优良种质创制及良种繁育关键技术研究与应用	中国林科院科技奖	2	亚林所	姜景民
579	2014	轻型木结构材料制造与应用技术	中国林科院科技奖	2	木工所	任海青
580	2016	桉树工业原料林良种创制及高效培育技术	中国林科院重大科技奖		桉树中心	谢耀坚
581	2016	原态重组等四种竹材加工关键技术装备开发与应用	中国林科院重大科技奖		北京林机所	傅万四
582	2016	落叶松结构材资源培育与高附加值利用技术	中国林科院重大科技奖		林业所	孙晓梅
583	2016	认识湿地	中国林科院重大科技奖		湿地所	崔丽娟
584	2016	观赏蝴蝶规模化人工养殖及蝴蝶自然景观构建关键技术	中国林科院重大科技奖		资昆所	陈晓鸣
585	2017	高分辨率遥感林业应用技术与服务平台	中国林科院重大科技奖		资源所	李增元
586	2017	新型木质定向重组材料制造技术与产业化示范	中国林科院重大科技奖		木工所	于文吉
587	2017	县级森林火灾预警技术系统研发与应用	中国林科院重大科技奖		森环森保所	舒立福
588	2017	数字化森林资源监测技术	中国林科院重大科技奖		资源所	鞠洪波
589	2017	杉木良种选育与高效培育技术研究	中国林科院重大科技奖		林业所	张建国
590	2008	金沙江流域退耕还林（竹）综合配套技术试验示范	云南省科技进步奖	3	资昆所	李昆
591	2009	中北亚热带高山区日本落叶松多水平遗传评价与高世代育种研究	湖北省科技进步奖	1	湖北林科院	张守攻
592	2009	人造板及其制品环境指标的检测技术体系	北京市科技进步奖	1	木工所	周玉成
593	2009	南方红豆杉和三尖杉药用种质选择及高效栽培	浙江省科技进步奖	3	亚林所	周志春
594	2009	国家湿地公园资源管理和经营模式研究－以杭州西溪湿地公园为例	浙江省科技进步奖	3	亚林所	吴明

（续）

序号	获奖年度	成果名称	奖励名称	等级	第一完成单位	第一完成人
595	2009	甜角良种繁育及栽培技术	云南省科技进步奖	3	资昆所	杨时宇
596	2010	锥形流化床生物质热解气化技术研究与应用	江苏省科技进步奖	2	林化所	蒋剑春
597	2010	药用石斛繁育与栽培技术引进	云南省科技进步奖	3	资昆所	李　昆
598	2010	竹林生物肥产业化与高效经营技术推广	浙江省科技进步奖	3	亚林所	顾小平
599	2011	杜仲高产胶良种选育及果园化高效集约栽培技术	河南省科技进步奖	1	泡桐中心	李芳东
600	2011	油茶加工关键技术与新产品研究	浙江省科技进步奖	2	亚林所	姚小华
601	2011	山茶花新品种选育及产业化关键技术研究	浙江省科技进步奖	2	亚林所	李纪元
602	2011	东南沿海抗逆植物材料繁育技术研究及耐盐转基因平台构建	浙江省科技进步奖	2	亚林所	孙海菁
603	2011	竹质高性能活性炭生产工艺与设备研究	浙江省科技进步奖	2	竹子中心	王树东
604	2011	银杏叶生物活性物高效制备关键技术及应用	江苏省科技进步奖	3	林化所	王成章
605	2012	紫胶资源高效培育与精加工技术体系创新集成	云南省科技进步奖	1	资昆所	陈晓鸣
606	2012	承载型竹基复合材料制造关键技术与装备开发应用	北京市科学技术奖	2	北京林机所	傅万四
607	2012	红豆树、木荷等6种珍贵用材树种品种选育和高效培育技术	浙江省科学技术奖	2	亚林所	周志春
608	2012	薄壳山核桃良种选育与规模化扩繁技术研究	浙江省科学技术奖	2	亚林所	王开良
609	2012	杉木高世代育种群体建立和优质速生新品种选育	浙江省科学技术奖	3	亚林所	何贵平
610	2013	杭州湾典型湿地资源监测与恢复技术研究	浙江省科学技术奖	2	亚林所	吴　明
611	2013	高性能竹基纤维复合材料制造技术	北京市科学技术奖	2	木工所	于文吉
612	2013	生物质替代有害原料制备聚氨酯节能环保材料关键技术开发	江苏省科学技术奖	2	林化所	周永红
613	2013	环境安全型木塑复合人造板及其制品关键制造技术	北京市科学技术奖	3	木工所	王　正
614	2013	中国竹类资源调查及《中国竹类图图志》的编撰	云南省科学技术奖	3	资昆所	易同培
615	2014	红树林快速恢复与重建技术研究	广东省科学技术奖	1	热林所	廖宝文
616	2014	低覆盖度防风治沙的原理与模式	内蒙古自治区科学技术奖	1	内蒙古林科院	杨文斌
617	2014	国外松多世代育种体系构建与良种创制利用	浙江省科学技术奖	2	亚林所	姜景民
618	2014	玉兰属植物资源分类及新品种选育研究	河南省科学技术奖	2	泡桐中心	傅大立
619	2014	低质纤维原料化学机械浆节能清洁生产技术及核心装备	中国轻工业联合会科技进步奖	2	林化所	房桂干
620	2014	厚朴野生种群遗传多样化及繁育关键技术	浙江省科学技术奖	3	亚林所	杨志玲
621	2015	三峡库区高效防护林体系构建及优化技术集成示范	湖北省科技奖	1	湖北林科院	肖文发
622	2015	轻型木质结构材料制造技术与应用技术	北京市科技奖	2	木工所	任海清
623	2015	新型木竹重组材制造技术及管件装备	河北省科技奖	2	廊坊市双安结构胶合板研究所	于文吉
624	2015	笋用林钻蛀性害虫监测及综合治理技术研究与示范	浙江省科技奖	2	亚林所	王浩杰
625	2015	杜仲、银杏功能型食用菌开发与应用	河南省科技奖	3	泡桐中心	黄文豪
626	2016	人工林软质木材提质优化技术研究与应用	北京市科技奖	3	木材所	刘君良
627	2016	农林剩余物低能耗清洁制浆关键技术及产业化	江苏省科技奖	3	林化所	房桂干
628	2017	结构化森林经营技术研究与推广应用	甘肃省科技奖	2	甘肃省小陇山林业实验局林业科学研究所	惠刚盈
629	2017	油茶籽品质变化规律和特色制油关键技术研究及产业化	浙江省科技奖	2	亚林所	方学智
630	2017	观赏蝴蝶规模化人工养殖及蝴蝶自然景观构建关键技术	云南省科技奖	1	资昆所	陈晓鸣
631	2017	高分辨率遥感林业应用技术与服务平台	2017年地理信息科技进步奖		资源所	李增元
632	2017	塔克拉玛干沙漠绿洲外围防风固沙体系及流动沙丘固定技术研究与示范	新疆维吾尔自治区科技奖	2	新疆林业科学院	贾志清
633	2009	东北天然林生态采伐更新技术	第三届梁希科学技术奖	1	资源所	唐守正
634	2009	木结构建筑材料开发与应用	第三届梁希科学技术奖	2	木工所	费本华
635	2009	防火林带阻火机理和营造技术研究	第三届梁希科学技术奖	2	森环森保所	舒立福

（续）

序号	获奖年度	成果名称	奖励名称	等级	第一完成单位	第一完成人
636	2009	优良地锦新品种培育及其在特殊立地绿化中应用技术研究	第三届梁希科学技术奖	3	林业所	孙振元
637	2009	松叶蜂性信息素鉴定合成和应用技术	第三届梁希科学技术奖	3	森环森保所	张　真
638	2009	焦性没食子酸制备新技术产业化	第三届梁希科学技术奖	3	林化所	陈笳鸿
639	2009	人工林立木质量的应力波无损评估技术	第三届梁希科学技术奖	3	木工所	姜笑梅
640	2011	森林资源综合监测技术体系研究	第四届梁希科学技术奖	1	资源所	鞠洪波
641	2011	杨树种质资源创新与利用及功能分子标记开发	第四届梁希科学技术奖	1	林业所	苏晓华
642	2011	库姆塔格沙漠综合科学考察及主要科学发现	第四届梁希科学技术奖	2	荒漠化所	卢　琦
643	2011	中国森林生态服务功能评估	第四届梁希科学技术奖	2	森环森保所	王　兵
644	2011	松毛虫复杂性动态变化规律及性信息素监测技术	第四届梁希科学技术奖	2	森环森保所	张　真
645	2011	结构化森林经营	第四届梁希科学技术奖	2	林业所	惠刚盈
646	2011	环境安全型木塑复合人造板及工程材料制造技术	第四届梁希科学技术奖	2	木工所	王　正
647	2011	森林火灾致灾机理与综合防控技术	第四届梁希科学技术奖	2	森环森保所	舒立福
648	2011	承载型竹基复合材料制造关键技术与装备开发应用	第四届梁希科学技术奖	2	北京林机所	傅万四
649	2011	茶油加工关键技术与新产品研发	第四届梁希科学技术奖	2	亚林所	王亚萍
650	2011	耐寒桉树种质资源改良及培育技术	第四届梁希科学技术奖	2	桉树中心	谢耀坚
651	2011	高性能竹基复合材料制造技术	第四届梁希科学技术奖	2	木工所	于文吉
652	2011	木塑复合材料的挤出成型及产品开发	第四届梁希科学技术奖	3	木工所	秦特夫
653	2011	苗圃机械化精细作业关键技术装备	第四届梁希科学技术奖	3	哈尔滨林机所	吴兆迁
654	2011	植物单宁加工业标准化研究与林业行业标准制定修订	第四届梁希科学技术奖	3	林化所	陈笳鸿
655	2011	城市休憩林保健因子综合评价（AHI）与健康生活应用	第四届梁希科学技术奖	3	林业所	王　成
656	2013	县级森林火灾扑救应急指挥系统研发与应用	第五届梁希科学技术奖	1	森环森保所	舒立福
657	2013	东北天然林生长模型系与多目标经营规划技术	第五届梁希科学技术奖	2	资源所	张会儒
658	2013	华南主要速生阔叶树种良选育及高效培育技术	第五届梁希科学技术奖	2	热林所	徐大平
659	2013	马尾松二代遗传改良和良种繁育技术研究及应用	第五届梁希科学技术奖	2	亚林所	周志春
660	2013	松香改性木本油脂基环氧固化剂制备技术与产业化开发	第五届梁希科学技术奖	2	林化所	夏建陵
661	2013	人工林杨树木材改性技术研究与示范	第五届梁希科学技术奖	2	木工所	刘君良
662	2013	美国白蛾核型多角体病毒生产与应用技术	第五届梁希科学技术奖	2	森环森保所	张永安
663	2013	中国荒漠植物资源调查与图鉴编撰	第五届梁希科学技术奖	2	林业所	褚建民
664	2013	优质石蒜资源生态经济型培育及现代提取工艺制备加兰他敏关键技术	第五届梁希科学技术奖	3	亚林所	杨志玲
665	2013	茶籽油品质快速鉴定及全值化利用加工关键技术	第五届梁希科学技术奖	3	林化所	王成章
666	2015	长江上游岷江流域森林植被生态水文过程耦合与长期演变机制	第六届梁希科学技术奖	1	森环森保所	刘世荣
667	2015	云杉属种质资源收集评价优化创新与繁殖体系的构建	第六届梁希科学技术奖	1	林业所	王军辉
668	2015	重大林木蛀干害虫－－栗山天牛无公害综合防治技术研究	第六届梁希科学技术奖	2	森环森保所	杨忠岐
669	2015	卡特兰属类系统分类、培育与整合利用	第六届梁希科学技术奖	2	林业所	王　雁
670	2015	经营单位级森林多目标经营空间规划技术	第六届梁希科学技术奖	2	资源所	张会儒
671	2015	森林火灾发生、蔓延和扑救危险性预警技术研究与应用	第六届梁希科学技术奖	2	森环森保所	舒立福
672	2015	漆树活性提取物高效加工关键技术研究与应用	第六届梁希科学技术奖	2	林化所	王成章
673	2015	集体林权改革综合监测评价技术体系研究	第六届梁希科学技术奖	2	中国林科院	陈幸良
674	2015	竹材原态重组材料制造关键技术与设备开发应用	第六届梁希科学技术奖	2	北京林机所	傅万四
675	2015	毛竹材用林下多花黄精符合经营技术	第六届梁希科学技术奖	3	亚林所	陈双林
676	2015	中国黑戈壁研究	第六届梁希科学技术奖	3	荒漠化所	冯益明
677	2016	低等级木材高得率制浆清洁生产关键技术	第七届梁希科学技术奖	1	林化所	房桂干
678	2016	国产木材在轻型木结构中应用关键技术	第七届梁希科学技术奖	2	木材所	任海青
679	2016	西北干旱缺水地区森林植被的水文影响及林水协调管理技术	第七届梁希科学技术奖	2	森环森保所	王彦辉

（续）

序号	获奖年度	成果名称	奖励名称	等级	第一完成单位	第一完成人
680	2016	中国森林碳计量方法与应用	第七届梁希科学技术奖	2	森环森保所	肖文发
681	2016	山茶花新品种选育及产业化关键技术	第七届梁希科学技术奖	2	亚林所	李纪元
682	2016	国际林产品贸易中的碳转移计量与监测研究	第七届梁希科学技术奖	2	科信所	陈幸良
683	2016	短周期工业用毛竹大径材的培育技术集成与示范	第七届梁希科学技术奖	2	亚林所	谢锦忠
684	2016	国产木材在轻型木结构中应用关键技术	第七届梁希科学技术奖	2	木材所	任海青
685	2016	木材加工高速电主轴制造技术与应用	第七届梁希科学技术奖	2	北京林机所	张　伟
686	2016	基于不同侵蚀驱动力的退耕还林工程生态连清技术研究与应用	第七届梁希科学技术奖	2	森环森保所	王　兵
687	2016	重要森林叶蜂生态学及综合调控技术	第七届梁希科学技术奖	2	森环森保所	张　真
688	2016	抑烟型阻燃中（高）密度纤维板生产技术与应用	第七届梁希科学技术奖	2	木材所	陈志林
689	2016	人工林多功能经营技术体系	第七届梁希科学技术奖	2	资源所	陆元昌
690	2016	典型高寒沙区植被恢复技术体系研究与示范	第七届梁希科学技术奖	3	荒漠化所	贾志清
691	2016	覆盖雷竹林劣变土壤生态修复技术研究与示范	第七届梁希科学技术奖	3	亚林所	郭子武
692	2016	茶油生产过程中质量安全控制	第七届梁希科学技术奖	33	亚林所	王亚萍
693	2016	木质材料表面高效阻燃技术及应用	第七届梁希科学技术奖	3	木材所	吴玉章
694	2017	数字化森林资源监测技术	第八届梁希科学技术奖	1	资源所	鞠洪波
695	2017	天然次生林结构化经营技术	第八届梁希科学技术奖	2	林业所	惠刚盈
696	2017	基于农户脱贫的丛生竹资源开发及笋用林高效经营技术	第八届梁希科学技术奖	2	亚林所	顾小平
697	2017	冰灾对南岭森林生态系统的影响	第八届梁希科学技术奖	2	热林所	周光益
698	2017	县级森林火灾预警技术系统研发与应用	第八届梁希科学技术奖	2	森环森保所	舒立福
699	2017	油橄榄提取物高效加工及清洁循环利用关键技术	第八届梁希科学技术奖	3	林化所	王成章
700	2017	东北林区天然林资源保护工程生态连清技术研究	第八届梁希科学技术奖	3	森环森保所	王　兵
701	2017	海南热带雨林恢复过程中的生物多样性变化规律研究	第八届梁希科学技术奖	3	热林所	李意德

附 件

附件 1 中国林科院历届院长、副院长，秘书长、副秘书长一览表

时 间	院 长	副 院 长							秘 书 长	副秘书长
1958 年	张克侠	张 昭 荀昌武							陶东岱	李万新
1959 年	张克侠	张 昭 荀昌武							陶东岱	李万新
1960 年	张克侠	张 昭 荀昌武							陶东岱	李万新
1961 年	张克侠	张 昭 荀昌武							陶东岱	
1962 年	张克侠	郑万钧 张瑞林							陶东岱	
1963 年	张克侠	郑万钧 李相符 张瑞林							陶东岱	
1964 年	张克侠	郑万钧 张瑞林 陶东岱								
1965 年	张克侠	郑万钧 张瑞林 陶东岱								
1966 年	张克侠	郑万钧 张瑞林								
1967 年	张克侠	郑万钧 张瑞林								
1968 年	张克侠	郑万钧 张瑞林								
1969 年	张克侠	郑万钧 张瑞林								
1970 至 1977 年		1970 年 8 月中国林科院与中国农科院合并为中国农林科学院 党的核心小组成员有赵秋志、缪荣兴、陶东岱								
1978 年	郑万钧	陶东岱 李万新 杨子争 吴中伦 王庆波								
1979 年	郑万钧	陶东岱 李万新 杨子争 吴中伦 王庆波								
1980 年	郑万钧	陶东岱 李万新 杨子争 吴中伦 王 恺 李子民 刘学恩 王庆波								
1981 年	郑万钧	陶东岱 李万新 杨子争 吴中伦 王 恺 李子民 王庆波								
1982 年	郑万钧（名誉院长） 黄 枢	王庆波 王 恺 侯治溥								
1983 年	郑万钧（名誉院长） 黄 枢	王庆波 王 恺 侯治溥								
1984 年	黄 枢	王庆波 王 恺 侯治溥								
1985 年	黄 枢	王庆波 王 恺 侯治溥								
1986 年 1～8 月	黄 枢	王庆波 王 恺 侯治溥								
1986 年 8 月	刘于鹤	侯治溥 陈统爱 缪荣兴								
1987 年	刘于鹤	陈统爱 缪荣兴 甄仁德								洪菊生
1988 年	刘于鹤	陈统爱 缪荣兴 甄仁德 刘永龙 洪菊生								
1989 年	刘于鹤	缪荣兴 甄仁德 刘永龙 洪菊生								
1990 年	刘于鹤	刘永龙 洪菊生 张久荣								

（续）

时 间	院 长	副 院 长	秘 书 长	副秘书长
1991 年	刘于鹤	洪菊生　张久荣		
1992 年 1～9 月	刘于鹤	洪菊生　张久荣		
1992 年 9 月	陈统爱	甄仁德　洪菊生　张久荣　宋 闯		
1993 年	陈统爱	甄仁德　洪菊生　张久荣　宋 闯		
1994 年	陈统爱	张久荣　洪菊生　宋 闯　熊耀国　罗 湘　慈龙骏		
1995 年	陈统爱	张久荣　洪菊生　宋 闯　熊耀国　罗 湘　慈龙骏		
1996 年 1～2 月	陈统爱	张久荣　洪菊生　宋 闯　熊耀国　罗 湘　慈龙骏		
1996 年 2 月	江泽慧	张久荣（常务）　洪菊生　宋 闯　熊耀国　罗 湘　慈龙骏		
1997 年	江泽慧	张久荣（常务）　宋 闯　熊耀国　慈龙骏　张守攻　李向阳		
1998 年	江泽慧	张久荣（常务）　熊耀国　慈龙骏　张守攻　李向阳		
1999 年	江泽慧	张久荣（常务）　熊耀国　张守攻　李向阳		
2000 年	江泽慧	张久荣（常务）　熊耀国　张守攻　李向阳　金 旻		
2001 年	江泽慧	张守攻（常务）　熊耀国　李向阳　金 旻		
2002 年	江泽慧	张守攻（常务）　熊耀国　李向阳　蔡登谷　金 旻		
2003 年	江泽慧	张守攻（常务）　熊耀国　李向阳　蔡登谷　金 旻		
2004 年	江泽慧	张守攻（常务）　李向阳　宋 闯　蔡登谷　金 旻　储富祥　刘世荣		
2005 年	江泽慧	张守攻（常务）　李向阳　宋 闯　蔡登谷　金 旻　储富祥　刘世荣		
2006 年 1～12 月	江泽慧	张守攻（常务）　李向阳　宋 闯　蔡登谷　金 旻　储富祥　刘世荣		
2006 年 12 月	张守攻	李向阳　宋 闯　蔡登谷　金 旻　储富祥　刘世荣		
2007 年	张守攻	李向阳　金 旻　储富祥　刘世荣		
2008 年	张守攻	李向阳　金 旻　储富祥　刘世荣		
2009 年	张守攻	李向阳　储富祥　刘世荣		
2010 年	张守攻	储富祥　刘世荣		
2011 年	张守攻	陈幸良　储富祥　刘世荣　孟 平　黄 坚		
2012 年	张守攻	叶 智　陈幸良　储富祥　刘世荣　孟 平　黄 坚		
2013 年	张守攻	叶 智　李岩泉　陈幸良　储富祥　刘世荣　孟 平　黄 坚		
2014 年	张守攻	叶 智　李岩泉　陈幸良　储富祥　刘世荣　孟 平　黄 坚		
2015 年	张守攻	叶 智　李岩泉　陈幸良　储富祥　刘世荣　孟 平　黄 坚		
2016 年	张守攻	叶 智　李岩泉　储富祥　刘世荣　孟 平　黄 坚		
2017 年	张守攻	叶 智　李岩泉　储富祥　刘世荣　孟 平　黄 坚　肖文发		
2018 年	张守攻	叶 智　李岩泉　储富祥　刘世荣　孟 平　黄 坚　肖文发		

附件 2　中共中国林科院历届分党组（党委）成员一览表

时　间	书　记	副书记	委　员　（成　员）						党委/分党组
1958 年	张克侠	刘永良	陶东岱	李万新	陈致生	徐纬英	周在有		党委
1959 年	张克侠	刘永良	陶东岱	李万新	陈致生	徐纬英	周在有		
1960 年	张克侠		陶东岱	李万新	徐纬英	杨义	陈致生		
1961 年	张克侠		张瑞林	陶东岱	徐纬英	朱介子	杨　义	陈致生	分党组
1962 年	张克侠		郑万钧　张瑞林　陶东岱　徐纬英　朱介子　杨　义 陈致生						
1963 年	张克侠		郑万钧　李相符　张瑞林　陶东岱　徐纬英　朱介子 杨　义　陈致生						
1964 年	张克侠		郑万钧	张瑞林	陶东岱	徐纬英	朱介子	陈致生	
1965 年	张克侠		郑万钧	张瑞林	徐纬英	朱介子	陈致生		
1966 年	张克侠		郑万钧	张瑞林	徐纬英	朱介子	陈致生		
1967 年	张克侠		郑万钧	张瑞林	徐纬英	朱介子	陈致生		
1968 年	张克侠		郑万钧	张瑞林	徐纬英	朱介子	陈致生		
1969 年									
1970 ~ 1977 年			1970 年 8 月中国林科院与中国农科院合并为中国农林科学院 党的核心小组成员有赵秋志、缪荣兴、陶东岱						
1978 年	梁昌武	陶东岱	郑万钧	李万新	杨子争	吴中伦	王庆波		分党组
1979 年	梁昌武	陶东岱	郑万钧	李万新	杨子争	吴中伦	王庆波		
1980 年	梁昌武	陶东岱	郑万钧　李万新　杨子争　吴中伦　王　恺　刘学恩 李子民　王庆波						
1981 年	梁昌武	陶东岱	郑万钧　李万新　杨子争　吴中伦　王　恺　李子民 王庆波						
1982 年 1 ~ 10 月	梁昌武	陶东岱	郑万钧　李万新　杨子争　吴中伦　王　恺　李子民 王庆波						
1982 年 10 月	杨文英	王庆波	黄　枢	王　恺	侯治溥				党委
1983 年	杨文英	黄　枢 王庆波	王　恺	侯治溥					
1984 年	杨文英	黄　枢 王庆波	王　恺	侯治溥					
1985 年	杨文英	黄　枢	王　恺	侯治溥					
1986 年 1 ~ 8 月	杨文英	黄　枢	王　恺	侯治溥					
1986 年 8 月	刘于鹤		侯治溥	陈统爱	缪荣兴	甄仁德	刘永龙	罗　湘	分党组
1987 年	刘于鹤		陈统爱	缪荣兴	甄仁德	刘永龙	罗　湘		
1988 年	刘于鹤		陈统爱	缪荣兴	甄仁德	刘永龙	洪菊生	罗　湘	
1989 年	刘于鹤		缪荣兴	甄仁德	刘永龙	洪菊生	罗　湘		党委
1990 年	刘于鹤		刘永龙	洪菊生	张久荣	罗　湘			
1991 年	刘于鹤	罗　湘	洪菊生	张久荣					
1992 年 1 ~ 9 月	刘于鹤	罗　湘	洪菊生	张久荣					
1992 年 9 ~ 11 月	甄仁德		罗　湘	洪菊生	张久荣				

（续）

时 间	书 记	副书记	委 员（成 员）	
1992年11~12月	陈统爱	甄仁德	洪菊生　张久荣　宋　闯	
1993年	陈统爱	甄仁德	洪菊生　张久荣　宋　闯　罗　湘	
1994年	陈统爱	张久荣	洪菊生　宋　闯　熊耀国　罗　湘	
1995年	陈统爱	张久荣	洪菊生　宋　闯　熊耀国　罗　湘	
1996年1~2月	陈统爱	张久荣	洪菊生　宋　闯　熊耀国　罗　湘	
1996年2月	江泽慧	张久荣	洪菊生　宋　闯　熊耀国　罗　湘	
1997年	江泽慧	张久荣	宋　闯　熊耀国　张守攻　李向阳	
1998年	江泽慧	张久荣	宋　闯　熊耀国　张守攻　李向阳	
1999年	江泽慧	张久荣	宋　闯　熊耀国　张守攻　李向阳　蔡登谷	
2000年	江泽慧	张久荣	宋　闯　熊耀国　张守攻　李向阳　蔡登谷　金　旻	
2001年	江泽慧		张守攻　宋　闯　熊耀国　李向阳　蔡登谷　金　旻	
2002年	江泽慧		张守攻　宋　闯　熊耀国　李向阳　蔡登谷　金　旻 陈幸良	
2003年	江泽慧		张守攻　宋　闯　熊耀国　李向阳　蔡登谷　金　旻 陈幸良	
2004年	江泽慧	李向阳（常务）	张守攻　宋　闯　蔡登谷　金　旻　陈幸良　储富祥 刘世荣	
2005年	江泽慧	李向阳（常务）	张守攻　宋　闯　蔡登谷　金　旻　陈幸良　储富祥 刘世荣	
2006年1~12月	江泽慧	李向阳（常务）	张守攻　宋　闯　蔡登谷　金　旻　陈幸良　储富祥 刘世荣	
2006年12月	张守攻	李向阳（常务）	宋　闯　蔡登谷　金　旻　陈幸良　储富祥　刘世荣	
2007年	张守攻	李向阳（常务）	金　旻　陈幸良　储富祥　刘世荣	
2008年	张守攻	李向阳（常务）	金　旻　陈幸良　储富祥　刘世荣	
2009年	张守攻	李向阳（常务）	陈幸良　储富祥　刘世荣	
2010年	张守攻		陈幸良　储富祥　刘世荣	
2011年	张守攻	叶　智	陈幸良　储富祥　刘世荣　孟　平　黄　坚	
2012年1月	叶　智	张守攻	陈幸良　储富祥　刘世荣　孟　平　黄　坚	
2013年	叶　智	张守攻	李岩泉　储富祥　刘世荣　孟　平　黄　坚	
2014年	叶　智	张守攻	李岩泉　储富祥　孟　平　黄　坚	
2015年	叶　智	张守攻	李岩泉　储富祥　孟　平　黄　坚	
2016年	叶　智	张守攻	李岩泉　储富祥　孟　平　黄　坚	
2017年	叶　智	张守攻	李岩泉　储富祥　孟　平　黄　坚　肖文发	
2018年	叶　智	张守攻	李岩泉　储富祥　孟　平　黄　坚　肖文发	

分党组

附件3　中国林科院研究员及相当职称人员名单

部门	研究员及相当职称人员名单								
院　部	王　恺	王　琰	王玉堂	王军辉	尹发权	兰再平	朱春全	刘于鹤	刘世荣
	江泽慧	李向阳	李全梓	李溪林	杨茂瑞	肖文发	吴中伦	吴金坤	何介田
	张大华	张久荣	张艺华	张华新	张守攻	张维钧	陆文明	陈幸良	陈统爱
	陈绪和	金　旻	郑万钧	孟　平	侯治溥	洪菊生	唐午庆	黄伟观	黄鹤羽
	储富祥	曾庆银	慈龙骏	赫广森	蔡登谷	熊耀国	樊能廷	潘允中	魏俊义
林业所	于淑兰	马文元	马常耕	王　成	王　涛	王　琦	王　雁	王世绩	王兆凤
	王学聘	王贵禧	王笑山	王博英	王豁然	石青峰	卢孟柱	乐天宇	刘兴臣
	刘寿坡	刘奉觉	刘金龙	齐力旺	许新桥	孙振元	孙晓梅	阳含熙	花晓梅
	苏晓华	李庆梅	李昌哲	李贻铨	李清河	李潞滨	杨立文	杨光滢	杨自湘
	杨承栋	杨继镐	连友钦	邱德有	何彩云	宋兆民	张万儒	张旭东	张冰玉
	张孚允	张劲松	张英伯	张建国	张绮纹	张毅萍	陈　嵘	陈国海	陈章水
	范少辉	罗志斌	竺肇华	周士威	郑世锴	郑勇奇	赵汉章	赵　宝	赵宗哲
	胡建军	段爱国	施行博	姜春前	贾成章	贾宝全	贾慧君	顾万春	徐化成
	徐纬英	徐梅卿	奚声珂	高尚武	唐　燿	黄　铨	黄东森	黄雨霖	黄秦军
	盛炜彤	阎　洪	彭南轩	彭镇华	韩　蕾	韩一凡	惠刚盈	焦如珍	雷静品
	褚建民	裴　东	潘志刚						
亚林所	马乃训	王开良	王赵明	王浩杰	王敬风	王敬文	石全太	朱德俊	刘昭息
	汤富彬	苏梦云	李玉萍	李江南	李纪元	杨志玲	肖江华	吴　明	何贵平
	汪阳东	迟　健	张文燕	张建峰	陈双林	陈光才	陈连庆	陈建仁	陈益泰
	邵蓓蓓	林少韩	卓仁英	周本智	周志春	赵锦年	姜景民	洪顺山	费学谦
	姚小华	秦国峰	袁志林	顾小平	徐天森	翁月霞	高继银	龚榜初	龚榜楚
	韩宁林	傅懋毅	谢锦忠	裘福庚	虞木奎	阙国宁			
热林所	弓明钦	尹光天	甘四明	白嘉雨	邝炳朝	仲崇禄	许　涵	许煌灿	孙　冰
	李意德	杨曾奖	吴仲民	张方秋	陆俊锟	陈步峰	周再知	周光益	郑松发
	郑海水	郑德璋	顾茂彬	徐大平	徐建民	黄世能	鄂育智	康丽华	梁坤南
	梁俊峰	曾　杰	曾庆波	曾炳山	梁坤南	廖宝文	廖绍波		
森环森保所	于建国	于澎涛	马光靖	马雪华	王　兵	王小艺	王文芝	王彦辉	孔祥波
	田国忠	田晓瑞	史作民	朴春根	吕　全	向玉英	刘常富	江泽平	孙鹏森
	孙福生	孙翠玲	严东辉	严静君	苏化龙	李天生	李文钿	李兆麟	李迪强
	李建文	杨忠岐	杨宝君	肖刚柔	吴　坚	汪来发	宋朝枢	张　真	张小全
	张清华	张锡津	陆　军	陈昌洁	陈炳浩	尚　鹤	金　崐	周淑芷	赵文霞
	侯韵秋	洪　涛	姚德富	袁嗣令	徐　庆	徐德应	高瑞桐	郭秀珍	郭泉水
	黄志霖	梁　军	梁成杰	梁崇岐	蒋有绪	韩素英	程瑞梅	舒立福	曾大鹏
	楚国忠	褚卫东	臧润国	戴莲韵					
资源所	王　宏	王雪峰	车学俭	田　昕	华网坤	刘德晶	纪　平	杜纪山	李志清
	李希菲	李海奎	李增元	张　旭	张玉贵	张会儒	张怀清	陆元昌	陈尔学
	陈永富	武红敢	易浩若	庞　勇	赵宪文	侯作春	徐冠华	高志海	唐小明
	唐守正	黄中立	黄清麟	符利勇	雷相东	雷渊才	谭炳香	鞠洪波	
资昆所	石　雷	史军义	冯　颖	刘万德	刘化琴	刘凤书	苏建荣	李　昆	李正红
	李绍家	杨　璞	杨子祥	杨汉奇	杨时宇	何剑中	张　弘	张长海	张福海
	张燕平	陈　航	陈又清	陈玉德	陈晓鸣	陈智勇	欧炳荣	段琼芬	侯开卫
	夏定久	唐乾若	赖永祺						

（续）

部　门	研究员及相当职称人员名单								
科信所	丁蕴一	王士坤	王希群	王忠明	王登举	朱石麟	刘开玲	关百钧	李卫东
	李忠魁	李剑泉	李维长	李智勇	吴水荣	何友均	何桂梅	沈照仁	张作芳
	陈兆文	陈如平	陈绍志	邵青还	林凤鸣	郑玉华	孟永庆	胡延杰	侯元兆
	施昆山	徐　斌	徐长波	彭修义	韩有钧	樊宝敏	魏宝麟		
木工所	于文吉	王　正	王天佑	王志同	王金林	王培元	邓　侃	龙　玲	叶克林
	史广兴	成俊卿	吕　斌	吕建雄	朱家琪	朱焕明	朱惠方	任海青	刘君良
	刘燕吉	刘耀麟	阮维之	孙振鸢	李改云	李荣俊	李源哲	杨　忠	吴书泓
	吴玉章	吴树栋	吴健身	何乃彰	何定华	汪华福	张　群	张占宽	张立菲
	张厚培	陆熙娴	陈士英	陈平安	陈志林	罗文士	周　明	周　釜	周玉成
	周永东	周光化	孟宪树	赵荣军	段新芳	姜　征	姜笑梅	祖勃荪	秦特夫
	夏志远	殷亚方	郭文静	黄艺文	黄荣凤	黄洛华	曹忠荣	董景华	蒋明亮
	程　放	傅　峰	鲍甫成	管　宁	滕通濂	颜　镇			
林化所	王　丹	王玉华	王成章	王宗濂	王定选	王春鹏	王基夫	孔令喜	孔振武
	邓先伦	古可隆	毕良武	吕时铎	刘　鹤	刘石彩	刘汉超	刘光良	刘先章
	刘军利	孙　康	李丙菊	杨　鸢	肖尊琰	吴在嵩	何源禄	应　浩	沈兆邦
	沈葵忠	宋永芳	宋湛谦	张宗和	张跃冬	陈玉湘	陈有地	陈笳鸿	陈锡朋
	郁　青	金　一	金　淳	周永红	周维纯	房桂干	赵守普	赵临五	赵振东
	胡立红	钟运猷	侯永发	饶小平	施英桥	贺近恪	聂小安	夏建陵	顾黎明
	徐　进	徐俊明	高　宏	唐金鑫	黄立新	黄嘉玲	商士斌	蒋剑春	谢明德
	谢庚年								
北京林机所	王晓军	张　伟	南生春	费本华	袁　东	傅万四	路　健		
哈尔滨林机所	马志远	王　忠	毕静波	朱元耀	刘少刚	刘明刚	汤晶宇	苏忠明	杜鹏东
	李克饶	李迪飞	李凯捷	吴兆迁	汪志文	宋景禄	张名振	陆惠山	邵振东
	罗克信	赵大伟	徐克生	栾　柯	郭克君	黄锦林	曹立生	樊冬温	
新技术所	万贤崇	杨文斌	赵爱云	贾志清					
热林中心	卢立华	白灵海	郭文福	蔡子良	蔡道雄				
亚林中心	马养俊	钟秋平	谭新建						
沙林中心	王志刚	刘德安	郝玉光	贾玉奎					
华林中心	孙长忠	张永安	陈道东	章尧想					
泡桐中心	王保平	乌云塔娜	叶金山	付大立	孙志强	杜红岩	李芳东	李宗然	夏良放
	常德龙	傅大立	傅建敏						
桉树中心	杨民胜	张国武	陈少雄	陈帅飞	罗建中	周旭东	谢耀坚		
竹子中心	丁兴萃	于　辉	王玉魁	王树东	吴良如	陈玉和	钟哲科	唐永裕	
湿地所	林英华	郭志华	梅秀英	龚明昊	崔丽娟				
荒漠化所	王学全	卢　琦	丛日春	冯益明	杨文斌	杨晓晖	吴　波	周金星	周泽福
	郭　浩	崔　明							

附件4 中国林科院获国际木材科学院院士一览表

序号	姓 名	工 作 单 位	国际重要学术组织名称	担任何种职务
1	贺近恪	林化所	国际木材科学院	院士
2	王定选	林化所	国际木材科学院	院士
3	鲍甫成	木工所	国际木材科学院	院士
4	江泽慧	院 部	国际木材科学院	院士
5	陈绪和	院 部	国际木材科学院	院士
6	储富祥	院 部	国际木材科学院	院士
7	蒋剑春	林化所	国际木材科学院	院士
8	叶克林	木工所	国际木材科学院	院士
9	吕建雄	木工所	国际木材科学院	院士
10	房桂干	林化所	国际木材科学院	院士
11	傅 峰	木工所	国际木材科学院	院士
12	殷亚方	木工所	国际木材科学院	院士

附件5　中国林科院获"友谊奖"外国专家一览表

序号	姓　名	国　别	获奖年份	个人简介
1	罗松年	加拿大	1999 年	加拿大魁北克大学制浆造纸中心纸浆造纸专家
2	许忠允	美　国	2001 年	美国农业部林务局南方林业研究院木材科学高级研究员
3	神足胜浩	日　本	2002 年	日本林业同友会技术合作顾问
4	秋山智英	日　本	2003 年	小渊基金事务局局长、造林专家
5	赫尔玛·阿蒂娜·赛德尔（女）	德　国	2004 年	德中友好协会的创始人、防沙治沙专家
6	王家璠	加拿大	2006 年	加拿大阿尔伯塔大学校长国际事务顾问、生态建设专家
7	斯坦凡诺·比索菲	意大利	2007 年	意大利杨树研究所所长、杨树育种专家
8	维克多·斯夸尔	澳大利亚	2011 年	澳大利亚阿德莱德大学教授、自然资源学院创办人、荒漠化防治专家
9	罗杰·詹姆斯·阿诺德	澳大利亚	2012 年	澳大利亚联邦科学与工业研究组织（CSIRO）林木遗传育种高级研究员
10	弗雷萨拉赫·槟彻勇	马来西亚	2013 年	马来西亚木材认证委员会主席、国际热带木材组织首任执行主任、森林认证专家
11	博纳德·戴尔	澳大利亚	2014 年	澳大利亚莫道克大学可持续生态系统研究所主任、植物生理学家
12	盖瑞·沃	澳大利亚	2015 年	澳大利亚木材工业教育委员会主任、墨尔本大学荣誉教授、木材加工技术及产品研发顾问
13	伊万·阿布鲁丹	罗马尼亚	2016 年	罗马尼亚布拉索夫特兰西瓦尼亚大学校长、罗马尼亚高等教育质量保证机构农业林业兽医委员会主席、中东欧林业院校校长联盟主席
14	迈克尔·温菲尔德	南非	2017 年	国际林联主席、南非科学院院士、比勒陀利亚大学农林生物技术研究所所长、森林病理专家

附件6 中国林科院在国际组织任职成员一览表

序号	姓 名	工作单位	国际组织名称	职 务
1	陆文明	院部	国际林业研究组织联盟	国际理事会中国代表
2	刘世荣	院部	国际林业研究组织联盟	国际理事会中国副代表
3	刘世荣	院部	国际林业研究组织联盟	执行委员会委员
4	刘世荣	院部	国际林业研究组织联盟	执行委员会出版委员会主席
5	刘世荣	院部	国际林业研究组织联盟	第八学部（森林环境学部）副协调员
6	刘世荣	院部	国际林业研究组织联盟	森林、土壤和水相互作用特别工作组管理委员会成员
7	于澎涛	森环森保所	国际林业研究组织联盟	森林、土壤和水相互作用特别工作组管理委员会成员
8	王豁然	林业所	国际林业研究组织联盟	第二学部（生理学和遗传学学部）阔叶材改良、培育与基因资源学科组长
9	苏晓华	林业所	国际林业研究组织联盟	第二学部（生理学和遗传学学部）林木种子、生理学及生物技术学科组副组长
10	殷亚方	木工所	国际林业研究组织联盟	第五学部（林产品学部）人工林木材性质与利用学科组副组长
11	储富祥	院部	国际林业研究组织联盟	第五学部（林产品学部）生物炼制学科组副组长
12	陆文明	院部	国际林业研究组织联盟	第五学部（林产品学部）林产品可持续利用学科组副组长
13	尚 鹤	森环森保所	国际林业研究组织联盟	第七学部（森林健康学部）大气污染与气候变化对森林生态系统的影响学科组副组长
14	王 晖	森环森保所	国际林业研究组织联盟	第八学部（森林环境学部）森林生态系统功能学科组副组长
15	卢孟柱	林业所	国际林业研究组织联盟	第二学部（生理学和遗传学学部）针叶树育种及基因资源学科组亚洲针叶树育种及基因资源工作组副组长
16	仲崇禄	热林所	国际林业研究组织联盟	第二学部（生理学和遗传学学部）阔叶材改良、培育与基因资源学科组固氮树种的改良和培育工作组副组长
17	付金和	亚林所	国际林业研究组织联盟	第五学部（林产品学部）非木质林产品学科组竹藤工作组组长
18	杨忠岐	森环森保所	国际林业研究组织联盟	第七学部（森林健康学部）昆虫学学科组东北亚森林保护工作组组长
19	王彦辉	森环森保所	国际林业研究组织联盟	第八学部（森林环境学部）森林生态系统功能学科组水的供应与质量工作组组长
20	刘世荣	院部	国际林业研究组织联盟	第八学部（森林环境学部）森林生态系统功能学科组水文过程及流域管理工作组副组长
21	李智勇	科信所	国际林业研究组织联盟	第九学部（林业经济与政策学部）林业资源经济学科组多功能林业经济评价工作组组长
22	吴水荣	科信所	国际林业研究组织联盟	第九学部（林业经济与政策）林业资源经济学科组生态系统服务价值评估与碳市场工作组副组长
23	吴水荣	科信所	国际林业研究组织联盟	为了绿色未来的可持续人工林特别工作组成员
24	吴水荣	科信所	国际林业研究组织联盟	可持续森林生物量网络特别工作组成员
25	刘世荣	院部	国际生态学会	执委
26	竺肇华	林研所	国际竹藤组织	资深终身研究员
27	陈绪和	院部	国际竹藤组织	资深顾问
28	李智勇	科信所	国际竹藤组织	副总干事
29	付金和	亚林所	国际竹藤组织	高级项目官员
30	楼一平	亚林所	世界竹子组织	世界竹子大使

（续）

序号	姓　名	工作单位	国际组织名称	职　　　　务
31	杨忠岐	森环森保所	联合国生物多样性与生态系统服务政府间科学—政策平台	专家委员会委员
32	吴　波	荒漠化所	联合国生物多样性与生态系统服务政府间科学—政策平台	多学科专家委员会专家
33	陆文明	科信所	国际热带木材组织	项目评审专家组成员
34	罗信坚	科信所	国际热带木材组织	贸易咨询委员会专家组
35	周永东	木工所	国际热带木材组织	外聘专家
36	郑勇奇	林业所	联合国粮农组织	林木遗传资源政府间技术工作组副主席
37	郑勇奇	林业所	联合国粮农组织	世界林木遗传资源状况－国家协调
38	殷亚方	木工所	联合国粮农组织	"全球木材追踪网络"项目专家组专家
39	殷亚方	木工所	联合国毒品与犯罪办公室	"木材司法鉴定"专家组专家
40	卢　琦	荒漠化所	联合国亚太经济与社会委员会	东北亚次区域环境机制独立专家
41	陆文明	科信所	商品共同基金	项目评审专家委员会副主席
42	朱春全	林业所	世界自然保护联盟	中国代表处驻华代表
43	江红星	森环森保所	世界自然保护联盟	物种生存委员会鳄类专家组：东亚－东南亚区域联合主席
44	卢孟柱	林业所	国际杨树委员会	执委会委员
45	徐大平	热林所	Benlatara 基金会	科学咨询委员会委员
46	郑勇奇	林业所	亚太森林遗传资源计划	主席
47	肖文发	院部	《联合国防治荒漠化公约》	自然资源管理技术委员会专家
48	王彦辉	森环森保所	《联合国防治荒漠化公约》	自然资源管理技术委员会专家
49	尚　鹤	森环森保所	《联合国防治荒漠化公约》	自然资源管理技术委员会专家
50	江泽平	林业所	《联合国防治荒漠化公约》	自然资源管理技术委员会专家
51	鞠洪波	资源所	《联合国防治荒漠化公约》	自然资源管理科技委员会专家
52	李增元	资源所	《联合国防治荒漠化公约》	自然资源管理科技委员会专家
53	张　旭	资源所	《联合国防治荒漠化公约》	自然资源管理科技委员会专家
54	卢　琦	荒漠化所	《联合国防治荒漠化公约》	自然资源管理科技委员会专家
55	吴　波	荒漠化所	《联合国防治荒漠化公约》	独立专家
56	杨文斌	荒漠化所	《联合国防治荒漠化公约》	农业科学技术委员会专家
57	冯益民	荒漠化所	《联合国防治荒漠化公约》	信息系统委员会专家
58	王学全	荒漠化所	《联合国防治荒漠化公约》	水文学技术委员会专家
59	陆文明	科信所	国际标准化组织	林产品产销监管链标准技术委员会成员
60	虞华强	木工所	国际标准化组织	中国木标委秘书、木材委员会木制品工作组召集人
61	樊冬温	哈尔滨林机所	国际标准化组织	农林机械标准化技术委员会自行式林业机械分技术委员会委员
62	樊冬温	哈尔滨林机所	国际标准化组织	农林机械标准化技术委员会便携式林业机械分技术委员会委员
63	樊冬温	哈尔滨林机所	国际标准化组织	农林拖拉机及机械技术委员会草坪及园艺动力机械分技术委员会委员

序号	姓 名	工 作 单 位	国际组织名称	职 务
64	徐克生	哈尔滨林机所	国际标准化组织	农林拖拉机及机械技术委员会草坪及园艺动力机械分技术委员会委员
65	李应珍	哈尔滨林机所	国际标准化组织	农林拖拉机及机械技术委员会草坪及园艺动力机械分技术委员会委员
66	李应珍	哈尔滨林机所	国际标准化组织	农林拖拉机及机械技术委员会便携式林业机械分技术委员会工作组成员
67	殷亚方	木工所	国际木材解剖学家协会	秘书长
68	李纪元	亚林所	国际山茶学会	理事会理事
69	卢 琦	荒漠化所	东北亚荒漠化、土地退化、干旱网络	独立专家
70	王彦辉	森环森保所	湿地国际	中国专家网络成员
71	崔丽娟	湿地所	《国际湿地公约》	科技委员会委员，湿地与气候变化组组长
72	姜春前	林业所	国际示范林网络，亚洲示范林网络，亚洲示范林网络	国际示范林网络委员会委员，亚洲示范林网络秘书处主任，亚洲示范林网络理事会主席
73	钱法文	森环森保所	丹顶鹤保护网络	中国协调员
74	钱法文	森环森保所	迁徙物种公约白鹤保护备忘录	中国技术联络员
75	江红星	森环森保所	迁徙物种公约白鹤保护备忘录	中国技术联络员
76	钱法文	森环森保所	鹤类网络工作组	越冬地专家
77	肖文发	院部	蒙特利尔进程：温带和北方森林保护与可持续经营进程即蒙特利尔进程	工作组和技术组成员，中方技术负责人
78	雷静品	林业所	蒙特利尔进程：温带和北方森林保护与可持续经营进程即蒙特利尔进程	工作组和技术组成员
79	房桂干	林化所	国际杰出机械浆科学家协会	会士
80	李纪元	亚林所	国际植物新品种保护联盟	林木与观赏植物技术工作组专家／山茶DUS测试指南首席专家

附件 7　中国林科院 2018 年组织机构表

院长、分党组书记	副院长、分党组副书记、纪检组组长、分党组成员	职能处室	院办公室
			科技管理处
			产业发展处
			国际合作处
			人事教育处
			计划财务处
			资源管护处
			党群工作部
		非职能机构	研究生部
			离退休干部服务中心
			后勤服务中心（后勤管理处）
			林木遗传育种国家重点实验室管理办公室
			生态定位观测网络中心管理办公室
		联合共建机构	林木遗传育种国家重点实验室
			研究生院
		研究所（中心）	林业研究所
			亚热带林业研究所
			热带林业研究所
			森林生态环境与保护研究所
			资源信息研究所
			资源昆虫研究所
			林业新技术研究所
			林业科技信息研究所
			木材工业研究所
			林产化学工业研究所
			国家林业和草原局北京林业机械研究所
			国家林业和草原局哈尔滨林业机械研究所
			热带林业实验中心
			亚热带林业实验中心
			沙漠林业实验中心
			华北林业实验中心
			国家林业和草原局泡桐研究开发中心
			国家林业和草原局桉树研究开发中心
			国家林业和草原局竹子研究开发中心
			湿地研究所（非法人独立研究机构）
			荒漠化研究所（非法人独立研究机构）
			国家林业和草原局盐碱地研究中心（非法人独立研究机构）
		非法人研究机构	国家林业和草原局林产品国际贸易研究中心
			国家林业和草原局国际林业科技培训中心
			国家林业和草原局生态定位观测网络中心
			国家林业和草原局城市森林研究中心
			国家林业和草原局森林碳汇研究与实验中心
			国家林业和草原局滨海林业研究中心
			国家林业和草原局热带珍贵树种繁育利用研究中心
			国家林业和草原局虎保护研究中心

附件8 中国林科院业务挂靠机构一览表

序 号	挂靠单位	名 称	成立时间	负责人	备 注
1	院	国家油茶科学中心	2008.09	张守攻	
2	院	国家林业局森林防火研究中心	2006.12	张守攻	
3	院	国家林业局湿地研究中心	2006.12	彭镇华	
4	院	国家林业局林业发展战略研究中心	2006.12	江泽慧	
5	院	国家林业局城市林业研究中心	2006.12	彭镇华	
6	院	国家林业局陆地生态系统野外观测研究与管理中心	2006.12	刘世荣	
7	院（花协）	国家林业局花卉研究与开发中心	2006.12	江泽慧	
8	院	中国林科院林业工程设计院	1992.09	储富祥	2005年更名
9	院	国家林业局森林认证研究中心	2013.12	张守攻	
10	林业所	国家林业局社会林业研究发展中心	1999.12	王 涛	
11	林业所	中国林科院林业可持续发展研究中心	1995.02	张守攻	江泽平为执行主任
12	林业所	中国林科院防治荒漠化研究与发展中心	1994.12	卢 琦	
13	林业所	中国林科院林木菌根研究开发中心	1993.05	郑来友	
14	林业所	中国林科院国际农用林培训中心	1992.06	姜春来	
15	林业所	中国林科院ABT生根粉综合技术研究开发中心	1988.04	王 涛	
16	林业所	国家林业局北方林木种子检验中心	1982.12	张建国	
17	亚林所	中国林科院油茶研究开发中心	2008.06		
18	亚林所	国家林业局经济林产品质量检验检测中心（杭州）	2008.02		
19	亚林所	中国林科院浙江庙山坞自然保护区管理处	2004.02		
20	亚林所	浙江省现代林业研究开发中心	2002.01		
21	亚林所	中国林科院松花粉研究开发中心	1993.05	王浩杰	
22	热林所	中国林科院海南陈龙沟自然保护区管理处	2004.02	徐大平	
23	森环森保所	国家林业局碳汇计量与研究中心	2008.06		张小泉为技术负责人
24	森环森保所	林业有害生物检验鉴定中心	2002.12	张守攻	
25	森环森保所	国家林业局全国野生动植物研究与发展中心	1999.04	张守攻	
26	森环森保所	林业部林业微生物菌种保藏中心	1985.02	朴春根	
27	森环森保所	全国鸟类环志中心	1982.10	陆 军	
28	森环森保所	中国林科院环境影响评价中心	1994.06	肖文发	
29	资昆所	中国林科院西南生态研究中心	2002.04	苏建荣	

（续）

序 号	挂靠单位	名 称	成立时间	负责人	备 注
30	资昆所	中国林科院西南花卉研究开发中心	2000.04	史军义	
31	资昆所	中国林科院（云南）生物资源开发中心	1988.04	陈晓鸣	
32	科信所	中国林科院林权改革研究中心	2008.08		
33	科信所	中国林科院林产品贸易研究中心	1997.07	李智勇	2008 年更名
34	科信所	中国林科院世界林业研究中心	1997.10	李智勇	2008 年更名
35	科信所	国家林业局科技情报中心	1983.10	祝列克 李向阳	
36	科信所	国家林业局知识产权信息与预警研究中心	2012.04.23		
37	科信所	中国林科院中林绿色碳资产管理中心	2011.12		
38	木工所	木材工业国家工程研究中心	1995.11	叶克林	
39	木工所	国家人造板与木竹制品质量监督检验中心	1988.08	叶克林	2008.12 更名
40	木工所	国家林业局林产品质量检验检测中心	2010.12	吕 斌	
41	木工所	国家林业局林产品质量和标准化研究中心	2011.12	唐召群	
42	木工所	国家林业局生物质能源研究所	2008.06	蒋剑春	
43	木工所	中国林科院制浆造纸研究开发中心	1997.08	蒋剑春	
44	木工所	国家林产化学工程技术研究中心	1993.05	蒋剑春	
45	木工所	国家林业局南京科技扶贫中心	1991.10	蒋剑春	
46	木工所	国家林业局林产化学工业科技咨询服务中心	1983.12	顾黎明	
47	北京林机所	中国林科院竹工机械研发中心	2006.10	费本华	
48	北京林机所	全国人造板设备和木工机械技术情报中心	1988.09	费本华	
49	北京林机所	人造板机械标准化技术委员会	1982.05	王晓军	
50	哈尔滨林机所	中国林科院森林工程研究中心	2005.01	杜鹏东	
51	哈尔滨林机所	国家便携式林业机械质量监督检验中心	1992.02	杜鹏东	
52	新技术所	国家林业局生物质研究开发中心	2006.04	储富祥	
53	热林中心	国家林业局植物新品种测试中心凭样分中心	2001.10	蔡道雄	
54	亚林中心	国家林业局植物新品种测试中心分宜分中心	2001.10	李江南	
55	沙林中心	国家林业局植物新品种测试中心磴口分中心	2001.10	王志刚	
56	华林中心	中国经济林协会林菌分会	2014.07	孙长忠	
57	华林中心	中国林科院北京九龙山自然保护区管理处	2004.02	孙长忠	
58	华林中心	国家林业局植物新品种测试中心北京分中心	2001.01	孙长忠	

序　号	挂靠单位	名　称	成立时间	负责人	备　注
59	湿地所	中国林科院黄河三角洲综合实验中心	2012.05	崔丽娟	
60	湿地所	北京湿地中心	2011.01	崔丽娟	
61	荒漠化所	中国林科院辽东湾综合实验中心	2012.05	卢　琦	
62	荒漠化所	中国治沙暨沙业学会沙漠探险与旅游文化专业委员会	2013.06	杨文斌	
63	荒漠化所	中国治沙暨沙业学会戈壁专业委员会	2013.06	冯益明	
64	荒漠化所	中国荒漠生态系统定位研究网络中心	2012	卢　琦	隶属国家林业局科技司管辖
65	荒漠化所	联合国防治荒漠化公约国际培训中心	2004.01	卢　琦	2004 年依托中国林科院成立
66	荒漠化所	全国防沙治沙标准化技术委员会	2008.04	卢　琦	2008 年挂靠于林业所

附件 9　中国林科院 1978 ～ 2018 年职工情况一览表

人数\职工情况\年份	职工总数	性别		行政干部	专业技术干部					学历			工人	离退休人员数
		男	女		合计	正高	副高	中级	中级以下	研究生	大学	大专		
1978	1443	951	492	200	637	9	12	71	545				415	
1979	1874	1154	720	221	998	12	29	373	584				697	
1980	4864	3043	1821	363	995	11	29	584	377				3440	
1981	4856	3112	1744	348	1042	10	31	591	410				3423	
1982	5141	3327	1814	388	1203	14	27	598	564				3439	
1983	5107	3320	1787	381	1264	11	35	664	554				3287	
1984	5088	3311	1777	398	1315	9	36	653	617				3235	
1985	5155	3256	1899	393	1391	10	34	635	712				3231	
1986	5105	3268	1837	378	1415	8	70	616	721				3137	
1987	5035	3220	1815	374	1414	7	68	603	736				3094	
1988	4891	3163	1728	219	1826	26	265	628	907				2846	
1989	4715	3113	1602	203	1859	35	258	707	859				2653	
1990	4631	3062	1569	189	1815	53	267	690	805				2627	
1991	4548	2993	1555	184	1783	33	255	665	830				2581	
1992	4417	2925	1492	168	1731	43	299	726	663				2518	
1993	4304	2880	1424	223	1831	66	342	723	700				2250	1549
1994	4012	2634	1378	177	1815	83	379	729	624			349	2020	1601
1995	3905	2577	1328	153	1799	105	407	691	596	213	737	357	1953	1643
1996	3834	2559	1275	147	1787	117	424	644	602	240	719	364	1900	1733
1997	3693	2454	1239	142	1724	123	444	629	528	240	684	366	1827	1858
1998	3569	2390	1179	141	1657	129	429	620	479	252	660	349	1771	1970
1999	3494	2348	1146	123	1636	138	429	611	458	286	636	342	1735	2053
2000	3395	2289	1106	119	1575	157	430	591	397	317	583	322	1701	2136
2001	3442	2340	1102	117	1639	169	481	623	366	330	631	345	1686	2343
2002	3257	2210	1047	112	1566	141	441	586	398	359	592	336	1579	2509
2003	3135	2125	1010	115	1581	130	435	578	438	400	587	328	1439	2525
2004	3038	2052	986	109	1593	169	471	570	383	447	543	350	1336	2625
2005	2971	1996	975	105	1599	182	491	584	342	480	544	342	1267	2727
2006	2910	1966	944	102	1608	189	496	601	322	517	540	342	1200	2744
2007	2841	1907	934	97	1627	197	504	635	291	576	561	319	1117	2752
2008	2780	1870	910	94	1649	191	518	649	291	632	572	299	1037	2815

（续）

年份 \ 职工情况	职工总数	性别		行政干部	专业技术干部					学历			工人	离退休人员数
人数		男	女		合计	正高	副高	中级	中级以下	研究生	大学	大专		
2009	2715	1840	875	87	1690	200	536	680	274	697	594	269	938	2896
2010	2693	1818	875	61	1736	208	547	715	266	780	580	255	896	2922
2011	2708	1823	885	58	1805	211	569	763	262	848	623	222	845	2942
2012	2678	1809	869	49	1852	221	590	772	269	940	616	198	777	3016
2013	2696	1813	883	40	1925	234	621	796	274	1017	643	174	731	3050
2014	2656	1778	878	33	1951	242	625	800	284	1087	633	157	672	3082
2015	2638	1763	875	28	1993	247	644	835	267	1151	638	142	617	3107
2016	2677	1769	908	26	2075	252	536	906	264	1233	640	147	576	3111
2017	2678	1766	912	20	2122	258	667	902	295	1293	639	144	536	3127
2018（截至6月30日）	2616	1730	886	19	2080	254	658	886	282	1314	592	133	517	3149

大 事 记

1951 年

（1）2 月 3 日，林垦部第三次部务会议讨论中林所组织机构问题，机构定名为中央林业实验所，并成立中央林业实验所筹备委员会。经筹委会多方进行调研，最后经部领导同意将所址定为北京西郊颐香路旁东小府的西山林场（即现院址）。

（2）1951 年林垦部制定了林业计划（草案），林业研究的任务为：荒山造林的研究、特用林产品调查、林木生长研究、调查并研究主要树种生长与环境的关系、木材力学性与物理性之测定、木材防腐油剂的研究。

1952 年

（1）8 月 13 日，中央林业部第八次部务会议决定：请人事部调陈嵘教授来京主持中林所（筹）工作。

（2）12 月 1 日，中央林业部第十一次部务会议通过本部及各直属局 1953 年编制人数，中林所为 125 名。

（3）12 月 22 日，中央林业部第十二次部务会议研究关于正式成立中央林业研究所问题。（一）1953 年 1 月 1 日正式成立；（二）名称改称为中央林业部林业科学研究所。

1953 年

（1）1 月 26 日，中央林业部第二次部务会议决议：（一）中林所由梁希部长直接领导，日常问题请张庆孚主任协助解决部与所之间的工作关系，通过定期的会议制度执行之；（二）各司司长中指定一人专门负责联系。

（2）2 月 13 日，梁希部长在听取中林所所务会议汇报后指示：中林所从速开展造林研究及森林病虫害研究，在研究业务方面成立造林、木材工业、林产化学等三系及编译委员会。

（3）2 月 15 日，朱德副主席在梁希部长陪同下莅所视察并指示"尽快绿化西山，小西山一带尤应先行着手"。

（4）2 月 21 日上午，召开了中央林业部林业科学研究所全体人员大会，宣告中林所正式成立。

（5）8 月 7 日，中国林学会由中央林业部移于中林所，从 7 月 18 日起陈嵘所长，唐燿副所长为中国林学会常务理事，侯治溥为北京分会的筹委。

（6）11 月 9 日，中央林业部第二十八次部务会议通过人事任命：调造林司副司长陶东岱任本部林业科学研究所第一副所长。

1954 年

（1）1 月 4 日，中林所常务会议确定中林所组织机构：行政上成立所长办公室、图书资料室、仪器室、秘书科（含人事工作）、计划科、总务科。业务上分四个系即造林系、森林经理系、木材工业系、林产化学系。

（2）7月28日，陶东岱副所长赴苏联参观农业展览会。

（3）11月13日，召开林业研究座谈会，郑万钧、邓叔群、沈鹏飞、干铎、邵均、李范五以及林业部、高教部领导等30人代表19个部门参加了座谈会。会议形成了《为组织全国力量从事林业科学研究草议》。

1955 年

8月28日，林业部林业科学研究所副所长陶东岱及部造林局副处长陈致生参加中国农业科学工作者代表团赴芬兰赫尔辛基，出席了第六届世界农业科学化会议，同时还出席了第九届农业经济学家会议。

1956 年

（1）5月12日，全国人民代表大会常务委员会第40次会议决定，成立中华人民共和国森林工业部。9月国务院第七办公室批准林业科学研究所分为林业与森工两个研究所。

（2）9月7日，森林工业部第13次部务会议决定成立森林工业科学研究所，任命李万新为筹备处主任。

1957 年

（1）1月17日，林业部同意林研所成立：植物研究室、形态解剖及生理研究室、森林地理研究室、林木生态研究室、遗传选种研究室、森林土壤研究室、造林研究室、种苗研究室、森林经理研究室、森林经营研究室、森林保护研究室等11个研究室。

（2）3月14日，森工部副部长刘成栋宣布森林工业科学研究所正式成立。

（3）7月22日，国务院科学规划委员会下发《关于成立专业小组的通知》。林业组共有14人组成，林业组的秘书组设立在林业部林业科学研究所。

（4）8月23日，国家科学规划委员会武衡同志等来林研所、森工所了解按科学规划进行研究工作的情况。

（5）林业科学研究所、森林工业科学研究所选派蒋有绪、张万儒、郭秀珍、黄东森、鲍甫成、夏志远、周光化、何源禄、王宗力等9位青年科技工作者赴苏联学习深造。

1958 年

（1）7月4日，林业部下发通知，根据中央事权下放和在全民中开展技术革命和文化革命运动的指示，现将我部林业科学研究所附设在农学院（工学院）的研究室下放各省领导。

（2）8月20日，国家科委公布林业组成员名单，组长张克侠，副组长朱济凡、张昭，组员12人。

（3）10月20日，国务院科学规划委员会复函林业部同意正式成立中国林科院。10月27日，召开中国林科院成立大会，宣布正式成立。

1959 年

（1）2月20日，林业部转发中央1月6日通知任命：

张克侠兼中国林科院院长；

张昭、荀昌五兼中国林科院副院长；

陶东岱任中国林科院秘书长；

李万新任中国林科院副秘书长兼森林工业研究所所长。

（2）2月23～3月5日，由林业部副部长兼院长张克侠主持的全国林业科学技术工作会议在北京香山召开。

1960 年

（1）1月13日，中国林科院向全国林业科学技术工作会议提出"林业科学研究计划管理暂行办法"（草案）。

（2）2月5～14日，由林业部副部长兼院长张克侠主持的全国林业科学技术工作会议在北京西颐宾馆召开。

（3）3月8日，召开全院职工大会，院长张克侠宣布院组织机构、人事安排。

（4）3月8～12日，在苏联莫斯科召开了社会主义国家农林业科学工作协调工作委员会会议，林研所徐纬英副所长代表中国林科院、林业部出席了会议。

（5）3月8～5月18日，中国林科院赴苏代表团共7人，由陶东岱秘书长率领去莫斯科讨论关于"中苏科学技术合作122项第十二方面第八项关于"中国西南高山林区森林植物条件、采伐方式和集材技术研究"的总结。

（6）5月，林研所森林综合考察队第四区队吴浩钧、张育珉承担了对神农架林区综合考察任务，在执行考察任务中遇害身亡，1967年追认为烈士。

1961 年

11月16日，经部党组批准，院成立分党组，对部党组负责，并明确其任务。

1962 年

（1）1月16～28日，由林业部副部长兼院长张克侠主持的全国林业科技工作会议在广州召开，会议酝酿讨论林业科技十年规划，贯彻《科研十四条》。

（2）7月19日，召开院务（扩大）会议，郑万钧副院长主持，会议决议根据部党组确定中国林科院编制人数850人。根据院内业务情况确定院直属所各研究室作如下调整：林研所内设12个机构，木材所内设5个机构，林业机械所内设5个机构，林化所内设7个机构，紫胶所内设5个机构。

（3）国家科委五局闫建中处长等人来院了解中国林科院贯彻落实《科研十四条》情况，重点对林研所进行了调研，提出了"林业研究所情况调查报告"。

1963 年

（1）2月7～3月7日，在北京召开全国农业科学技术工作会议，林业部副部长兼院长张克侠出席了会议并主持了林业组扩大会议，着重研究修改和落实十年规划。

（2）11月18日，院下发直属研究所（室、站），《关于贯彻执行林业科学研究计划管理暂行条例（草案）》及《林业科学技术成果审查暂行办法（草案）》的通知。

1964 年

8月2～15日，由林业部副部长兼院长张克侠主持的全国林业科学技术工作会议在哈尔滨召开。

1965 年

1月3日　成立中共中国林科院政治部（主管机关党委、人事、保卫等工作）。

1966 年

（1）2月1日，出台林业科学研究第三个五年计划（1966～1970）。提出抓五项任务，作为全国林业科学研究重点。

（2）2月2日，中国林科院直属所站工作会议在京召开，会议期间刘少奇主席、周恩来总理等党和国家领导人接见了参加会议的代表。

1968 年

（1）第一季度院内两大派群众组织（东风、红旗）开始大联合。

（2）9 月 10 日，院革命委员会正式成立。京内各研究所（室）、院职能处室革命领导小组经林业部军管会批准正式成立。

（3）11 月，院在广西邕宁县砧板建立"五七"干校。

1969 年

（1）6 月，院派出了第二批"五七"干校学员。

（2）9 月，院派出第三批"五七"干校学员，院长张克侠、副院长郑万钧、张瑞林均去了"五七"干校。此批共有 350 人左右，干校学员已达 580 人。

1970 年

（1）8 月 4 日，《关于农科院、林科院体制改革的报告》报请国务院，时任副总理的纪登奎同志于 8 月 23 日批示：同意报告第三项下放的方案。原林科院的机构，除留有进入科技服务队 120 人，情报所的 17 人以及其他部门工作人员外，机构和人员全部下放或撤销。

（2）8 月 23 日，农林两院合并成立中国农林科学院（筹备）。

1971 年

（1）2 月 10 日，中国林科院革命委员会《关于制定 1971 年各服务队工作计划的通知》给各服务队并明确承担的任务。包括韶山、延安、大寨、平顺、鄢陵、安吉、上海人造板厂、宜山栲胶厂、电白、合浦、上海东方红胶合板厂、安泽、昆明虫胶厂等科技服务队。

（2）3 月 16 日，经农林部核心小组研究决定，原中国农业科学院，与原中国林科院正式合并，合并后的名称为中国农林科学院。

（3）11 月 24 日，中国林科院广西"五七"干校因农林两院合并后便于管理，将未下放到各省的干校学员合并到原中国农科院辽宁兴城"五七"干校。

1972 年

10 月，中国农林科学院在福建省南平市召开了"全国林木良种协作会"，会议肯定了杉木种子园的做法，推进了"选择和培育速生用材树种的优良品种"的深入协作，在林木良种选育领域开始了选优和建立种子园工作。

1973 年

4 月 10 日，中国农林科学院林业研究所筹建组（原林业科技服务队人员和从兴城干校结业人员及留守处人员）在原林科院的地址正式开始工作。

1975 年

6 月，中国农林科学院河北林业研究所筹建。

1976 年

（1）7 月 5 日，中国农林科学院发出通知：为了便于工作，自 7 月 15 日起，启用中国农林科学院林产化学工业研究所新印章。

（2）11 月 1 ~ 8 日，中国农林科学院在北京顺义召开全国杨树良种普查鉴定会。

1977 年

（1）关于中国农林科学院林业研究所、木材工业研究所在河北省保定市筹建。①农林部于4月29日给河北省农办并报省革委会：请予支持在保定市筹建林研所、木材所，②农林部于7月15日函告河北省革委会，林业所暂按200人、木材工业所暂按190人安排；两所级别定为地（师）级。

（2）8月8日，中国农林科学院颁发木材工业研究所印章。8月19日，"中国农林科学院林业筹备所"暂定为"中国农林科学院森林工业研究所"，并启用"印章。

（3）8月12～17日，中国农林科学院和农业出版社在北京召开《中国木材学》编委及编写人员会议。中国农林科学院负责人陶东岱主持会议并做了讲话。

1978 年

（1）3月13日，国务院批准恢复中国林科院。

（2）5月4日，农林部召开恢复中国林科院庆祝大会。

（3）经国务院批准院相继收回了亚林站（5月10日正式更名为亚林所）、热林所（1974年省编制小组改名为广东省热林所）和带岭林机所（哈尔滨林机所）。

（4）11月22日，黑龙江革委会函复国家林业总局，同意将黑龙江林科院实行省、部双重领导，以省为主的领导关系，并加挂中国林科院黑龙江分院的牌子。

1979 年

（1）3月，经国家农委、科委批准成立磴口、大岗山、大青山实验局。

（2）5月21日，经国务院批准恢复中国林科院紫胶研究所。

（3）7月5日，经国务院批准恢复中国林科院林业经济研究所。

（4）9月1日，经国务院批准，恢复中国林科院北京机械研究所。

1980 年

（1）3月31日，林业部通知将中国林科院哈尔滨林业机械研究所、北京林业机械研究所划归部林业机械公司领导。

（2）吴中伦被评选为中国科学院学部委员。

1982 年

（1）10月，林业部人事司对中国林科院机构、编制进行了批复。（一）主要任务：对森林的保护、发展及利用的应用科学和开发科学的研究相应地开展基础理论研究。（二）机构设置：院的机构设置为院、所（处、室）两级。（三）编制人数：总编制5174人。院部机关324人，直属单位4850人。（四）建立中共中国林科院分党组。

（2）10月5日，中共林业部党组转中共中央组织部通知，中共中央同意下列同志的任职：郑万钧同志为名誉院长、杨文英同志为党委书记、黄枢同志为院长。

（3）黄枢当选为中共第十二届中央委员会候补委员。

1986 年

8月16日，林业部任命刘于鹤为中国林科院院长，免去黄枢中国林科院院长职务。同日，中共林业部党组决定刘于鹤为中共中国林科院分党组书记。

1987 年

刘于鹤院长、原院长黄枢（部科技委副主任）在中央国家机关第六次党代会上被选为中央国家机关出席党的十三大会议代表。

1988 年

（1）2 月 2 ～ 4 日，在北京召开了"中国林科院第三届学术委员会成立大会"。

（2）10 月 27 日，院在京召开建院三十周年纪念会，林业部部长高德占出席会议并做重要讲话。刘于鹤院长作了主题报告。为庆祝建院 30 周年，院举办了 30 周年林业科学研究成就展，编印了《中国林科院简史》（杨正莲编写）以及《中国林科院科研成果汇编》《中国林科院成立三十周年纪念文集》。

1989 年

1 月，编制国家"八五"攻关计划。根据国家计委和科委的要求，院（科研处）组织编写了"短周期工业用材林定向培育与加工利用技术体系研究"，以林业部的名义向国家计委、科委推荐列入"八五"国家攻关项目。

1990 年

6 月 25 ～ 30 日，吴中伦、王恺、王定选同志参加了国务院学位委员会学科评议组第四次会议，并于 29 日受到江泽民、李鹏等党和国家领导人的接见。

1991 年

5 月 20 日，林业部党组批复同意组建新的中共中国林科院委员会。新党委暂由刘于鹤同志任书记。

1992 年

（1）3 月 14 日，中国林科院做出《关于开展向院劳动模范高德华同志学习的决定》。

（2）11 月 17 日，林业部党组批准中国林科院恢复分党组，成立京区党委和京区纪委。分党组书记陈统爱、分党组副书记甄仁德（正司局级）。

（3）徐冠华被评选为中国科学院学部委员。

1993 年

（1）林业部批复中国林科院同意成立"林业部林业科技发展研究中心"，与院调研室一套人马二块牌子。

（2）中国林科院、中国林学会联合召开庆贺吴中伦八十诞辰座谈会，林业部部长徐有芳写来贺信。

1994 年

（1）4 月 26 日，森林保护研究所、森林生态环境研究所两所成立大会在院举行。

（2）6 月 3 ～ 8 日，中国工程院召开成立大会，并产生首批院士，王涛被评选为中国工程院首批院士。

1995 年

（1）2 月 24 日，全国博士后管委会第十五次会议批准中国林科院林业工程一级学科设立博士后流动站。中国林科院的林业工程博士后流动站是全国首家林业工程流动站。

（2）3 月 9 日，中国林科院有 8 个实验室被正式命名为"中华人民共和国林业部重点开放性实验室"。

（3）3 月 22 日，国务委员兼国家科委主任宋健亲临中国林科院现场办公。

（4）5 月 5 日，国务院学位委员会批准中国林科院自主遴选博士生导师。

（5）10 月 5 ~ 15 日，中国科学院在北京召开院士增选大会，唐守正被评选为院士。

（6）10 月 12 ~ 14 日，全国林业科学技术大会在中国林科院隆重召开。中共中央政治局常委、国务院副总理朱　基对大会作了重要批示，中共中央政治局委员、书记处书记、国务院副总理姜春云参加开幕式并发表了重要讲话。

1996 年

（1）2 月 6 日，林业部下发通知，任命江泽慧为中国林科院院长（副部级待遇不变）、分党组书记。

（2）7 月 3 日，国家科委确定中国林科院为全国科技体制改革试点单位。9 月 4 日，国家科委批复林业部科技司："原则同意中国林科院改革方案的基本思路"，改革试点工作将全面展开。

（3）12 月 16 日，1996 年度国家科技奖励评审结果在北京揭晓，中国林科院共有 7 项成果荣获国家科技进步奖。王涛院士主持的"ABT 生根粉系列的推广"荣获特等奖。

1997 年

11 月 16 日，中国和加拿大两国共同发起、第一个总部设在中国大陆的政府间国际组织"国际竹藤组织"成立协议签字仪式，在人民大会堂西会议厅举行。中国林科院院长江泽慧分别当选为国际竹藤组织董事会主席和董事会联合主席。

1998 年

（1）9 月，中共中央总书记、中华人民共和国国家主席、中央军委主席江泽民为中国林科院题写院名，以庆祝中国林科院建院四十周年。

（2）10 月 27 ~ 28 日，"中国林科院建院四十周年纪念会暨面向 21 世纪的林业——可持续发展全球战略下的林业科学技术国际研讨会"在京举行。全国政协副主席万国权出席了 27 日上午的纪念会；并与全国政协人口资源环境委员会主任侯捷、国家林业局副局长李育材共同为江泽民总书记题写的"中国林科院"院名揭牌。

1999 年

（1）3 月 25 日，国家林业局经研究决定：明确林业所、亚林所、热林所、森环森保所、资源所、资昆所、木工所、林化所、科信所、热林中心、亚林中心为副司局级单位。

（2）6 月 26 日，中国林科院与山西省林业厅联合举行了"中国林科院华北林业研究所"挂牌仪式。挂牌仪式在山西省林科院举行。

（3）10 月，蒋有绪被评选为中国科学院院士。11 月，宋湛谦被评选为中国工程院院士。

2000 年

3 月 29 日，科技部召开社会公益类科研机构改革试点工作座谈会，部署社会公益型科研院所改革试点工作，院部和林业所被确定为新一轮的改革试点单位。

2001 年

（1）4 月 4 日，国家林业局批复中国林科院，同意成立中国林科院大熊猫研究中心。

（2）6 月 4 日，国家林业局通知，将国家林业局北京林机所和国家林业局哈尔滨林机所由国家林业局直接管理的体制变更为中国林科院管理。

（3）7 月 13 日，根据国家林业局对三江源自然保护区进行科学考察的决定，由院牵头，分片对原划定的 25 个核心区以及其它生态退化或破坏较严重的区域，进行了为期一个月的野外实地考察。

（4）8 月 11 ~ 28 日，江泽慧院长率中国林业科技代表团一行 9 人，访问了俄罗斯、芬兰、瑞典等 3 国。

(5) 11 月 16 日，国家林业局直属科研机构改革实施动员大会在中国林科院召开，副局长祝列克主持大会，江泽慧在大会上作了题为《坚定信心，稳步推进，全面实施林业科研机构分类改革》的动员报告。

此前，科技部、财政部和中央编办在 10 月 29 日联合行文，对四个部、局所属的 98 个科研机构分类改革总体方案进行了批复。国家林业局直属的 20 个科研机构中，中国林科院的院部、林业所、热林所、亚林所、森环所、森保所、资源所和资昆所将转为非营利科研机构；科信所转为中介机构；木工所、林化所、北京林机所、哈尔滨林机所、热林中心、亚林中心、沙林中心、华林中心、竹子中心、泡桐中心、桉树中心转为科技企业，这些机构转制后暂由中国林科院管理。

2002 年

(1) 6 月 6 日，全球环境基金在印度尼西亚巴厘岛举行授奖仪式，国家林业局党组成员、中国林科院院长江泽慧被授予"全球环境基金 2002 年全球环境领导奖"。

(2) 10 月 24 日，国家林业局批复同意中国林科院与国际竹藤网络中心共同组建研究生院。

(3) 11 月 27 日，中国林科院在科技报告厅隆重举行授予芬兰总统塔里娅·哈洛宁名誉博士学位仪式。

(4) 9 月 14 日，甘肃省林业厅通知省治沙所：根据甘机编办通知，在甘肃省民勤治沙综合试验站加挂"甘肃省中国林科院民勤治沙综合试验站"的牌子。

2003 年

(1) 1 月 14 日，南方国家级林木种苗示范基地竣工典礼在广东湛江举行

(2) 7 月 25 日，在人民大会堂召开中国可持续发展林业战略研究总结大会。国家林业局、科技部在会上联合表彰了中国可持续发展林业战略研究项目组。江泽慧院长、张守攻常务副院长、王涛院士等 51 位专家受到了表彰。

2004 年

(1) 8 月 5 日，国家林业局同意成立中国林科院内蒙古分院和中国林科院新疆分院。

(2) 8 月 24 日，纪念郑万钧先生诞辰 100 周年座谈会暨《中国树木志》四卷首发式在中国林科院举行。原林业部副部长刘于鹤和国家林业局、北京林业大学、南京林业大学、中国林学会、国际竹藤网络中心、中国林业出版社及中国林科院等单位的现任领导、老领导及有关专家出席会议。

(3) 11 月 9 日，由国家林业局副局长张建龙任组长的国家林业局改革验收专家评估组，对中国林科院科技体制改革进行部门验收。认为符合国家验收的要求。同时针对中国林科院部分机构在分类改革中存在的实际问题和困难，建议适当调整改革总体方案，将 6 个拟企业化转制的科研机构保留事业单位性质，报请"两部一办"审批后，申请国家联合验收。

2005 年

(1) 1 月 7 日，科技部、财政部、中央编办"关于国家林业局调整所属科研机构改革方案的复函"给国家林业局，同意对中国林科院亚林中心、热林中心、华林中心、沙林中心和泡桐中心、桉树中心 6 个科研机构的改革方案进行调整，这 6 个科研机构暂保留科学事业单位性质，原有编制、经费渠道和核实方式不变，其进一步的改革方案待部门属公益类型机构改革阶段性验收工作全部完成后，再由相关部门研究确定。

(2) 1 月 28 日，由科技部、财政部和中编办组织的国家林业局所属科研机构科技体制改革国

家联合验收会在院举行。联合验收专家组在听取国家林业局和中国林科院汇报的基础上，经评议、测评，建议通过阶段性评估验收。

（3）8 月 20 日，中国林科院新疆分院挂牌仪式在新疆乌鲁木齐市举行。

（4）2 月 24 日，中央国家机关精神文明建设、社会治安综合治理领导小组等六部门通知，中国林科院被授予中央国家机关文明单位"十连冠"单位和中央国家机关文明单位的称号。这是中国林科院连续第 19 年荣获中央国家机关文明单位称号。

（5）10 月 14 日，中国林科院在京举行授予巴西环境部部长玛丽娜·席尔瓦名誉博士学位仪式。

2006 年

（1）1 月 13 日，按照 2004 年 10 月中国国家林业局与美国农业部签署的《关于共建中国园的谅解备忘录》约定，中国园奠基仪式在美国华盛顿举行。奠基仪式由美国国家树木园园长托马斯·伊莱亚斯主持，美国农业部部长迈克尔·约翰斯和副部长任筑山，国家林业局党组成员、中国林科院院长江泽慧，驻美大使周文重出席奠基仪式并讲话。

（2）3 月 31 日，国务院在人民大会堂召开全国造林绿化表彰动员大会。中国林科院被授予"全国绿化模范单位"。

（3）9 月 14 日，全国林业科学技术大会在人民大会堂召开。国家林业局局长贾治邦主持会议，国务委员陈至立出席会议并讲话。中国林科院院长江泽慧做题为《走中国特色林业自主创新之路为林业又好又快发展提供强有力科技支撑》的主题报告。大会对全国林业科技工作先进集体和全国优秀林业科技工作者进行了表彰。

（4）12 月 26 日，国家林业局 12 月 15 日决定，任命张守攻为中国林科院院长。同日中共国家林业局党组决定任命张守攻为中共中国林科院分党组书记。

2007 年

（1）8 月 25 日，中国林科院湖南分院揭牌仪式在长沙举行。国家林业局局长贾治邦、湖南省副省长郭开朗致辞并揭牌。

（2）9 月 10～23 日，由国家林业局、教育部、中国科学院、中国气象局等 15 个直属科研机构、高等院校以及甘肃省治沙研究所共 46 名科学家和研究人员组成科考队对库姆塔格沙漠进行了首次综合科学考察。

（3）11 月 26～12 月 5 日，应瑞典农业大学、加拿大阿尔伯塔大学等邀请，院长张守攻率中国林科院代表团出访欧洲和加拿大。

2008 年

（1）10 月 23 日，国家林业局同意依托福建省林科院成立中国林科院海西分院。

（2）10 月 27 日，中国林科院建院 50 周年庆祝大会在京举行。中共中央政治局委员、国务院副总理回良玉发来贺信。民进中央常务副主席、全国政协副主席罗富和出席会议并作重要讲话。国家林业局党组书记、局长贾治邦出席会议并致贺词。国家林业局党组副书记、副局长李育材主持大会。国家林业局党组成员、中央纪委驻国家林业局纪检组组长杨继平宣读了回良玉副总理的贺信。院长张守攻，国际林联主席李敦求，东北林业大学校长杨传平，王涛院士分别致辞。

全国人大常委会副委员长路甬祥、乌云其木格，全国政协副主席张榕明、厉无畏、罗富和及第十届全国政协副主席徐匡迪等 80 多位领导、专家为建院 50 周年题词。来自部分国际组织以及各级党政部门和国内外科研院所、高等院校、企业、社会团体的 600 多个单位与个人发来贺电、贺信。

（3）12 月 18 日，院举行了《郑万钧专集》首发式暨郑万钧塑像揭彩仪式。国家林业局副局长李育材，中国林科院院长张守攻为郑万钧塑像揭彩并讲话。

（4）经 12 月 17 日院长办公会议研究决定，设立"中国林科院终身成就奖"，用于表彰院以第一主持人身份获得过国家科技进步特等奖，或者国家科技进步一等奖两次以上，或者国家自然科学一等奖，或者国家技术发明一等奖的杰出人才。王涛院士获得首位"中国林科院终身成就奖"。

2009 年

（1）1 月 20 日，"亚太森林恢复与可持续管理网络信息中心"揭牌仪式暨工作汇报会在我院举行。国家林业局副局长祝列克出席汇报会并作重要讲话。

（2）6 月 17 日，中国林科院荒漠化所成立大会在京举行。全国政协副主席、民进中央常务副主席罗富和，国家林业局党组成员、副局长祝列克出席成立大会，并为荒漠化所揭牌。

（3）9 月 18 日，中国林科院林业实验中心改革与发展研讨会暨成立 30 周年庆祝大会在广西凭祥举行。国家林业局副局长张建龙出席会议并作重要讲话，广西壮族自治区人民政府副主席陈章良会前看望了与会代表。

（4）9 月 21 日，全国妇联发出授予全国三八红旗手荣誉称号和全国三八红旗集体荣誉称号表彰决定，我院武红敢同志被授予"全国三八红旗手"荣誉称号。

（5）11 月 30 日，国家林业局党组书记、局长贾治邦，国家林业局党组副书记、副局长李育材，国家林业局副局长祝列克、印红，国家林业局总工程师姚昌恬出席我院湿地研究所成立剪彩仪式并召开现场办公会。

2010 年

（1）3 月 23 日，由中国林科院和中国林产工业协会主办，被全球木地板产业界誉为"达沃斯峰会"的"2010 世界地板大会"在上海隆重召开。国家林业局原局长、中国绿化基金委员会主席、中国林业产业协会顾问王志宝出席大会并致辞。院长张守攻代表主办方致欢迎辞。本次大会的成功召开向世界展示了中国地板业的风貌，标志着中国木地板行业在世界的地位得到进一步提升。

（2）5 月 20 日，由我院举办的中国森林生态服务评估研究成果新闻发布会在京召开，新闻发布会由院长、森林培育专家张守攻研究员主持，中科院院士、生态学专家蒋有绪研究员，中科院院士、森林经理学专家唐守正研究员，生态定位研究领域首席专家王兵研究员，以及森林经理学专家李海奎副研究员出席新闻发布会。

（3）5 月 21 ～ 22 日，中国科学院院士咨询项目"大敦煌生态保护与区域发展战略"专家研讨暨启动会在院召开。来自中国科学院、北京林业大学等单位的近 30 位代表参加研讨，院长张守攻致辞。研讨会和启动会分别由中国科学院院士蒋有绪和储富祥副院长主持。

（4）6 月 17 ～ 18 日，"荒漠化防治国际伙伴关系高峰论坛"在院举行。全国政协副主席、民进中央常务副主席罗富和，国家林业局副局长印红，联合国防治荒漠化公约秘书处代表杨有林，联合国环境规划署代表安娜和国际科学家代表、澳大利亚阿德雷德大学教授、中华人民共和国国际科技合作奖得主维克多等多位贵宾在论坛开幕式上致辞。院长张守攻致欢迎辞并主持论坛开幕式。

（5）9 月 1 日，为隆重纪念中芬两国开展林业合作 30 周年，由国家林业局和芬兰农林部主办、中国林科院和芬兰林业发展中心承办的中芬"中国农村林业改革与森林可持续经营"研讨会在院召开。国家林业局副局长张建龙、芬兰农林部部长锡尔卡－莉萨·安蒂拉出席会议开幕式并分别致辞。芬兰驻华大使岚涛也出席了会议开幕式。

（6）11 月 26 日，中国林科院《关于加强基层学习型党组织建设问题研究》成果在全国党建研究会科研院所专委会上获一等奖。

（7）12 月 18 日，国家林业局与中国井冈山干部学院共建亚林中心教学点签字和揭牌仪式在江西分宜的中国林科院亚林中心举行。国家林业局党组成员、中央纪委驻国家林业局纪检组长陈述贤与中国井冈山干部学院副院长张友南代表双方分别签署协议和揭牌并讲话。

2011 年

（1）3 月 3 日，中国林科院建成并开通全球林业信息服务网（GFIS，http：//www.gfis.net）中文频道。GFIS 中文频道提供一个多语言的信息交流平台，让世界分享了中国林业发展的成功经验，让中国共享了世界各国的林业信息，实现了林业信息资源的全球共享。

（2）3 月 29 日，在科技部发布的《关于组织制定国家重点实验室建设计划的通知》中，我院林木遗传育种国家重点实验室获批立项，这不仅填补了我国林业行业在国家重点实验室领域的空白，而且使我国的林业科技创新有了新的更高水平的平台。

（3）4 月 8 日，我院湖北分院成立揭牌仪式在武汉举行。国家林业局副局长张永利、湖北省委常委张昌尔、副省长赵斌、我院院长张守攻共同为湖北分院揭牌。

（4）4 月 26 日，国家林业局党组成员、副局长张永利，国家知识产权局党组成员、中央纪委驻局纪检组组长肖兴威在京共同启动正式开通中国林业知识产权网（http：//www.cfip.cn）。中国林业知识产权网由国家林业局科技发展中心主办、中国林科院科信所承担建设，该网整合了国内外林业知识产权信息资源，重点完善和建设了林业专利、植物新品种权、林产品地理标志、商标、著作权、林业知识产权动态、案例、文献、法律法规和资源导航等林业知识产权基础数据库 14 个，入库记录累计 24.8 万条，实现了林业知识产权信息的互动和共享。

（5）5 月 4 日，国家林业局党组成员、副局长张永利等到我院宣布院领导班子调整决定。中共国家林业局党组决定：叶智同志任中共中国林科院分党组副书记、京区党委书记（正司局级）；任命陈幸良为中国林科院副院长（兼）；任命孟平、黄坚为中国林科院副院长；张建国同志不再担任中共中国林科院林业所委员会书记职务，任中国林科院林业所所长。

（6）12 月 20 日，在全国精神文明建设工作表彰大会上，中央精神文明建设指导委员会授予我院全国文明单位称号并进行了表彰。

2012 年

（1）2 月 7 日，国家林业局党组书记、局长贾治邦，局党组成员、副局长孙扎根一行到我院调研指导并召开座谈会。会议宣读了局党组关于我院干部任命的决定：张守攻同志任中共中国林科院分党组副书记（兼），不再担任中共中国林科院分党组书记职务；叶智同志任中共中国林科院分党组书记，兼任中国林科院副院长。

（2）6 月 4 日，我院院省科技合作经验交流会在湖北省武汉市召开。

（3）10 月 29 日，国家林业局以（林人发〔2012〕260 号）文批复，同意依托中国林科院成立"国家林业局盐碱地研究中心"，为正处级非法人内设机构，编制 50 名。

（4）12 月 21 日，中国林业科研机构百年纪念系列活动暨中国林业学科建设与科技创新研讨会在我院召开。

2013 年

（1）2 月 1 日，经中国人民政治协商会议第十一届全国委员会常务委员会第二十次会议通过，我院森环森保所杨忠岐教授当选为中国人民政治协商会议第十二届全国委员会委员。

（2）2 月 24 日，"毛竹基因组序列草图"在《自然·遗传学》（《Nature Genetics》）在线发表（IF＝35.53）。该论文的发表标志着我国在竹类植物基因组学研究领域已走在世界前列。这是由国际竹藤中心主任江泽慧教授主持、院林业所承担的林业公益性行业科研专项"毛竹基因组测序研究"取得的重大成果。

（3）2 月 28 日，国家林业局人事司谭光明司长一行到中国林科院宣布，经局党组 2013 年 1 月 25 日研究决定，李岩泉同志任中共中国林科院分党组成员、纪检组组长、副院长。

（4）6 月 15 日，国务院副总理汪洋到我院调研。先后考察了林木遗传育种国家重点实验室和科研温室，详细了解了林木基因改良、分子标记辅助育种、林木新品种选育等方面的情况，观看了林业科技成果展，与科研人员进行了深入交流，听取了张守攻院长关于林业科技创新等工作汇报，院士、专家对发展现代林业、建设生态文明意见和建议。汪洋强调，中国林科院作为林业科研领域的国家队，在推进我国林业科技进步中具有特殊重要的地位，承担着特殊重要的使命。要坚持把服务国家大局作为重大使命，紧紧围绕改善生态改善民生、建设生态文明和美丽中国，发展绿色经济、推动绿色发展等国家战略大局，在全国林业科技创新中发挥引领作用，当好林业科技进步的排头兵、领头羊，努力使我国林业科技整体实力和水平尽快进入世界前列。汪洋对林业科技及我院发展提出四点希望：一是面向现代林业发展需要，加快林业科技创新。二是瞄准世界林业科技发展趋势，加强前沿和基础研究。三是发挥科研平台作用，积极服务全国林业科技进步。四是创新体制机制，为科技进步营造良好环境。国家林业局局长赵树丛陪同调研并主持座谈会。国务院副秘书长丁学东、中央农村工作领导小组办公室副主任唐仁健、科技部副部长张来武、国务院研究室副主任黄守宏、国家林业局副局长孙扎根等参加调研座谈。国家林业局有关司局负责人，院领导班子成员、院属有关单位主要负责人参加了座谈会。

2014 年

（1）6 月 12 日，国家林业局以（林人发〔2014〕87 号）批复，同意依托国家林业局哈尔滨林机所成立中国林科院寒温带林业研究中心。该研究中心依托国家林业局哈尔滨林机所成立，旨在加强以寒温带林业生态建设为主的林业基础科学研究。主要面向我国东北大小兴安岭、完达山、长白山地区森林生态系统，融科学研究、科技推广和人才培养为一体，以基础和应用基础研究为主，研究领域涵盖寒温带森林资源培育、林木遗传育种、森林生态与环境保护、林业生态工程等研究方向，着重解决我国寒温带地区林业建设中基础性、关键性、综合性的科学技术问题。

（2）9 月 16 日，我院颁布"林科精神"方案。经院分党组会议研究决定，将"脚踏实地、勇攀高峰、科学树木、厚德树人"16 字作为我院核心价值精神（简称"林科精神"）。"林科精神"是我院全体职工共同的精神追求和价值取向，集中反映了我院作为林业科研国家队的目标追求和责任担当。

（3）11 月 26 日，《杜仲全基因组精细图》等系列研究成果新闻发布会在京举办。国家发改委农经司巡视员胡恒洋、我院分党组书记叶智等出席并致辞。该系列研究成果由我院经济林研究开发中心主持，中国社会科学院杜仲项目国情调研课题组跨学科合作完成，是世界上第一个天然橡胶植物基因组精细图，也是第一个木本药用植物基因组精细图。

（4）12月18日，国家林木（含竹藤花卉）种质资源平台在我院林业所正式挂牌。该平台是林业系统唯一一个实物资源共享服务平台。自2003年启动建设，2011年正式通过财政部、科技部共同认定。

2015 年

（1）1月16日，第二部"杜仲产业绿皮书"——《中国杜仲橡胶资源培育与产业发展报告（2014～2015）》新闻发布会暨中国杜仲橡胶资源培育与产业发展年会（2015）在中国社会科学院召开。会议由中国社会科学院社会发展研究中心、国家林业局杜仲工程技术研究中心、我院经济林研究开发中心等共同举办。我院分党组书记、副院长叶智出席会议并讲话，杜仲专家杜红岩研究员介绍了我国杜仲橡胶资源培育与产业发展情况。科信所、亚林所、以及经济林研究开发中心杜仲创新团队的主要成员参加发布会。

（2）2月26日，我院入选科技部创新人才培养示范基地。近年来，我院从八个方面在人才培养工作上不断创新并取得显著成效：一是改革评价激励机制，促进拔尖人才培养；二是搭建绿色通道，促进青年人才成长；三是探索多样化培养平台，拓展人才培养渠道；四是组建国际创新团队，实现人才培养共赢；五是探索联合培养机制，打造产学研复合人才；六是建立高层次人才内部流动机制，促进基层人才成长；七是大力开展援外培训，支持国际人才培养；八是加强研究生教育，精心培养林业后备人才。

（3）7月31日，《中国大百科全书》第三版林学卷编委会第一次扩大会议在京召开。会议介绍了《中国大百科全书》第一、二版编纂情况和第三版的总体设计、学科条目编纂工作流程、框架体系编制以及设条原则。与会专家完善了林业卷框架体系、确定各分支学科编纂条目数量、时间安排和工作协调机制等。我院院长张守攻、副院长李岩泉分别主持会议。中国大百科全书出版社社长、三版执行副总主编龚莉，我院副院长储富祥等编写专家参加会议。

2016 年

（1）5月24日，我院辽宁分院挂牌仪式在辽宁省林科院举行。国家林业局副局长彭有冬、辽宁省政府副秘书长徐力达、国家林业局科技司司长胡章翠、宣传办主任程红，我院院长张守攻出席仪式，并与辽宁省林业厅党组副书记、副厅长史凤友以及辽宁省林科院负责人和专家座谈。该分院由国家林业局批准成立，与辽宁省林科院实行一套人马、两块牌子的管理体制，为非独立法人机构，隶属关系、行政管理、经费渠道不变。

（2）6月1～7日，我院参加国家"十二五"科技创新成就展。我院完成的紫胶资源高效培育及精加工技术体系创新集成、无醛木质重组材料制造关键技术与产业化应用、低覆盖度防风治沙的原理与模式、红树林快速恢复与重建技术四项成果参展。我院推荐的2013年度"国际科学技术合作奖"获得者许忠允事迹在"贡献突出的外国科学家代表"板块展出。

（3）8月28日，全国杜仲产业发展座谈会在北京人民大会堂召开。国家林业局总工程师封加平、我院院长张守攻等出席会议并讲话。中国林业产业联合会成立了杜仲产业发展促进会，表决通过了杜仲产业发展促进会《工作规则》，并选举产生了第一届理事会。

（4）9月18日，我院颁布林业实验基地森林经营方案。由我院统一组织编制的热林中心、亚林中心、沙林中心、华林中心以及亚林所庙山坞试验林场、热林所尖峰岭试验站的《森林经营方案》印发实施。该方案充分结合我院科技工作总体规划和国有林场改革的总体要求，以森林可持续经营理论和现代林业思想为指导，根据各单位的实际，明确了未来10年森林经营的方针、目标和措施，是指导实验基地森林经营工作的纲领性文件。

（5）10月15日，我院与华中农业大学联合创办的首届"林学英才班"开班仪式在华中农业大学举行。我院院长张守攻、华中农业大学校长邓秀新出席并致词。

（6）10月24～27日，由我院和国际林联共同主办的国际林联亚洲和大洋洲地区大会在北京国家会议中心召开。会议以"为了可持续发展的森林——研究的作用"为主题，是国际林联成立124周年以来规模最大、在亚洲和大洋洲的首次区域大会。来自60多个国家、地区的1200多位林学家、林务员、决策者参加会议，探讨了森林相关研究对于实现区域可持续发展目标的作用。会议组织完成4个主题报告会和约100场（次）学术分会，发表学术报告530篇，展示学术墙报200个，发布了《北京宣言》，提出了6项合作目标。会议评选出最佳学术墙报奖，表彰了为大会成功举办付出努力的单位和个人。我院院长张守攻在大会上做"中国森林培育研究最新进展"主题报告，副院长储富祥在院所长论坛分会上做"中国林业科研管理"主题报告，副院长刘世荣做大会总结报告。

（7）10月27日，我院10个林木种质资源库被确定为国家级林木种质资源保存库。分别是：林业所的绿化树种国家林木种质资源库、滨海抗逆树种国家林木种质资源库、古巴加勒比松国家林木种质资源库，亚林所山茶、木兰国家林木种质资源库，热林所试验站热带珍贵树种国家林木种质资源库，热林中心热带与南亚热带珍贵树种国家林木种质资源库、亚林中心亚热带林木国家林木种质资源库，沙林中心沙棘国家林木种质资源库，华林中心华北地区代表性植物国家林木种质资源库，泡桐中心北方主要名优经济树种国家林木种质资源库。

2017 年

（1）4月27日，庆祝"五一"国际劳动节暨全国五一劳动奖和全国工人先锋号表彰大会在北京人民大会堂举行，中国林科院木工所人造板与胶粘剂研究室获"全国工人先锋号"荣誉称号。

（2）5月27日，首届"全国创新争先奖"在北京颁奖，中国林科院林化所蒋剑春研究员荣获"全国创新争先奖状"。"全国创新争先奖"是仅次于国家最高科技奖的一个科技人才大奖。

（3）9月29日，国家林业局科学技术司、北京市科学技术委员会、北京市园林绿化局、北京林业大学、中国林科院、北京市房山区人民政府6家单位在北京房山区举行战略合作签约仪式。合作各方将以北京房山青龙湖地区的生态建设为核心开展战略合作，共同创建"北京林业国际科技创新示范基地"，助推北京科技创新中心建设，加强首都生态环境治理和生态文明建设，全面推动京津冀生态一体化进程。

（4）10月19日，全国政协副主席、科技部部长万钢，科技部副部长徐南平到中国林科院调研林业科技创新工作，并与林业科技工作者座谈。

（5）11月27日，中国林科院张守攻、蒋剑春两位专家新当选为中国工程院院士。

（6）12月9日，《中国林业百科全书》总编纂委员会全体会议在全国人大会议中心召开。封加平，《中国林业百科全书》总编纂委员会主任、中国工程院院士、中国林科院院长张守攻，以及《中国林业百科全书》各分卷主编、联络员等70余人出席会议。

编 后 记

2018 年，中国林科院建院 60 周年之际，决定对 2010 年出版的《中国林业科学研究院院史（1958～2008）》简本进行重新修订，为此，成立《院史》修订委员会，开展此项工作。与 2010 年出版的《院史》简本相比，此次修订版本在体例、结构方面保持一致，重点增补了近 10 年来的院所改革发展与科技创新进展情况。修订后的《院史》简本全书共 31 万字（原《院史》简本为 23 万字），基本反映了历史全貌。

《院史》简本的修订工作，得到院领导的关心和关注，得到全院各所中心、院各部门的大力支持。值此付梓之际，谨向为本书作出努力的同志，表示最衷心的谢忱。书中如有不妥之处，敬请赐教。

编　者
2018 年 10 月

图书在版编目（CIP）数据

中国林业科学研究院院史：1958—2018/《中国林业科学研究院院史》修订委员会编 .
—— 北京：中国林业出版社，2018.10
ISBN 978-7-5038-9782-5

Ⅰ．①中… Ⅱ．①中… Ⅲ．①中国林科院－概况－ 1958—2018 Ⅳ．① S7-242

中国版本图书馆 CIP 数据核字（2018）第 230670 号

责任编辑：何　鹏　范立鹏　曹　慧

出　版	中国林业出版社 (100009 北京西城区刘海胡同 7 号)
	E-mall:forestbook@163.com 电话：(010)83143543
发　行	中国林业出版社
制　版	北京捷艺轩彩印制版技术有限公司
印　刷	北京中科印刷有限公司
版　次	2018 年 10 月第 1 版
印　次	2018 年 10 月第 1 次
开　本	210mm×285mm
印　张	12
字　数	305 千字
印　数	1 ~ 1000 册
定　价	60.00 元